JN032528

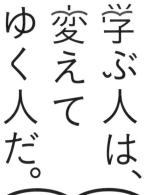

学ぶ人は、
変えて
ゆく人だ。

目の前にある問題はもちろん、

人生の問いや、

社会の課題を自ら見つけ、

挑み続けるために、人は学ぶ。

「学び」で、

少しずつ世界は変えてゆける。

いつでも、どこでも、誰でも、

学ぶことができる世の中へ。

旺文社

大学受験 **Do** Series

三訂版

# 鎌田の
# 理論化学
# の講義

別冊
入試で使える
最重要
Point 総整理

鎌田真彰 著

旺文社

# はじめに

　高校課程の改訂に伴って，化学では用語の扱いや学ぶ内容が従来と大きく変わりました。そこで，『大学受験 Do シリーズ　鎌田の理論化学の講義』も大幅に書き直しました。これまでも改訂ごとに加筆修正をくり返していましたが，全面的に見直す良い機会となりました。

　本シリーズの最大の目的は，"どこの大学を受けるにしても最新の入試で十分な合格点が取れる" ことです。そのためには，学んだ知識を丸暗記するだけでなく使いこなす必要があります。そこで「よく出る知識の整理」と「問題を解く技術の紹介」だけでなく，「なぜそうなるのかを一緒に考えて，知識と知識を線で結ぶ」という部分を重視しました。用語の定義を省略せず，抽象的な概念には具体例を挙げながら，堅すぎないポップな表現と平易な文章を用いて1から体系的に説明するように心がけました。

　本書のタイトルにある「理論化学」とは受験業界用語です。高校では「化学基礎」および「化学」の前半3分の1の内容です。大学では「物理化学」および「分析化学」と呼ばれている分野に対応します。物質の構造や性質，様々な現象，分析方法を説明するために先人達が築き上げた理論だと考えてください。ただし，本書は検定教科書と全く同じ順序にはなっていません。できるだけ説明が前後せず，頭から順に読めるように並べ替えました。

　初学者や苦手な人は最初から1つの Stage を踏んでいくように順に読み進めてください。少し高度な内容やテーマを含む ExtraStage は飛ばして結構です。ただし，どうしても登場する用語や内容の関係で一本道に説明できない部分には，参照ページ をつけているので，確認してから読んでください。ある程度，化学がわかっているという人は，授業の復習や演習書の手引き書として必要な箇所から利用するのもいいと思います。本書が得点力や思考力の向上だけでなく，化学そのものへの興味につながったら幸いです。

　さらに本書で書かれている内容を，より多様な演習形式でトレーニングしたい人のために，『大学受験 Do シリーズ　鎌田の化学問題集　理論・無機・有機　改訂版』も刊行することになりました。本書と並行して演習書として利用すると，より実践的な形で理解できると思います。

　最後になりますが，本書を校正していただいた四谷学院の土田薫先生と編集担当の鈴木明香さんには大変お世話になりました。お二人なくしては本書を完成させることができませんでした。そして東進ハイスクール・東進衛星予備校で私が担当する講座の受講生の方々。特にエンタルピーやエントロピーの説明は，皆さんの質問や疑問の持ち方が非常に参考になりました。心から感謝いたします。

鎌田　真彰

# 本書の構成 ||||||||||||||||||||||||||||||||||||||||||||

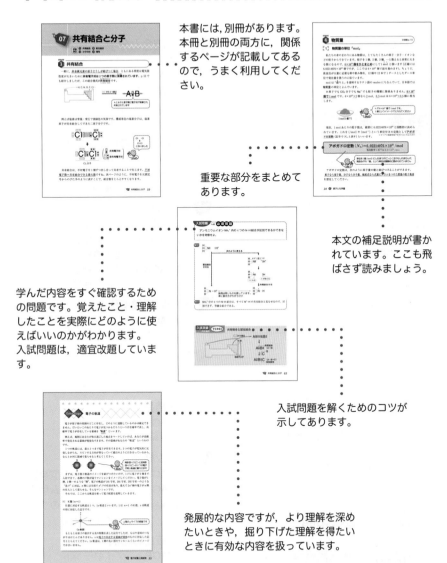

本書には, 別冊があります。本冊と別冊の両方に, 関係するページが記載してあるので, うまく利用してください。

重要な部分をまとめてあります。

本文の補足説明が書かれています。ここも飛ばさず読みましょう。

学んだ内容をすぐ確認するための問題です。覚えたこと・理解したことを実際にどのように使えばいいのかがわかります。
入試問題は, 適宜改題しています。

入試問題を解くためのコツが示してあります。

発展的な内容ですが, より理解を深めたいときや, 掘り下げた理解を得たいときに有効な内容を扱っています。

■入試で使える最重要 Point 総整理（別冊）
特に入念に確認すべき事項を別冊にまとめました。付属の赤セルシートで隠して, 即座に知識が取り出せるように, 試験直前まで徹底的に練習しましょう。

# 目 次 ||||||||||||||||||||||||||||||||||||

入試で使える
最重要 Point 総整理
（赤セルシート対応）

第 1 章

# 原子と化学量

# 01 有効数字と単位

学習項目　❶ 有効数字とは　❷ 単位　❸ 単位変換

## STAGE 1 有効数字とは

化学で扱う数値は多くが測定値です。測定値は誤差を含んでいます。

例えば，次の**図1**と**図2**の2つのものさしで長さを測定し，誤差について考えてみましょう。

図1　　　　　　　　図2

**図1**では5cmと6cmの間，**図2**は5.6cmと5.7cmの間の長さですね。

一般に実験では，目盛りの $\frac{1}{10}$ までを目分量で測定し，**図1**は5.$\dot{6}$cm，**図2**は5.6$\dot{5}$cmと読みとります。・の数字は誤差を含みますが，測定上，有効な誤差とします。

数値のうち，信頼できる桁数を**有効数字**といいます。5.6の有効数字は2桁，significant figure 5.60の有効数字は3桁となります。なお，0.0010のような数値で1の左側の位取りのための0は有効数字の桁に数えません。1から右側に数えて有効数字2桁となります。

$$0.001\dot{0} \qquad 400\dot{0}$$

有効数字2桁　　　有効数字4桁

・までが信頼できる桁数です

また，指数表示法を用いると，非常に大きな数値や小さな数値でも有効数字の桁を $a$ で調整できます。

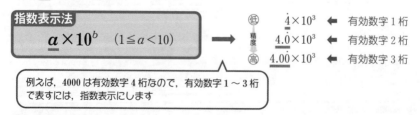

指数表示法
$$a \times 10^b \quad (1 \le a < 10)$$

低　精度　高

$\dot{4} \times 10^3$ ◀ 有効数字1桁
$4.\dot{0} \times 10^3$ ◀ 有効数字2桁
$4.0\dot{0} \times 10^3$ ◀ 有効数字3桁

例えば，4000は有効数字4桁なので，有効数字1〜3桁で表すには，指数表示にします

測定値を用いた計算は，有効数字を考えて行います。計算で数値の精度は上がらないので，有効数字の桁が少ない数値に合わせましょう。

　なお，記述式の入試問題では，たいてい解答の有効数字の桁が指定されます。指示を守って解答してください。

　一般には，次の **1**〜**3** に従って計算を行います。最初は面倒に感じるかもしれません。計算問題を解くときに読み返して，少しずつ慣れてください。

## **1** 足し算と引き算

有効数字の末尾の数字が1番左側にあるものに合わせます。

## **2** かけ算と割り算

有効数字の桁が1番小さい数値に合わせます。

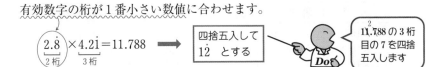

## **3** 途中計算の場合

　「有効数字 $n$ 桁で答えよ」と指示された場合，途中は有効数字 $n+1$ 桁まで求め，最後に四捨五入によって $n$ 桁にします。大学入試では，途中 $n+1$ 桁まで求める場合，$n+2$ 桁以降は切り捨ててかまいません。

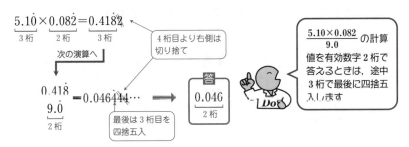

# STAGE 2 単位

測定値は単位をもっています。次の単位は有名ですね。

| 質量 | 長さ | 電気量 | 体積 |
|:---:|:---:|:---:|:---:|
| グラム<br>g | メートル<br>m | クーロン<br>C | リットル<br>L |

$1.0 \times 10^3$ g とか $1.0 \times 10^{-3}$ m の「$\times 10^n$」の部分を記号に置きかえて単位に含めて表記すると便利です。$\times 10^3$ を k，$\times 10^{-3}$ を m とし，1.0 kg，1.0 mm とします。

**例**　$1 \times 10^6$ g $= 1 \times 10^3 \times 10^3$ g

　　　　　$= 1 \times 10^3$ k g

この k，m のような記号を SI接頭語といいます。代表的なものを次の表に挙げておきます。赤文字のものは覚えましょう。

| $\times 10^n$ | 読 み 方 | 記号 | $\times 10^n$ | 読 み 方 | 記号 |
|:---:|:---:|:---:|:---:|:---:|:---:|
| $\times 10^{-1}$ | デ シ | d | $\times 10^{1}$ | デ カ | da |
| $\times 10^{-2}$ | セ ン チ | c | $\times 10^{2}$ | ヘ ク ト | h |
| $\times 10^{-3}$ | ミ リ | m | $\times 10^{3}$ | キ ロ | k |
| $\times 10^{-6}$ | マイクロ | $\mu$ | $\times 10^{6}$ | メ ガ | M |
| $\times 10^{-9}$ | ナ ノ | n | $\times 10^{9}$ | ギ ガ | G |

$\times 10^{-n}$ とは $\times \dfrac{1}{10^n}$ のことです

単位 を見ることで，求めたい数値の演算方法がわかります。

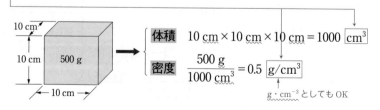

**体積**　$10 \text{ cm} \times 10 \text{ cm} \times 10 \text{ cm} = 1000 \boxed{\text{cm}^3}$

**密度**　$\dfrac{500 \text{ g}}{1000 \text{ cm}^3} = 0.5 \boxed{\text{g/cm}^3}$

g・cm$^{-3}$ としても OK

単位に注目して量の間の関係式をつくることを次元解析法といいます。例えば、次のように、与えられた単位を求める単位に変換できます。

$$\text{与えられた単位} \times \frac{\text{求める単位}}{\text{与えられた単位}} = \text{求める単位}$$

密度 $(g/cm^3)$ から質量 $(g)$ を求めるときは、密度に体積をかければよいことがわかります。

$$\text{密度}\left(\frac{g}{cm^3}\right) \times \text{体積}(cm^3) = \text{質量}(g)$$

他の例をいくつか挙げてみます。「1 L あたり 3 個の粒を含む液体 5 L に何個の粒が入っているか」を求めたい場合は、単位を見ると次のように計算すればよいことがわかります。

$$5\,L \times \frac{3\,個}{1\,L} = 15\,個$$

1 L＝3 個という変換関係

または、

$$3\,個/L \times 5\,L = 15\,個$$

"1 L あたりの個" という単位

本質的には同じことなので、好きなほうでどうぞ

5 L の体積の単位を $m^3$ に変換したい場合は、$1000\,L = 1\,m^3$ という関係に注目して、

$$5\,L \times \frac{1\,m^3}{1000\,L} = 0.005\,m^3$$

1000 L＝1 $m^3$ という変換関係

とします。

パッと変換できるときはここまでする必要はありませんが、混乱しそうな場合は、面倒でも単位をつけて計算したほうがよいでしょう。

**入試突破のための TIPS!!** 有効数字と単位

答えが得られたら、単位と有効数字の桁が正しいか、つねにチェックするクセをつけよう。

# 原子

学習 項目
① 原子の構造　② 同位体
③ 放射線

　1803年にイギリスのドルトンは,「物質はそれ以上分割できない粒子である原子からなる」と提唱しました。さらに,元素ごとに固有の質量をもつ原子があり,化学反応とは原子の組み合わせの変化であると考えました。いくつかの実験結果を合理的に説明することができたために,ドルトンの原子説は支持を集めていきました。その後,19世紀後半から20世紀のはじめにかけて,原子を構成する,さらに小さな粒子が見つかっていきました。

## STAGE 1 原子の構造

　原子は直径が0.1 nm程度の粒子です。質量は$10^{-24}$〜$10^{-22}$ g程度,全体としては電荷をもたず電気的に中性です。原子は,さらに小さな3つの粒子から構成されています。

|  | 質量〔g〕 | 電気量〔C〕 |
|---|---|---|
| 陽　子 | $1.673 \times 10^{-24}$ | $+1.602 \times 10^{-19}$ |
| 中 性 子 | $1.675 \times 10^{-24}$ | 0 |
| 電　子 | $9.109 \times 10^{-28}$ | $-1.602 \times 10^{-19}$ |

陽子と中性子の質量はほぼ同じで,電子の1840倍くらいです。
物質や粒子のもつ電気量を電荷といい,正,負があります。
$1.602 \times 10^{-19}$ C を電気素量といいます

　まず,核力とよばれる非常に強い引力で**陽子と中性子**が集まって**原子核**ができます。原子核は原子の質量の大半を占め,正の電荷をもっています。

　次に,負の電荷をもつ**電子**を静電気的な引力で原子核がつかまえます。このとき原子核中の陽子と同じ数だけ電子が捕獲されると,電気的に中性な原子となります。

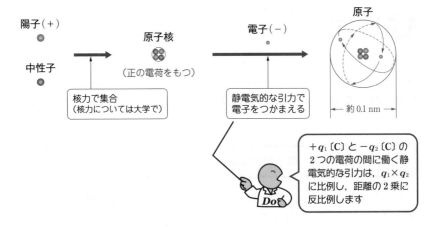

　20世紀のはじめ，イギリスの物理学者モーズリーは，異なる元素の原子は原子核中の正電荷が異なっていることを見つけました。原子核の正電荷，すなわち陽子の数によって捕獲できる電子の数やそれらに働く引力が異なり，原子の化学的性質が違っていたのです。

　そこで，**元素**とは現代的には「**原子核中の陽子数で決まる基本的な性質のこと**」と定義できます。原子核中の**陽子数**を**原子番号**といいます。同じ原子番号の原子を，**元素記号**とよばれるアルファベット1文字ないし2文字の記号で表します。

| 原子番号 | 1 | 6 | 11 |
|---|---|---|---|
| 元素記号<br>(元素名) | H<br>(水素) | C<br>(炭素) | Na<br>(ナトリウム) |

元素記号，元素名，原子番号は，別冊を利用して，早めに記憶しましょう
参照 別冊 p.2, 3

原子の質量は，電子の質量が小さいので，原子核の質量にほぼ等しくなります。陽子と中性子の質量はほぼ同じでしたね。そこで，原子の質量は，**原子核に含まれる陽子の数と中性子の数の和**が目安になります。この値を**質量数**といいます。
<sub>mass number</sub>

> **質量数 ＝ 原子核に含まれる陽子の数と中性子の数の和**

原子を原子番号や質量数も含めて示すときは，元素記号の**左上に質量数**，**左下に原子番号（＝陽子数）**を書き添えます。

原子番号 6, 質量数 12 の炭素原子 → $^{12}_{6}\text{C}$

| 質量数 | 元素記号 |
| 陽子数 | |

と書きます

原子核中の陽子の数が同じで，同じ元素に分類される場合でも，原子核中の中性子の数が異なるために質量数が異なっている原子が存在することがあります。これらを互いに**同位体**であるといいます。
<sub>isotope</sub>

> 質量数が異なっていても，
> 同じ原子番号で化学的な性質はほとんど同じ。
> 周期表では同じ位置を占める**体**をしているというわけですね

自然界の多くの元素には同位体が存在しています。例えば，自然界の物質に
<sub>F，Na，Al などのように安定同位体が自然界に存在しないものもある</sub>
含まれる水素原子は，ほとんどは質量数が 1 の軽水素 $^1\text{H}$ ですが，ごく微量に質量数 2 の重水素 $^2\text{H}$（デューテリウムまたはジュウテリウム；D と表すことがある）や質量数 3 の三重水素 $^3\text{H}$（トリチウム；T と表すことがある）が存在しています。これらは，互いに水素の同位体です。

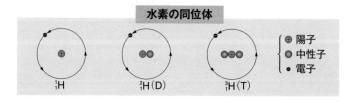

水素の同位体

なお，$^3$H は原子核が不安定で，<u>中性子</u>が時間とともに<u>陽子と電子に変わり</u>，原子核は陽子が 1 つ増えて $^3$He となります。このとき生じた電子は高速で外に放たれます。この電子の流れが $β$ 線とよばれる放射線です。

$$^3_1H \longrightarrow {^3_2}He + β 線$$
原子核の変化

> 中性子が陽子と電子（$β$ 線）になり，質量数はそのままで，原子番号が 1 つ上がります

$^3$H のように不安定な原子核をもち放射線を放つ同位体を**放射性同位体**とよんでいます。
radioisotope

放射線については，高校では物理だけでなく化学でも取り上げられているので，**STAGE ③** でもう少し説明しましょう。

# STAGE ③ 放射線

不安定な原子核が放射線を出して変化することを原子核の壊変（または崩壊）といい，壊変時に放たれる主な放射線に $α$ 線，$β$ 線，$γ$ 線があります。

| | | |
|---|---|---|
| $α$ 線 | $^4_2$He の原子核の流れ | 正電荷をもつ |
| $β$ 線 | 高速の電子の流れ | 負電荷をもつ |
| $γ$ 線 | 電磁波 | 質量や電荷をもたない |

⑴　$α$ 線は，<u>質量数 4 のヘリウムの原子核（$α$ 粒子という）</u>からなる粒子線で，正電荷をもっています。20 世紀のはじめのころ物理学者のラザフォードが，薄い金箔に $α$ 線を照射する実験を行いました。ほとんどは金箔を通過するものの，時折大きな角度で $α$ 粒子が散乱されることから，原子がもつ正電荷は全体に広がっているのでなく，中心に濃縮されたように集まっていることがわかりました。原子核の存在が明らかになったのです。

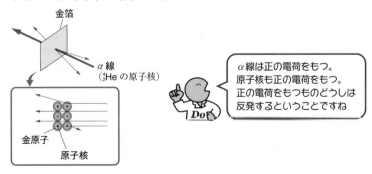

金箔
$α$ 線
（$^4_2$He の原子核）
金原子
原子核

> $α$ 線は正の電荷をもつ。原子核も正の電荷をもつ。正の電荷をもつものどうしは反発するということですね

(2) β線は，高速の電子線で，負電荷をもっています。前ページで紹介しました。

(3) γ線は，波長が非常に短い高エネルギーの電磁波です。電磁波とは，時間的に変動する電場と磁場が互いを生み出しながら空間を伝わっていく波で，それ自体は電荷や質量をもっていません。波長の違いによって，γ線，X線，紫外線，可視光線，赤外線，マイクロ波などに分類しています。電磁波の性質については物理で学習する内容なので，ここまでにしておきます。

---

**入試攻略への必須問題**

次の文章を読み，| ア |～| サ |に当てはまる語句または数字，元素記号を答えよ。

$^{12}_{6}C$，$^{13}_{6}C$，$^{14}_{6}C$のように，同じ原子番号をもつが質量数の異なる原子を互いに| ア |という。これらを構成する陽子，中性子，電子の数は，右の表のようになる。

| | $^{12}_{6}C$ | $^{13}_{6}C$ | $^{14}_{6}C$ |
|---|---|---|---|
| 陽子の数 | **イ** | **オ** | **ク** |
| 中性子の数 | **ウ** | **カ** | **ケ** |
| 電子の数 | **エ** | **キ** | **コ** |

| ア |の中には，原子核が不安定で，放射線を出して他の原子に壊変する放射性| ア |がある。$^{14}_{6}C$はその一つであり，次式のように放射線（電子）を出して安定な| サ |の原子核に変わる。

$$^{14}_{6}C \longrightarrow {}^{14}_{7}\boxed{サ} + e^-$$

(東京女子大)

---

**解説**
原子番号 ＝ 陽子の数 ＝ 電気的に中性な原子の総電子数
質量数 ＝ 陽子の数 ＋ 中性子の数

$^{12}_{6}C$，$^{13}_{6}C$，$^{14}_{6}C$は，陽子の数と電子の数が6，中性子の数がそれぞれ $12-6=6$，$13-6=7$，$14-6=8$ となります。

$^{14}_{6}C$は放射性同位体で，β壊変をして，原子核中の中性子1個が陽子1個に変わり，電子1個（β線）が放出されます。陽子の数と中性子の数の和は変化しないので，質量数は14のままですが，陽子が1つ増えるから，原子番号は7の$^{14}_{7}N$になります。

$$^{14}_{6}C \longrightarrow {}^{14}_{7}N + \beta線$$

**答え** **ア**：同位体　**イ**：6　**ウ**：6　**エ**：6　**オ**：6　**カ**：7
**キ**：6　**ク**：6　**ケ**：8　**コ**：6　**サ**：N

**入試攻略 への 必須問題**

　リンの単体にはいくつかの①同素体が存在する。リンは人体に含まれる元素で，骨や歯を形成する主要元素である。天然に存在するリンはすべて $^{31}P$ であるが，人工的には $^{31}P$ の同位体である $^{32}P$ がつくられている。②$\underline{^{32}P}$ は $\beta$ 線を放射する放射性同位体であり，その放射線を目印にして生体内化学反応のしくみの研究等に広く利用されている。

**問1**　下線部①の同素体とは何か。25字以内で説明せよ。

**問2**　下線部②について，$\beta$ 線放射により $^{32}P$ はどのような原子に変化するか。質量数を明記して元素記号で記せ。

(札幌医科大)

解説　**問1**　同じ1種類の元素からできている単体のうち<u>性質の異なるもの</u>を互いに**同素体**であるといいます。

　　硫黄 S，炭素 C，酸素 O，リン P（SCOP）の同素体が有名ですね。

| 元素 | 同素体の例 |
| --- | --- |
| S | 斜方硫黄，単斜硫黄，ゴム状硫黄 |
| C | ダイヤモンド，黒鉛，フラーレン，カーボンナノチューブ |
| O | 酸素 $O_2$，オゾン $O_3$ |
| P | 黄リン（白リン），赤リン |

　「同素体」と「同位体」は，よく似た名称なので，しっかり区別して使いましょう。 同位体は p.14

**問2**　リンの原子番号は 15 です。

　$^{32}_{15}P$ の原子核は中性子1個が陽子1個と電子1個（$\beta$ 線）に変わると，質量数は 32 のままで，原子番号が1つ増えて $^{32}_{16}S$ になります。

　$^{32}_{15}P \longrightarrow {}^{32}_{16}S + \beta$ 線

答え　**問1**　同じ元素からなる単体で性質が異なるもののこと。(23字)
　　　**問2**　$^{32}S$

# 物質量

## STAGE 1 相対質量という考え方

　例えば，質量数 12 の炭素原子 $^{12}_{6}$C 原子 1 個の質量は $1.99265 \times 10^{-23}$ g という，非常に小さい数値です。このままでは扱いづらいので，原子の質量は，ふだん私たちの使っている質量と異なった相対質量を使います。相対質量とは，何かを基準にしたときの質量比の値ですが，基準に任意性があると世界中で数値がバラバラになってしまいます。

　そこで，1961 年に IUPAC という国際機関によって **「質量数 12 の炭素原子**
International Union of Pure and Applied Chemistry
**$^{12}_{6}$C 原子 1 個の質量を 12 としたときの相対質量の値」** を用いることが決まりました。これにより質量数に非常に近い値になっています。

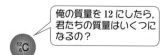

### 入試攻略への 必須問題

　質量数 108 の銀 $^{108}$Ag 原子の質量は $1.79 \times 10^{-22}$ g である。$^{12}$C の質量を 12 とすると，$^{108}$Ag の相対質量はいくつになるか，小数点以下第 1 位まで求めよ。なお，$^{12}$C 原子の質量は $1.99 \times 10^{-23}$ g とする。

**解説**　求める値（$^{108}$Ag の相対質量）を $x$ とする。$^{12}$C と $^{108}$Ag の質量の比は，

$$^{12}\text{C} : {}^{108}\text{Ag} = 12 : x$$
$$= 1.99 \times 10^{-23} \text{ g} : 1.79 \times 10^{-22} \text{ g}$$

よって，$x = \dfrac{12 \times 1.79 \times 10^{-22}}{1.99 \times 10^{-23}} = 107.93\cdots$

**答え**　107.9

# 2 原子量

▶別冊 p.10

多くの元素には同位体が存在しています。同位体は質量こそ違いますが同じ元素に属し，通常の化学反応では同位体を区別する必要がほとんどありません。

そこで，同位体の自然界での存在比を考慮し，**元素ごとに同位体の相対質量の平均値**を求めます。この値を，元素の**原子量**といいます。
atomic weight

構成原子数の比

例 塩素の原子量の求め方

**データ**

| 同位体 | $^{12}C=12$ としたときの相対質量 | 存在比 |
|--------|--------------------------------|--------|
| $^{35}Cl$ | 35.0 | 75.0% |
| $^{37}Cl$ | 37.0 | 25.0% |

自然界では塩素原子が100個あると75個が$^{35}Cl$，25個が$^{37}Cl$という意味です

**求め方**

塩素の原子量を $\overline{M}$ とすると，

$$\overline{M} = \frac{35.0 \times 75.0 + 37.0 \times 25.0}{100}$$

$$= \underset{^{35}Cl の相対質量}{35.0} \times \underset{^{35}Cl の存在比}{0.750} + \underset{^{37}Cl の相対質量}{37.0} \times \underset{^{37}Cl の存在比}{0.250}$$

$$= 35.5$$

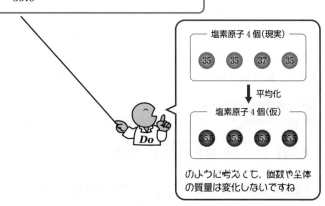

塩素原子4個(現実)

35　35　37　35

↓ 平均化

塩素原子4個(仮)

35.5　35.5　35.5　35.5

のように考えると，個数や全体の質量は変化しないですね

　カリウムの天然における同位体存在比およびその相対質量は右に示すとおりである。これらの値からカリウム元素の原子量を小数点以下第2位を四捨五入して，小数点以下第1位まで求めよ。

| 同位体 | 存在比〔%〕 | 相対質量 |
|--------|-----------|---------|
| $^{39}$K | 93.26 | 38.96 |
| $^{40}$K | 0.01 | 39.96 |
| $^{41}$K | 6.73 | 40.96 |

解説　　求める値（カリウム元素の原子量）を $\overline{M}$ とすると，

$$\overline{M} = \frac{38.96 \times 9326 \ + \ 39.96 \times 1 \ + \ 40.96 \times 673}{10000}$$

$$= 38.96 \times \frac{93.26}{100} \ + \ 39.96 \times \frac{0.01}{100} \ + \ 40.96 \times \frac{6.73}{100}$$

$$\fallingdotseq 39.1$$

> 存在比を1あたりの数値に直して相対質量との積を計算し，和をとればOK

答え　39.1

　このように元素ごとに原子量を求めておくと，同位体をいちいち考慮する必要がなくなるので便利です。原子量の値は，この本のカバーを外した表紙の裏にある元素の周期表に載っています。

　なお，注意してほしいことが1点あります。

### 現在の周期表の元素は，原子量の順に並んでいない

ということです。例えば，$_{18}$Ar と $_{19}$K を比べてみます。Ar の原子量が 39.95 なのに対し，K の原子量は 39.10 となっていて，K の原子量が Ar よりも小さいですね。これは，自然界において Ar は同位体の中で質量数 40 の $^{40}_{18}$Ar の存在比が大きく，K は同位体の中で質量数 39 の $^{39}_{19}$K の存在比が大きいことが要因です。

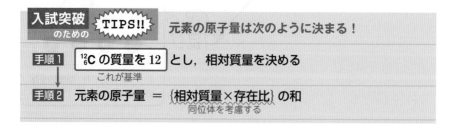

入試突破 のための **TIPS!!** 　元素の原子量は次のように決まる！

| 手順1 | $^{12}_{6}$C の質量を 12 とし，相対質量を決める |

これが基準

| 手順2 | 元素の原子量 ＝ ｛相対質量×存在比｝の和 |

同位体を考慮する

物質の元素構成を元素記号で表したものが化学式です。原子が特定の数で結びついてできた複合的な粒子を分子といい，分子1つを表した化学式を分子式
といいます。

例えば，水という物質を構成している基本粒子は，水素原子2つと酸素原子1つが集まってできた水分子なので，分子式で $H_2O$ と表しています。

『$H_2O$』と書く
1は省略

ただし，ダイヤモンドのような巨大分子や，塩化ナトリウムのように分子とよべるユニットが見当たらないような物質を化学式で表す場合は，一般に元素の組成を最も簡単な整数比で表します。これを組成式といいます。

例えば，ダイヤモンドは炭素1つ，塩化ナトリウムはナトリウムと塩素1つずつでできた集団なので，次のように組成式で表します。

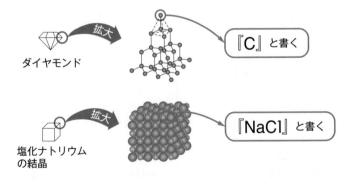

ダイヤモンド

『C』と書く

塩化ナトリウム
の結晶

『NaCl』と書く

原子量の値を用いて，分子1個の相対質量や組成式1単位分の相対質量を計算することができます。前者を分子量，後者を式量といいます。

$$H_2O = \underline{H} \times 2 + \underline{O} = \underline{1.0} \times 2 + \underline{16.0} = 18.0$$

（H₂O の分子量）

$$NaCl = \underline{Na} + \underline{Cl} = \underline{23.0} + \underline{35.5} = 58.5$$

（NaCl の式量）

原子量を
$\begin{cases} H=1.0 \\ O=16.0 \\ Na=23.0 \\ Cl=35.5 \end{cases}$
とし，化学式
1つ分で考え
るだけです

俺の質量を 12 としたら，
君たちの質量はいくつ？

18 です

1 ユニットで
58.5 です

---

**入試攻略 への 必須問題**

原子量を次表の値とし，(1)〜(4)の分子量や式量を求めよ。

| H | C | N | O | S | Cl |
|---|---|---|---|---|---|
| 1.0 | 12.0 | 14.0 | 16.0 | 32.1 | 35.5 |

(1) 硫酸 $H_2SO_4$

(2) 塩化アンモニウム $NH_4Cl$

(3) シュウ酸二水和物 $(COOH)_2 \cdot 2H_2O$

(4) ポリ塩化ビニル $\left[ \begin{matrix} CH_2-CH \\ \quad\quad | \\ \quad\quad Cl \end{matrix} \right]_n$

（$n$ は正の整数，末端は無視してよい）

---

**解説**

(1) $H_2SO_4 = H \times 2 + S + O \times 4$
$= 1.0 \times 2 + 32.1 + 16.0 \times 4$
$= 98.1$

(2) $NH_4Cl = N + H \times 4 + Cl$
$= 14.0 + 1.0 \times 4 + 35.5$
$= 53.5$

(3) $(COOH)_2 \cdot 2H_2O$
$= (COOH) \times 2 + H_2O \times 2$
$= (COOH) \times 2 + (H \times 2 + O) \times 2$

$= (12.0 + 16.0 \times 2 + 1.0) \times 2$
$\qquad\qquad + (1.0 \times 2 + 16.0) \times 2$
$= 90.0 + 18.0 \times 2$
$= 126.0$

(4) $\left[ \begin{matrix} CH_2-CH \\ \quad\quad | \\ \quad\quad Cl \end{matrix} \right]_n$

$= (C \times 2 + H \times 3 + Cl) \times n$
$= (12.0 \times 2 + 1.0 \times 3 + 35.5) \times n$
$= 62.5n$

**答え** (1) 98.1 (2) 53.5 (3) 126.0 (4) $62.5n$

式量ではなく分子量を用いるのが適当なものを，次の①〜⑥のうちから1つ選べ。

① 水酸化ナトリウム ② 黒　鉛 ③ 硝酸アンモニウム

④ アンモニア ⑤ 酸化アルミニウム ⑥ 金

**解説**　化学の勉強を始めたばかりの人には判断がむずかしいかもしれません。そういう人は第1章と第2章を読んでから，再チャレンジしてください。

①〜⑥を化学式で表すと，

① NaOH ② C ③ $NH_4NO_3$ ④ $NH_3$ ⑤ $Al_2O_3$ ⑥ Au

となります。

このうち，④の $NH_3$ は，アンモニア1分子を表した化学式なので分子式です。$NH_3$ の相対質量は分子量です。

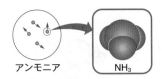

④以外の化学式はすべて組成式です。正確な構造ではありませんが，次のようなイメージの集合体です。

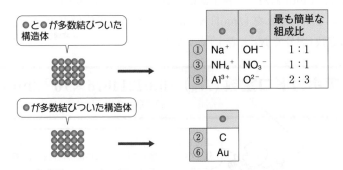

これらの化学式の相対質量は，組成式1つ分の相対質量なので，式量です。

**答え**　④

# 4 物質量

◐別冊 p.10

## 1 物質量の単位「mol」

　私たちの身のまわりにある物質は，とてもたくさんの原子・分子・イオンなどの粒子からできています。粒子を 1 個，2 個，3 個，…と数えると非常に大きな数になるので，**$6×10^{23}$ 個をひとまとめ**にして **1 mol** と扱います（正確には $6.02214076×10^{23}$ 個ですが，ここでは $6×10^{23}$ 個で話を進めます）。ちょうど，飲食店が大量に必要な卵や飲み物を，12 個や 12 本で 1 ダースとしたダース単位で発注量を扱うのに似ています。

　mol は「盛り土」を意味するラテン語の *moles* にちなんでいて，日本語では**物質量**の単位とよんでいます。

　H 原子でも $CO_2$ 分子でも $Na^+$ でも粒子の種類に関係ありません。**$6×10^{23}$ 個で 1 mol** です。$6×10^{23}×2$ 個なら 2 mol，0.5 mol は $6×10^{23}×0.5$ 個に相当します。

1 mol(1 盛？)

● が $6×10^{23}$ 個で 1 mol です。
1 盛というイメージでとらえてください

　現在，1 mol あたりの粒子数は，厳密に $6.02214076×10^{23}$ と国際的に決められています。これを〔/mol〕や〔$mol^{-1}$〕という単位付きの定数として**アボガドロ定数**（記号で $N_A$ と表す）といいます。

イタリアの物理学者アボガドロにちなみます

$$\text{アボガドロ定数}\,(N_A)=6.02214076×10^{23}\,/\text{mol}$$

有効数字 2 桁では $6.0×10^{23}$ /mol

単位を〔個/mol〕にしたほうがピンとくるかもしれませんが，
残念ながら「個」という単位は国際的に認められていません

　アボガドロ定数は，次のように原子量の値と結びつけることができます。原子なら原子量，分子なら分子量，組成式なら式量にグラムをつけた質量の粒子集団を想定してください。

質量数 12 の炭素の質量を 12 として原子量の基準としたので，12 にグラムをつけて 12 g の $^{12}C$ の塊を考えます。$^{12}C$ 1 個の質量が $1.99265 \times 10^{-23}$ g というデータを使って，12 g の中に $^{12}C$ の原子が何個含まれているかを計算してみましょう。

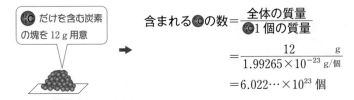

含まれる⊙の数 $= \dfrac{\text{全体の質量}}{\text{⊙1 個の質量}}$

$= \dfrac{12\ \text{g}}{1.99265 \times 10^{-23}\ \text{g/個}}$

$= 6.022\cdots \times 10^{23}$ 個

ほぼアボガドロ定数と同じ値です。

　次に化学式の相対質量 $M$ の⊗という粒子を考えます。$M$ にグラムをつけた質量 $M$ 〔g〕の⊗の集団は，12 g の $^{12}C$ の場合と同じ数の⊗粒子を含んでいます。次のように考えるとわかると思います。

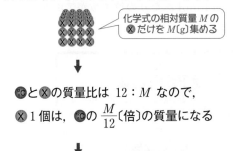
化学式の相対質量 $M$ の
⊗だけを $M$〔g〕集める

⊙と⊗の質量比は $12 : M$ なので，

⊗1 個は，⊙の $\dfrac{M}{12}$〔倍〕の質量になる

含まれる⊗の数 $= \dfrac{\text{全体の質量}}{\text{⊗1 個の質量}}$

$= \dfrac{M\ \text{〔g〕}}{1.99265 \times 10^{-23}\ \text{g/個} \times \dfrac{M}{12}}$

$= 6.022\cdots \times 10^{23}$ 個

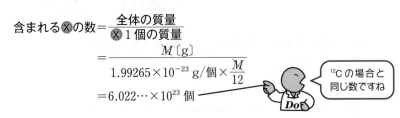
$^{12}C$ の場合と
同じ数ですね

　どんな種類の粒子でも 1 mol 集めると，その粒子の化学式量にグラムをつけた質量に等しくなるというわけです。

補足　1 mol の粒子数を表すアボガドロ定数は，かつては，「$^{12}C$ 12 g に含まれる $^{12}C$ 原子の数」として定義されていました。現在は，$^{12}C$ とは関係なく，絶対不変な定数としていますが，値の変化はごくわずかなので，上記のように考えてかまいません。

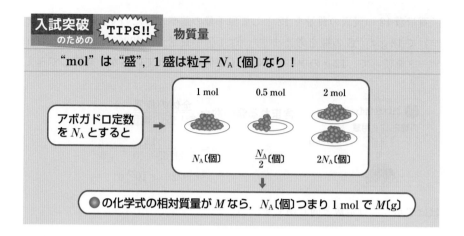

"mol" は "盛", 1盛は粒子 $N_A$〔個〕なり！

アボガドロ定数を $N_A$ とすると

1 mol　　0.5 mol　　2 mol

$N_A$〔個〕　　$\dfrac{N_A}{2}$〔個〕　　$2N_A$〔個〕

●の化学式の相対質量が $M$ なら，$N_A$〔個〕つまり 1 mol で $M$〔g〕

## 2 1 mol が示す具体量

(1) 粒子数

　ある化学式で表した粒子の集団 1 mol あたりの粒子数がアボガドロ定数ですから，次の関係式が成り立ちます。

$$⊗の物質量〔mol〕 = \frac{⊗の粒子数}{アボガドロ定数〔/mol〕}$$

有効数字 2 桁で $6.0×10^{23}$

$3.0×10^{23}$ 個の粒子は物質量で，
$$\frac{3.0×10^{23}}{6.0×10^{23}/mol}=0.50\ mol$$

(2) 質量

　**化学式の相対質量にグラムをつけた質量をモル質量といいます。単位は**〔g/mol〕です。化学式で表した粒子 1 mol 分の質量なので，次の関係式が成り立ちます。

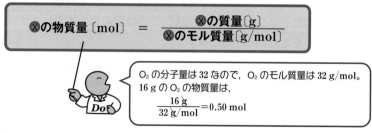

$$⊗の物質量〔mol〕 = \frac{⊗の質量〔g〕}{⊗のモル質量〔g/mol〕}$$

$O_2$ の分子量は 32 なので，$O_2$ のモル質量は 32 g/mol。
16 g の $O_2$ の物質量は，
$$\frac{16\ g}{32\ g/mol}=0.50\ mol$$

**補足** ある物質の体積から，その質量を求めるには，密度が必要です。
密度とは，その物質の**単位体積が示す質量**のことです。

1 cm³ や 1 L

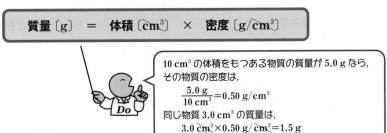

**質量〔g〕 ＝ 体積〔cm³〕 × 密度〔g/cm³〕**

10 cm³ の体積をもつある物質の質量が 5.0 g なら，
その物質の密度は，

$$\frac{5.0\ g}{10\ cm^3}=0.50\ g/cm^3$$

同じ物質 3.0 cm³ の質量は，

$3.0\ cm^3×0.50\ g/cm^3=1.5\ g$

(3) **気体の体積**

0℃ かつ $1.013×10^5\ Pa$（＝1 気圧）という標準状態におかれた 1 mol の分子が気体状態である場合だけ，分子の種類に関係なく，約 22.4 L の体積を示します。これを 0℃, $1.013×10^5\ Pa$ の標準状態での気体の**モル体積**といい，単位は〔L/mol〕となります。

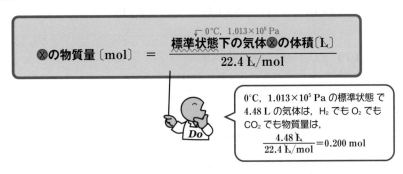

0℃, $1.013×10^5\ Pa$

**⊗の物質量〔mol〕 ＝** $\dfrac{標準状態下の気体⊗の体積〔L〕}{22.4\ L/mol}$

0℃, $1.013×10^5\ Pa$ の標準状態で
4.48 L の気体は，$H_2$ でも $O_2$ でも
$CO_2$ でも物質量は，

$$\frac{4.48\ L}{22.4\ L/mol}=0.200\ mol$$

---

**入試突破**
**のための** **TIPS!!** 1 mol の集団が示す具体量

**化学式 X（●）の分子量や式量が $M$ なら，**

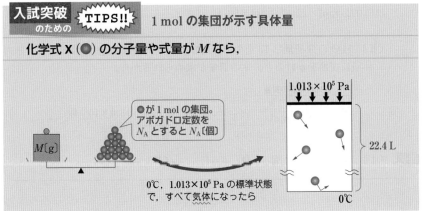

$M$〔g〕

●が 1 mol の集団。
アボガドロ定数を
$N_A$ とすると $N_A$〔個〕

0℃, $1.013×10^5\ Pa$ の標準状態
で，すべて気体になったら

$1.013×10^5\ Pa$

22.4 L

0℃

〔Ⅰ〕 11 g のドライアイス（$CO_2$ の固体）について，次の(1), (2)を求めよ。ただし，原子量は，C＝12，O＝16 とする。また，アボガドロ定数は $6.0 \times 10^{23}$/mol，0 ℃，$1.013 \times 10^5$ Pa の標準状態で気体のモル体積を 22.4 L/mol とし，有効数字 2 桁で答えよ。

(1) 固体中に含まれる $CO_2$ の分子数（個）

(2) 完全に昇華させて気体とし，標準状態（0 ℃，$1.013 \times 10^5$ Pa）ではかったときの体積（L）

〔Ⅱ〕 体積 $1.0$ cm$^3$ の氷に，水分子は何個含まれるか。最も適当な数値を，次の①〜⑥のうちから 1 つ選べ。ただし，氷の密度は 0.91 g/cm$^3$ とする。$H_2O$ の分子量＝18，アボガドロ定数＝$6.0 \times 10^{23}$/mol とする。

① $3.0 \times 10^{21}$  ② $3.3 \times 10^{21}$  ③ $3.7 \times 10^{21}$

④ $3.0 \times 10^{22}$  ⑤ $3.3 \times 10^{22}$  ⑥ $3.7 \times 10^{22}$

解説 〔Ⅰ〕 $CO_2$ の分子量＝C＋O×2

$$= 12 + 16 \times 2 = 44$$

$CO_2$ のモル質量は 44 g/mol となるから，11 g 中に含まれる $CO_2$ の物質量は，

$$\frac{11\ \text{g}}{44\ \text{g/mol}} = 0.25\ \text{mol}$$

(1) $0.25\ \text{mol} \times 6.0 \times 10^{23}\ \text{個/mol} = 1.5 \times 10^{23}$ 個

(2) $0.25\ \text{mol} \times 22.4\ \text{L/mol} = 5.6$ L

〔Ⅱ〕 $H_2O$ の分子量は 18 なので，$H_2O$ のモル質量は 18 g/mol となる。氷の体積に密度をかけると，氷の質量が求められるから，

$$\underbrace{\frac{\overbrace{1.0\ \text{cm}^3 \times 0.91\ \text{g/cm}^3}^{\text{氷 }H_2O\text{（固）の質量〔g〕}}}{18\ \text{g/mol}}}_{\text{mol }(H_2O)} \times 6.0 \times 10^{23}\ \underbrace{\text{個/mol}}_{\text{個 }(H_2O)} ≒ 3.0 \times 10^{22}\ \text{個}$$

答え 〔Ⅰ〕 (1) $1.5 \times 10^{23}$ 個  (2) 5.6 L  〔Ⅱ〕 ④

　右に示した化合物（$C_{12}H_4Cl_4O_2$）は，ダイオキシン
の１種で，催奇形性，発がん性が認められている。
環境省の調査では，工業地域に近い住宅地や大都市
の年平均ダイオキシン濃度は，大気 $1\,m^3$ あたり $1.4\,pg$ であった。

　上述のダイオキシンが右上の化合物（$C_{12}H_4Cl_4O_2$）だけであるとして，大
気 $1\,m^3$ あたり何分子存在するか。有効数字２桁で答えよ。ただし，
$1\,pg=1\times10^{-12}\,g$，原子量は $H=1.0$，$C=12.0$，$O=16.0$，$Cl=35.5$，
アボガドロ定数 $N_A=6.02\times10^{23}/mol$ とする。

（愛媛大）

**解説**　$C_{12}H_4Cl_4O_2$ の分子量 $=C\times12+H\times4+Cl\times4+O\times2$
$$=12.0\times12+1.0\times4+35.5\times4+16.0\times2$$
$$=322$$

　$C_{12}H_4Cl_4O_2$ のモル質量は $322\,g/mol$ となる。大気 $1\,m^3$ あたりには
$C_{12}H_4Cl_4O_2$ が $1.4\,pg$ 含まれているので，質量を物質量〔mol〕に換算してから
アボガドロ定数をかければよい。

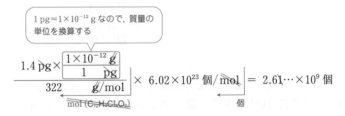

$1\,pg=1\times10^{-12}\,g$ なので，質量の
単位を換算する

$$\dfrac{1.4\,\mathrm{pg}\times\dfrac{1\times10^{-12}\,\mathrm{g}}{1\ \mathrm{pg}}}{322\qquad\mathrm{g/mol}}\times6.02\times10^{23}\,\text{個}/\mathrm{mol}=2.61\cdots\times10^9\,\text{個}$$

mol($C_{12}H_4Cl_4O_2$)　　個

**答え**　$2.6\times10^9$

さらに
演習！　『鎌田の化学問題集 理論・無機・有機 改訂版』
「第１章 原子と化学量 01 有効数字と単位・原子・物質量」

# 04 電子配置と周期表

原子核中の陽子の数（原子番号）とともに化学的性質に大きな影響を与えるのが，原子核の周囲を運動している電子の配置です。まずは，デンマークの物理学者ボーアが提唱した原子モデルを用いて電子配置を学習しましょう。

## STAGE **1** ボーアモデルと電子配置　　　　◐別冊 p.4

ボーアのモデルでは，**電子が原子核の周囲の特定の場所にしか存在できない**と考え，これを**電子殻**とよびます。電子殻の名前は，原子核に最も近いものからK殻，外側に向かって以下アルファベット順にL殻，M殻，N殻…とします。

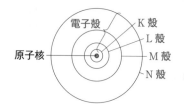

電子殻　　K殻
　　　　　L殻
原子核　　M殻
　　　　　N殻

ボーアはこのモデルを用いて，ある実験事実を見事に説明しました。これについては，高校では物理で学びます

そして，電子は一般に以下の規則に従って配置されていきます。

---

**❶** 　原子核に近いほど電子は原子核に引きつけられて，エネルギー的に安定である。そこで，内側の電子殻から順に入っていくが，最も外側の電子殻にある電子の数は最大でも 8 個。

**❷** 　各電子殻には定員がある。内側から $n$ 番目の電子殻の定員は $2n^2$ である。

| $n$ | 1 | 2 | 3 | 4 | … | $n$ |
|---|---|---|---|---|---|---|
| 電子殻 | K 殻 | L 殻 | M 殻 | N 殻 | | |
| 定員数 | 2 | 8 | 18 | 32 | | $2n^2$ |

---

$n$ を主量子数といいます

この規則をもとにして，原子番号 1 ～18 の元素の電子配置をボーアモデルで表してみます。

電気的に中性な原子では，陽子 1 個と電子 1 個がもつ電荷の絶対値は等しい
全体として電荷をもたない
ので，

> **原子番号（陽子の数）　=　すべての電子の数**

定員を考えて内側の電子殻から電子を置いていきましょう。

| 元素 | K殻 | L殻 | M殻 |
|---|---|---|---|
| ₁H | 1 | | |
| ₂He | 2 | | |
| ₃Li | 2 | 1 | |
| ₄Be | 2 | 2 | |
| ₅B | 2 | 3 | |
| ₆C | 2 | 4 | |
| ₇N | 2 | 5 | |
| ₈O | 2 | 6 | |
| ₉F | 2 | 7 | |
| ₁₀Ne | 2 | 8 | |
| ₁₁Na | 2 | 8 | 1 |
| ₁₂Mg | 2 | 8 | 2 |
| ₁₃Al | 2 | 8 | 3 |
| ₁₄Si | 2 | 8 | 4 |
| ₁₅P | 2 | 8 | 5 |
| ₁₆S | 2 | 8 | 6 |
| ₁₇Cl | 2 | 8 | 7 |
| ₁₈Ar | 2 | 8 | 8 |

定員!!（₂He）
図で表してみると
定員!!（₁₀Ne）

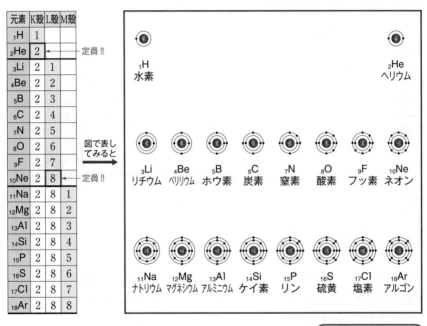

原子番号順に元素がいえない人は，別冊を見て確認してくださいね
参照 別冊 p.2, 3

　**最も外側の電子殻**を**最外電子殻**，あるいは**最外殻**，**そこに存在する電子を最外殻電子**といいます。元素を原子番号順に並べると，最外殻電子数が周期的に変化していることを，上の図と表で確認してください。

ヘリウム He やネオン Ne のような**最外電子殻が定員まで電子で埋まった電子配置**を**閉殻構造**とよんでいます。

原子番号 19 のカリウム K から電子配置は複雑になります。

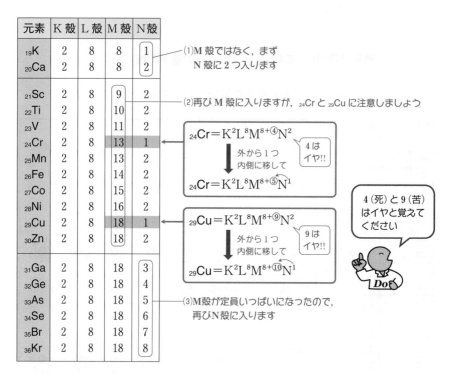

| 元素 | K 殻 | L 殻 | M 殻 | N 殻 |
|---|---|---|---|---|
| $_{19}$K | 2 | 8 | 8 | 1 |
| $_{20}$Ca | 2 | 8 | 8 | 2 |
| $_{21}$Sc | 2 | 8 | 9 | 2 |
| $_{22}$Ti | 2 | 8 | 10 | 2 |
| $_{23}$V | 2 | 8 | 11 | 2 |
| $_{24}$Cr | 2 | 8 | 13 | 1 |
| $_{25}$Mn | 2 | 8 | 13 | 2 |
| $_{26}$Fe | 2 | 8 | 14 | 2 |
| $_{27}$Co | 2 | 8 | 15 | 2 |
| $_{28}$Ni | 2 | 8 | 16 | 2 |
| $_{29}$Cu | 2 | 8 | 18 | 1 |
| $_{30}$Zn | 2 | 8 | 18 | 2 |
| $_{31}$Ga | 2 | 8 | 18 | 3 |
| $_{32}$Ge | 2 | 8 | 18 | 4 |
| $_{33}$As | 2 | 8 | 18 | 5 |
| $_{34}$Se | 2 | 8 | 18 | 6 |
| $_{35}$Br | 2 | 8 | 18 | 7 |
| $_{36}$Kr | 2 | 8 | 18 | 8 |

(1)M 殻ではなく, まず N 殻に 2 つ入ります

(2)再び M 殻に入りますが, $_{24}$Cr と $_{29}$Cu に注意しましょう

$$_{24}Cr=K^2L^8M^{8+④}N^2$$
外から１つ内側に移して
4 はイヤ!!
$$_{24}Cr=K^2L^8M^{8+⑤}N^1$$

$$_{29}Cu=K^2L^8M^{8+⑨}N^2$$
外から１つ内側に移して
9 はイヤ!!
$$_{29}Cu=K^2L^8M^{8+⑩}N^1$$

4（死）と 9（苦）はイヤと覚えてください

(3)M殻が定員いっぱいになったので, 再びN殻に入ります

理解するには電子の軌道の知識が必要です。気になる人は次ページからの **Extra Stage** を読んでください。一部の難関大学の入試問題では, 電子の軌道が出題されていますから, 志望者は理解しておいたほうがよいでしょう。

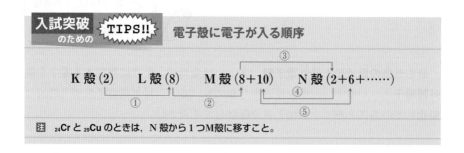

**入試突破** のための **TIPS!!** 電子殻に電子が入る順序

K 殻（2）　　L 殻（8）　　M 殻（8+10）　　N 殻（2+6+……）
①　　②　　③　　④　　⑤

注　$_{24}$Cr と $_{29}$Cu のときは, N 殻から１つM 殻に移すこと。

## Extra Stage　電子の軌道

　電子が原子核の周囲のどこに存在し，どのように運動しているのかは確定できません。だいたいこのあたりで電子が見つかるだろうという存在確率で表し，高確率で電子が存在している領域を"軌道"といいます。
orbital

　例えば，地図にあなたが毎日過ごした地点をマークしていけば，あなたが高確率で発見される領域が視覚化できます。その領域があなたの"軌道"というわけです。

　1つの軌道には，最大2つまで電子が存在できます。2つの電子が電気的に反発しながらも，スピンする方向が異なっていて磁石のように引き合っているから，なんとか同じ領域で暮らせると考えてください。

時計回りスピンと反時計回りスピンの2つの電子が同じ軌道に暮らせます

　まずは，電子殻と軌道のイメージを結びつけたいので，1戸に電子が2個まで入居できて，各階の戸数が違うマンションをイメージしてください。電子殻が1階，2階…のような"階"，電子の軌道が101号室，201号室，202号室…のような"各戸"に対応。$n$階には全部で$n^2$戸の住居があり，最大で$2n^2$個の電子が$n$階の住人として暮らせる。そんなマンションです。

　それでは，ここからは軌道を使って電子配置を説明していきます。

### ⑴　K殻（$n=1$）

　K殻に対応する軌道は1つ。1s軌道といいます。1は $n=1$ のK殻，s は軌道の形に対応した記号です。

〈1s軌道〉

1階の s タイプの部屋です

　もともとは原子の放出する光の特徴を表した記号でしたが，もはや意味のつながりはほとんどありません。s は電子の存在する領域が球体のものに対応した記号ととらえてください。1s軌道は，1階の丸い形のワンルームくらいのイメージでかまいません。

$_1$H は 1s 軌道に電子が 1 個，$_2$He では電子が 2 個入って 1s 軌道は定員となります。

| | 1s |
|---|---|
| $_1$H | • |
| $_2$He | •• |

## (2) L殻 ($n=2$)

L殻に対応する軌道は $2^2=4$ つあります。1 つは 2s 軌道。1s 軌道より半径の大きな球体です。残りの 3 つは 2p 軌道といいます。p 軌道は鉄アレイのような形をしていて，原子核を原点とした三次元直交座標で $x$, $y$, $z$ の 3 つの軸方向の $2p_x$, $2p_y$, $2p_z$ があります。

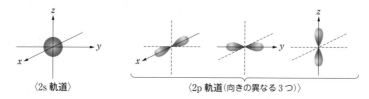

〈2s 軌道〉 〈2p 軌道(向きの異なる 3 つ)〉

2p 軌道は 2s 軌道よりエネルギーは高くなりますが，$2p_x$, $2p_y$, $2p_z$ の 3 つのエネルギーは等しいことが知られています。

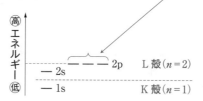

$_3$Li は 1s 軌道に 2 個，2s 軌道に 1 個。$_4$Be で 2s 軌道が 2 個の電子で埋まり，$_5$B では 1s，2s が電子で埋まった後，3 つの 2p 軌道のいずれかに電子が 1 個入ります。次の $_6$C では 3 つの 2p 軌道に電子が 2 個入りますが，同じ軌道に入らず，反発を避けて方向の異なる 2p 軌道に分散して入ります。$_7$N で 3 つの 2p 軌道に 1 個ずつ入り，$_8$O からは 2p 軌道に対をつくるように 2 個目の電子が入っていき，$_{10}$Ne で 3 つの 2p 軌道もすべて電子で埋まり，L殻が閉殻となります。

| | 1s | 2s | 2p | | |
|---|---|---|---|---|---|
| $_3$Li | •• | • | | | |
| $_4$Be | •• | •• | | | |
| $_5$B | •• | •• | • | | |
| $_6$C | •• | •• | • | • | |
| $_7$N | •• | •• | • | • | • |
| $_8$O | •• | •• | •• | • | • |
| $_9$F | •• | •• | •• | •• | • |
| $_{10}$Ne | •• | •• | •• | •• | •• |

> 3 つの 2p 軌道は $2p_x$, $2p_y$, $2p_z$ に対応しています。
> それぞれを区別しなくてかまいません。
> 1 個ずつ入っていくということが大事です

### (3) M殻（$n=3$）とN殻（$n=4$）

M殻は，$3^2=9$ つの軌道があります。L殻の 2s や 2p より大きめで似た形の 3s 軌道が 1 つと，3p 軌道が 3 つ。そして，異なった方向をもつ 5 つの 3d 軌道です。

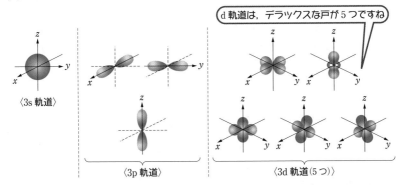

d軌道は，デラックスな戸が 5 つですね

〈3s 軌道〉　〈3p 軌道〉　〈3d 軌道（5 つ）〉

₁₁Na〜₁₈Ar までは ₃Li〜₁₀Ne の場合と同じように 3s 軌道および 3p 軌道に電子が入っていきます。

$_{11}\text{Na} = [\text{Ne}]\ \ 3s^1$

$_{12}\text{Mg} = [\text{Ne}]\ \ 3s^2$

$_{13}\text{Al} = [\text{Ne}]\ \ 3s^2 3p^1$

$_{14}\text{Si} = [\text{Ne}]\ \ 3s^2 3p^2$

$_{15}\text{P} = [\text{Ne}]\ \ 3s^2 3p^3$

$_{16}\text{S} = [\text{Ne}]\ \ 3s^2 3p^4$

$_{17}\text{Cl} = [\text{Ne}]\ \ 3s^2 3p^5$

$_{18}\text{Ar} = [\text{Ne}]\ \ 3s^2 3p^6$

[Ne] は，Ne と同じ電子配置です。
$3s^2$ とは，3s 軌道に 2 個の電子が入っていることを表しています

ややこしいのがここからです。次のN殻には，$4^2=16$ の軌道があります。4s 軌道が 1 つ。4p 軌道が 3 つと，4d 軌道が 5 つ。そして，4f 軌道が 7 つあります。

f 軌道に電子が入る元素を高校で扱うことはないのでこれでファイナル。形は省略します

実は 3d 軌道より 4s 軌道のほうがエネルギーはわずかに低く，₁₉K，₂₀Ca では 3d 軌道ではなく 4s 軌道のほうから電子が埋まります。

先に 4s です。[Ar] とは Ar と同じ電子配置を表します

3d軌道は4p軌道よりエネルギーが低いため，4s軌道が埋まった後の₂₁Sc〜₃₀Znでは，今度は5つの3d軌道にできるだけ分散して電子が入っていきます。

ここでもう一つ注意点。

₂₄Crと₂₉Cuの場合，d軌道の電子が4個または9個ではなく，4s軌道から電子1個移動させ5個または10個となります。これは，5つのd軌道が半分満たされた場合と完全に満たされた場合に，いくらかエネルギー的に安定化するからです。

₃₁Ga〜₃₆Krでは4p軌道に電子が入ります。₃₆Krは，₁₀Neや₁₈Arと同じように最外殻のs軌道とp軌道がすべて電子で埋まり，最外殻電子数は8となります。

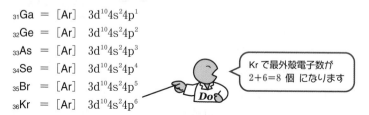

このように軌道のエネルギーまで考慮すると電子は必ずしも内側の電子殻から埋まっていくわけではありません。

次ページの図のように，電子殻を下から順に並べて，横に構成する軌道を書き上げ，右下斜め45°の方向から矢印をつけると，矢印に従って軌道に電子が埋まっていきます。

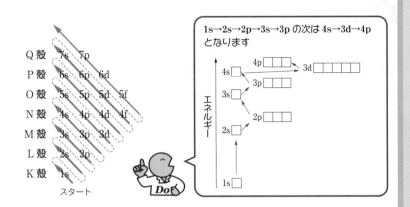

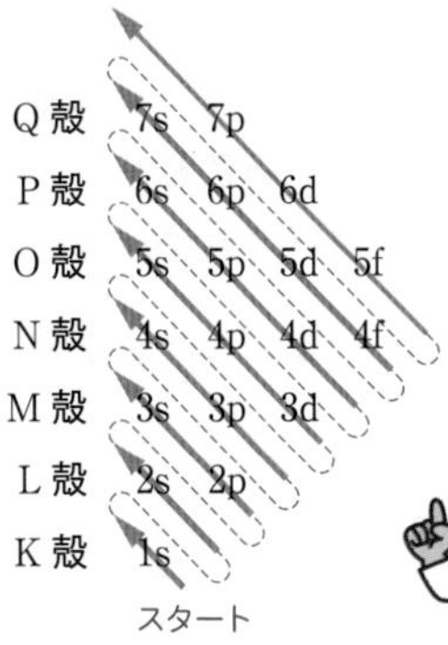
Q殻 7s 7p
P殻 6s 6p 6d
O殻 5s 5p 5d 5f
N殻 4s 4p 4d 4f
M殻 3s 3p 3d
L殻 2s 2p
K殻 1s
スタート

1s→2s→2p→3s→3p の次は 4s→3d→4p となります

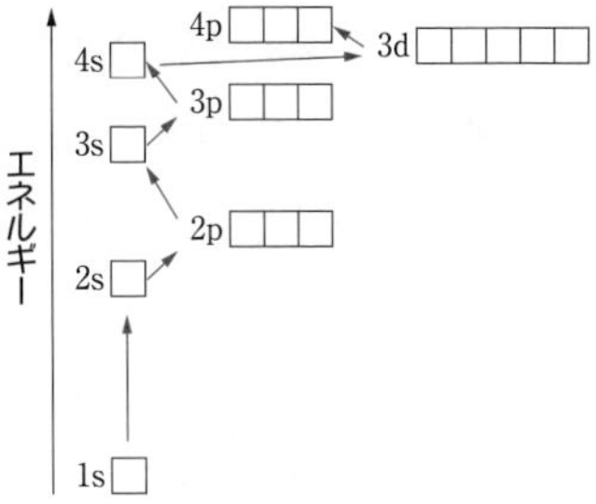
エネルギー
1s
2s
2p
3s
3p
4s
4p
3d

# 元素の周期表

○別冊 p.2, 3

1869 年にロシアの化学者**メンデレーエフ**は，当時知られていた元素を<u>原子量の順に並べる</u>と，**化学的性質の似た元素が周期的に現れること**を見つけました。これを**周期律**とよび，<u>periodic law</u> **周期表**を発表しました。<u>periodic table</u> 当時発見されていない元素の性質も予言し，後に発見された元素の性質と一致していました。驚きの表ですね。

| H=1 | | | |
|---|---|---|---|
| | Be=9.4 | Mg=24 | |
| | B=11 | Al=27 | ?=68 |
| | C=12 | Si=28 | ?=72 |
| | N=14 | P=31 | As=75 |
| | O=16 | S=32 | Se=78 |
| | F=19 | Cl=35.5 | Br=80 |
| Li=7 | Na=23 | K=39 | Rb=85.4 |
| | | Ca=40 | Sr=87.6 |

〈**メンデレーエフの周期表（一部）**〉

?に入るのは，上が Ga，下が Ge ですが，メンデレーエフはこれらの元素の性質を周期表から予想しました

ただし，原子量は直接的には化学的性質と無関係です。陽子の数や電子の数，そして電子配置こそが化学的性質に影響を与えます。

そこで，<u>現在の周期表は原子番号順にまず元素を並べ，電子配置をもとにして以下のようにして周期表をつくっています。</u>

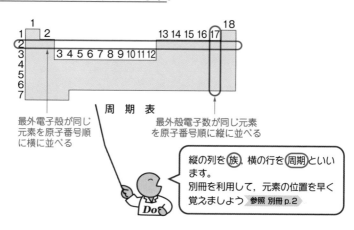

周　期　表

最外電子殻が同じ元素を原子番号順に横に並べる

最外殻電子数が同じ元素を原子番号順に縦に並べる

縦の列を**族**，横の行を**周期**といいます。
別冊を利用して，元素の位置を早く覚えましょう **参照 別冊 p.2**

**縦の列**を**族**といいます。左から 1 族〜18 族とします。18 族のヘリウム He 以外は，最外電子殻こそ違えど最外殻電子数が同じです。例えば，1 族の H, Li, Na…はすべて最外殻電子数は 1 ですね。

**横の行**は**周期**といいます。上から第 1 周期，第 2 周期…とします。同じ周期の元素は，最外殻電子数は違えど最外電子殻は同じです。第 1 周期の H と He は K 殻，第 2 周期の Li〜Ne は L 殻，第 3 周期の Na〜Ar は M 殻，第 4 周期の K〜Kr は N 殻が最外電子殻ですね。

周期表の同族元素には特別な名前でよぶグループがあります。以下，**アルカリ金属，アルカリ土類金属，ハロゲン，貴ガス**（または希ガス） というグループ名を覚えておきましょう。

※以前は Be と Mg はアルカリ土類金属には分類していなかった。

また，**1 族，2 族，13〜18 族**の元素は**典型元素**といいます。典型元素は He を除くと，族番号の 1 の位と最外殻電子数が一致しています。例えば，16 族の酸素 O と硫黄 S は，どちらも最外殻電子数は 6 個ですね。

**3 族〜12 族**は**遷移元素**といいます。遷移元素の電子配置は，最外殻電子数がほとんどの場合 2 個（Cr や Cu では 1 個）です。

※以前は 12 族も典型元素としていた。

現在は，周期表の第 7 周期まですべて元素記号と名称が決まりました。日本が命名権を与えられた，原子番号 113，第 7 周期 13 族の元素ニホニウム Nh は有名ですね。

なお，現在，私たちがよく使用している周期表は，元素の電子配置が軌道と対応するように，次のようにブロックに分かれています。

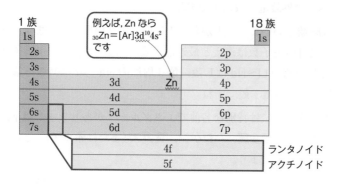

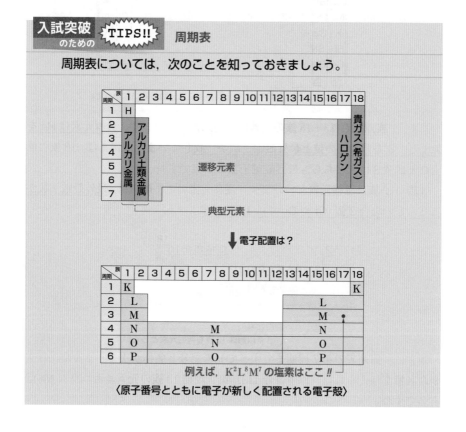

　原子の中の電子は，K殻，L殻，M殻，N殻…という電子殻に収容される。電子殻中にはさらに，電子が収容される軌道というものが存在し，各軌道には最大2個まで電子が収容される。これらの軌道はs軌道，p軌道，d軌道，f軌道と分類される。さらに，軌道の名称には軌道を表すアルファベットの前に，K殻では1，L殻では2…と数字をつける。電子殻に存在する軌道の数と収容できる電子数は表1のようになる。

表1

| 電子殻 | K | L | | M | | | N | | | |
|---|---|---|---|---|---|---|---|---|---|---|
| 電子軌道 | 1s | 2s | 2p | 3s | 3p | 3d | 4s | 4p | 4d | 4f |
| 軌道の数 | 1 | 1 | 3 | 1 | 3 | ア | 1 | 3 | ア | 7 |
| 収容できる電子数の合計 | 2 | 2 | 6 | 2 | 6 | イ | 2 | 6 | イ | エ |
| 最大収容電子数 | 2 | 8 | | ウ | | | オ | | | |

　第4周期の遷移元素は最外殻電子の数が1または2という共通の特徴をもつ。原子の電子配置では，「1s→2s→2p→3s→3p→4s→3d…」のようにエネルギーの低い軌道から順に電子が入っていくことが多い。アルゴン原子Arでは3p軌道まで電子が入っているが，次の周期のカリウム原子Kとカルシウム原子Caでは4s軌道に電子が入る。さらに，①スカンジウム原子Sc以降の遷移元素になると4s軌道と3d軌道へ部分的に電子が入るようになる。その結果，最外殻の電子数が1または2となる。

**問1**　表1の空欄 ア ～ オ にあてはまる整数を記せ。

**問2**　下線①に関して，第4周期の遷移元素のクロム原子Crと銅原子Cuだけは4s軌道に電子が1個，他は4s軌道に電子が2個入る。したがって，第4周期の3～11族の元素の中で3d軌道の電子数が同数となる原子が1組存在する。それらの原子の原子番号と3d軌道の電子数を答えよ。

（名古屋大）

**解説**　入試ではこのような形式で電子の軌道が出題されることがあります。難関大志望者は p.33～37 をよく読んでください。

**問1**　**ア, イ**　d 軌道は 5 つあるので, 収容できる電子数は計 $5×2=10$ となります。

　　**ウ**　M 殻は 3s, 3p, 3d からなるので, 収容できる電子数は
　　　$(1+3+5)×2=18$ です。

　　**エ**　f 軌道は 7 つあるので, 収容できる電子数は計 $7×2=14$ です。

　　**オ**　N 殻は 4s, 4p, 4d, 4f からなるので, 収容できる電子数は
　　　$(1+3+5+7)×2=32$ となります。

**問2**　第 4 周期 3 ～11 族の元素のうち, 6 族の Cr と 7 族の Mn の 3d 軌道に
　　今回, 12 族は含まれていないので注意!
　入る電子は, ともに 5 になります。
$$\begin{cases} {}_{24}Cr=[Ar] & 3d^5 4s^1 \\ {}_{25}Mn=[Ar] & 3d^5 4s^2 \end{cases}$$

**答え**　**問1**　**ア** 5　　**イ** 10　　**ウ** 18　　**エ** 14　　**オ** 32
　　　**問2**　原子番号 24, 25, 電子数 5

# イオン化エネルギーと電子親和力

## STAGE 1 イオン

▶別冊 p.8

　**原子や原子団が電子を失って，全体として正の電荷をもつ粒子を陽イオン，**（cation）**電子をとり込んで，全体として負の電荷をもつ粒子を陰イオン**（anion）**といいます。**

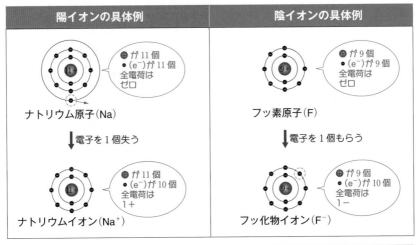

| 陽イオンの具体例 | 陰イオンの具体例 |
|---|---|

ナトリウム原子(Na) — ⊕が11個 ●(e⁻)が11個 全電荷はゼロ

フッ素原子(F) — ⊕が9個 ●(e⁻)が9個 全電荷はゼロ

↓電子を1個失う　　↓電子を1個もらう

ナトリウムイオン(Na⁺) — ⊕が11個 ●(e⁻)が10個 全電荷は1+

フッ化物イオン(F⁻) — ⊕が9個 ●(e⁻)が10個 全電荷は1−

代表的なイオンの化学式（イオン式）と名称は，別冊で確認してください

　ナトリウムイオン $Na^+$ は，**全体として陽子1個分と同じ電気量**をもちます。これを**1価の陽イオン**といいます。

　フッ化物イオン $F^-$ は，**全体として電子1個分と同じ電気量**をもちます。これを**1価の陰イオン**といいます。

　さらにいうと，陽子2個分と同じ電気量なら2価の陽イオン，電子3個分と同じ電気量なら3価の陰イオンといい，「**n価のイオン**」の**n**をイオンの**価数**とよぶことがあります。

|  | 陽イオン | 陰イオン |
|---|---|---|
| 1価 | $Na^+$ など | $F^-$ など |
| 2価 | $Ca^{2+}$ など | $O^{2-}$ など |
| 3価 | $Al^{3+}$ など | $PO_4{}^{3-}$ など |

*n* 価の陽イオンとは陽子 *n* 個分，*m* 価の陰イオンとは電子 *m* 個分と同じ電気量をもちます

## STAGE 2 イオン化エネルギー

▶別冊 p.32

**気体状態にある原子から電子を 1 つ完全に奪い，1 価の陽イオンにするのに必要なエネルギーを（第一）イオン化エネルギーといいます。**

ionization energy

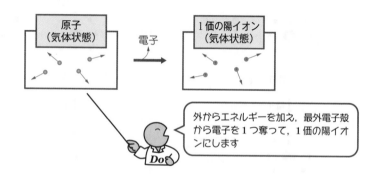

外からエネルギーを加え，最外電子殻から電子を 1 つ奪って，1 価の陽イオンにします

負電荷をもつ電子は，正電荷をもつ原子核に静電気的な力で引きよせられています。この引力に逆らって電子を完全に引き離すためには外からエネルギーを加える必要があります。

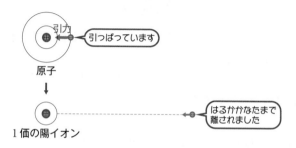

## ⑴　イオン化エネルギーの値からわかること

　イオン化エネルギーの値が大きいものは，電子を奪うのに大きなエネルギーが必要であるということですから，次のことがいえます。

> **ある原子のイオン化エネルギーが大きい**
> ↓
> **原子核に最外電子殻の電子が強く引きつけられている**
> ↓
> **最外殻電子がとられにくい**
> ↓
> **陽イオンにしにくい**

## ⑵　イオン化エネルギーの傾向

　イオン化エネルギーを原子番号順に調べていくと次のようになっています。周期表ではおおむね右上の元素のほうが大きいことを確認してください。

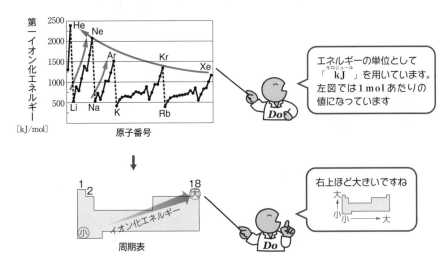

　この傾向は次の①～③のように単純化すると，説明できます。

## ①　同じ周期

　原子番号が大きくなると原子核中の陽子数が増えて，同じ最外殻電子に働く引力が強くなっていきます。これを引き離すのに大きなエネルギーが必要になるというわけです。

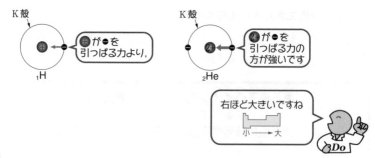

## ② 同族

　原子番号が大きくなるにつれて，奪い去る電子の存在する最外電子殻が原子核から遠く離れていくので，最外殻電子に働く引力は弱くなります。そのためこれを引き離すのに<u>必要なエネルギーが小さくなる</u>というわけです。

　原子番号が大きくなるにつれて，原子核中の陽子の数が増えますが，内側の電子殻の電子も増えていきます。陽子が増える効果は，内殻の電子数の増加で電気的に相殺されるので，原子核から最外電子殻までの距離が大きくなる効果だけを考えています。

## ③ 貴ガス（18族）

　貴ガスのイオン化エネルギーは極めて大きくなります。一般に，貴ガスの電子配置は安定と考えてよいでしょう。

|  | K殻 | L殻 | M殻 | N殻 | O殻 | P殻 |
|---|---|---|---|---|---|---|
| $_2$He | 2 |  |  |  |  |  |
| $_{10}$Ne | 2 | 8 |  |  |  |  |
| $_{18}$Ar | 2 | 8 | 8 |  |  |  |
| $_{36}$Kr | 2 | 8 | 18 | 8 |  |  |
| $_{54}$Xe | 2 | 8 | 18 | 18 | 8 |  |
| $_{86}$Rn | 2 | 8 | 18 | 32 | 18 | 8 |

最外殻電子数が8（Heだけ2）の電子配置は安定です！

# 3 電子親和力

●別冊 p.32

　気体状態にある原子に電子を1つ与えて1価の陰イオンにしたとき，外に放出されるエネルギーを（**第一**）**電子親和力**といいます。
electron affinity

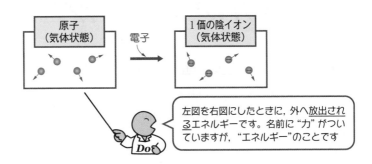

電子親和力の大きな原子は，他からの電子をとり込みやすい性質をもっています。1価の陰イオンから，とり込んだ電子を引き離してもとの原子にもどすのに，電子親和力と同じ値のエネルギーを外から加えなければならないことからわかるでしょう。大きなエネルギーが出てくる場合，もとにもどすのに大きなエネルギーが必要というわけです。

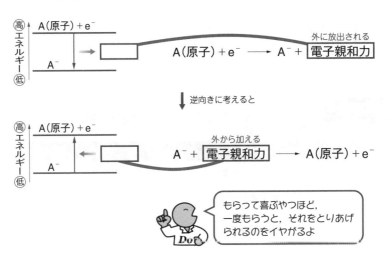

電子親和力の値は原子番号順に並べると，次のようになっています。

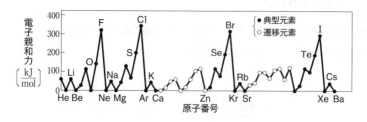

17族の元素である F, Cl, Br, I などは大きな値を示しています。
　ハロゲン

　ハロゲンの電子親和力の値が大きいのは，1価の陰イオンとなった F⁻, Cl⁻, Br⁻, I⁻ が貴ガスと同じ安定な電子配置であり，ここから1個電子を奪うには大きなエネルギーが必要だからと考えてください。

|        | K 殻 | L 殻 | M 殻 | N 殻 | O 殻 |
|--------|------|------|------|------|------|
| F⁻     | 2    | 7+1  |      |      |      |
| Cl⁻    | 2    | 8    | 7+1  |      |      |
| Br⁻    | 2    | 8    | 18   | 7+1  |      |
| I⁻     | 2    | 8    | 18   | 18   | 7+1  |

補足　電子親和力の値が最も大きい元素は Cl です。原子核から最外電子殻までの距離だけを考えると，Cl⁻ よりも F⁻ のほうが最外殻電子を強く引きつけているので，F のほうが Cl よりも電子親和力は大きくなると予想されます。ところが，F⁻ は Cl⁻ よりも半径が小さいので，最外殻電子どうしの反発が強く働いて，Cl⁻ よりも F⁻ のほうが，e⁻ を引き離しやすかったというわけです。

**入試突破のための TIPS!!　イオン化エネルギーと電子親和力**

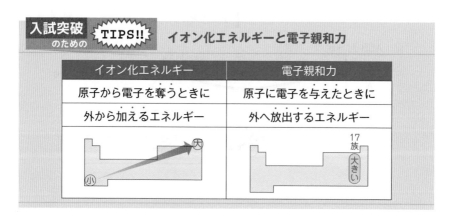

イオン半径の大小の比較として，正しいものは次の⑦〜⑦のうちどれか。

⑦ $Na^+ < Mg^{2+}$　　④ $Na^+ < Al^{3+}$　　⑦ $O^{2-} < Al^{3+}$　　⑨ $F^- < O^{2-}$

⑦ $K^+ < Ca^{2+}$

（立教大）

**解説**　⑦〜⑦のイオンの電子配置を書いてみましょう。

| | K 殻 | L 殻 | M 殻 | N 殻 |
|---|---|---|---|---|
| $_8O^{2-}$ | 2 | 6+2 | | |
| $_9F^-$ | 2 | 7+1 | | |
| $_{11}Na^+$ | 2 | 8 | ✗とる | |
| $_{12}Mg^{2+}$ | 2 | 8 | ✗とる | |
| $_{13}Al^{3+}$ | 2 | 8 | ✗とる | |
| $_{19}K^+$ | 2 | 8 | 8 | ✗とる |
| $_{20}Ca^{2+}$ | 2 | 8 | 8 | ✗とる |

$_8O^{2-} \sim _{13}Al^{3+}$ は Ne と同じ電子配置です。原子番号が大きいほど原子核の正電荷が大きくなり，最外殻電子を強く引きつけるので，イオン半径は小さくなります。

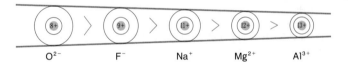

$_{19}K^+$ と $_{20}Ca^{2+}$ は Ar と同じ電子配置ですが，上と同様に考えると，$_{19}K^+$ よりも $_{20}Ca^{2+}$ の半径のほうが小さくなります。

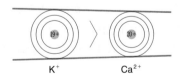

**答え** ⑦

　次図に示す電子配置をもつ原子 a ～ c に関する記述として，誤りを含む
ものを，下の①～⑤のうちからすべて選べ。ただし，図の中心の丸は原子
核を，その中の数字は陽子の数を表す。また，外側の同心円は電子殻を，
黒丸は電子を表す。

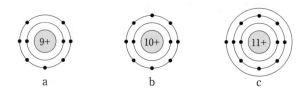

a　　　　　　　　　b　　　　　　　　　c

①　a ～ c は，すべて周期表の第 2 周期に属する。

②　a とヨウ素は，周期表の同じ族に属する。

③　a ～ c の中でイオン化エネルギーが最も小さいものは c である。

④　a ～ c の中で 1 価の陰イオンに最もなりやすいものは a である。

⑤　b の電子配置は，$Mg^{2+}$ の電子配置と同じである。

---

**解説**　　a はフッ素 F，b はネオン Ne，c はナトリウム Na の電子配置を表したモデ
ルです。

①　a の F，b の Ne は第 2 周期の元素ですが，c の Na は第 3 周期の元素です。
　　誤り。

②　F と I はともに 17 族の元素（ハロゲン）です。

③　イオン化エネルギーは，この中では Na が最も小さくなります。

④　電子親和力は，この中では F が最も大きくなります。

⑤　Mg の電子配置は $K^2L^8M^2$ なので，M 殻から電子を 2 つとった $Mg^{2+}$ の電
　　子配置は $K^2L^8$ です。これは b の Ne と同じ電子配置です。

**答え**　①

---

**さらに演習！**　『鎌田の化学問題集 理論・無機・有機 改訂版』「第 1 章 原子と化学量
02 電子配置と周期表・イオン化エネルギーと電子親和力」

# 第2章

# 結合と結晶

# 06 化学結合と電気陰性度

学習項目 **1** 原子どうしの結合と不対電子 **2** 価電子
**3** 電気陰性度

## STAGE 1 原子どうしの結合と不対電子

　例えば，水素は通常の状態では H 原子ではなく $H_2$ 分子として存在しています。原子番号 1 の H 原子は，K 殻（1s 軌道）に電子を 1 個だけもっていました（ 参照 p.31, 34 ）。軌道は電子の定員が 2 個ですから，このような二人部屋に一人の状態の電子を**不対電子**といいます。
unpaired electron

　2 つの H 原子が接近して，互いの軌道が重なると，そこは 2 つの電子が存在する確率が高い領域となります。負電荷をもつこの領域が，正電荷をもつ原子核どうしを結びつけて，$H_2$ 分子となるというわけです。これが**化学結合**の一つ，**共有結合**です。

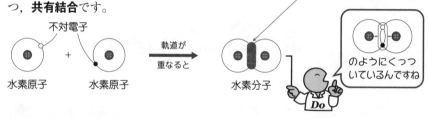

不対電子

水素原子　＋　水素原子　軌道が重なると　水素分子

のようにくっついているんですね

## STAGE 2 価電子

　電子殻は，電子の最大収容数が 2 個の軌道からできていましたね。ここからは単純化して説明するので，軌道に代わって**副殻**という用語を使います。軌道と同じく電子の二人部屋をイメージしてください。原子核に近いほうから数えて $n$ 番目の電子殻には $n^2$ 個の副殻があります。

| 電子殻 | K 殻 | L 殻 | … | $n$ 番目の電子殻 |
|---|---|---|---|---|
| 副殻 | $1^2=1$ 個 | $2^2=4$ 個 | | $n^2$ 個 |

1 つの副殻には電子は 2 個まで
副殻＝軌道

原子どうしの結合には，一般に最外電子殻の電子を用います。化学結合に利用される電子を**価電子**とよびます。

　また結合に際して，原子はできる限り多くの原子と結合するために，エネルギー的に無理のない範囲で不対電子を増やすように，配置を再編成する場合があります。

　例えば，下の表で元素記号の周りの□は副殻を表しています。p.34で確認した電子の配置では Be, B, C は不対電子が0個，1個，2個となっていますが，結合するときは 2s 軌道の電子を1個，2p 軌道に移動して不対電子を増やします。

| 1族 | 2族 | 13族 | 14族 | 15族 | 16族 | 17族 |
|---|---|---|---|---|---|---|
| □Li□ | □Be□ | □B□ | □C□ | □N□ | □O□ | □F□ |
| 不対電子 1個 | 不対電子 0個 | 不対電子 1個 | 不対電子 2個 | 不対電子 3個 | 不対電子 2個 | 不対電子 1個 |
| | ↓ | ↓ | ↓ | | | |
| | □Be□ | □B□ | □C□ | 結合するときの電子配置 | | |
| | 不対電子 2個 | 不対電子 3個 | 不対電子 4個 | | | |

第2周期の元素まではs軌道と3つのp軌道に4つの副殻が対応しています。結合するときは，できるだけ不対電子を増やすようにします

　このときの不対電子の数を**原子価**といいます。原子が結合に使える手の数のことだと考えてください。

　以上のことを利用して，アンモニアの分子式が $NH_3$ になることを確認してみましょう。

### ステップ1

　電子配置は $_1$H＝K殻(1)，$_7$N＝K殻(2)L殻(5) です。最外電子殻は，H ではK殻，N ならL殻です。H は1つ，N は4つの副殻を意識してください。

最外殻電子を点で表し，副殻という電子の二人部屋に分散して，元素記号の
まわりに配置していきます。説明のために副殻を四角で囲っていますが，囲み
はなくてかまいません。

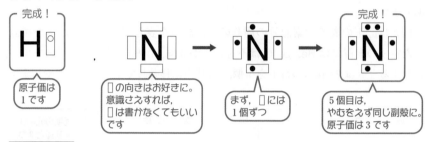

水素原子は原子価1，窒素原子は原子価3です。不対電子どうしを出し合っ
て，結合をつくります。このときできた電子の対を**共有電子対**とよびます。3
つの共有電子対が，1つのN原子と3つの水素原子を結びつけて，$NH_3$分子の
完成です。

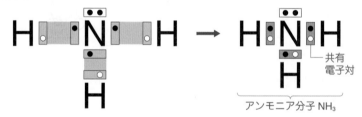

よく見ると，$NH_3$には二原子間で共有されていない電子対が1組残っていま
す。これを共有電子対と区別して，**非共有電子対**といいます。

なお，一般に，**典型元素（18族は除く）と遷移元素のうち12族の元素**は，<u>最
外殻電子が価電子</u>となります。しかし**3～11族の遷移元素**は，最外殻電子だけ
でなく，<u>内側の電子殻にあるd軌道の電子が価電子になる場合</u>があるため，電
子配置の情報だけで化学式を予測するのは困難です。

入試突破 TIPS!!
のための

**以下の原子の最外殻電子の配置を書けるようにしておこう。**

| 1 族 | 2 族 | 13 族 | 14 族 | 15 族 | 16 族 | 17 族 | 18 族 |
|---|---|---|---|---|---|---|---|
| H | | | | | | | He |
| Li | Be | B | C | N | O | F | Ne |
| Na | Mg | Al | Si | P | S | Cl | Ar |
| K | Ca | | | | | | |

18 族は不対電子をもたず電子配置が安定。
他の原子とは結合しにくいので価電子 0

## STAGE 3 電気陰性度

　原子どうしが共有結合しているとします。違う元素に属する原子では陽子数が異なるので，**共有電子対を引きつける力が異なります。この力の強さの尺度**を**電気陰性度**といいます。電気陰性度の値が大きいほど，共有電子対を強く引きつけやすく，負電荷を帯びやすい陰性の大きな元素です。
でん き いんせい ど
electronegativity

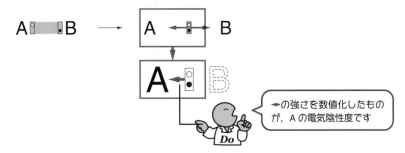

A ← B
←の強さを数値化したものが，A の電気陰性度です

Do

　ただし，電気陰性度は結合時の尺度なので，不対電子をもたず他の原子と結合しにくい18族の元素については，評価しません。
貴ガス

## 1 マリケンの評価方法

　共有電子対の2つの電子のうち，1つは自分の電子，もう1つは結合相手の電子です。自分の電子を引きつける力はイオン化エネルギーの大きさで評価しました。他の電子をとり込む力は電子親和力の大きさで評価できますね。そこで，マリケンという化学者は次のように電気陰性度を定義しました。

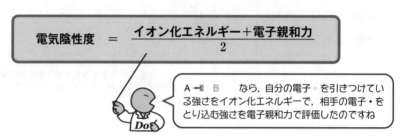

$$電気陰性度 = \frac{イオン化エネルギー＋電子親和力}{2}$$

A ⇌ B　なら，自分の電子・を引きつけている強さをイオン化エネルギーで，相手の電子・をとり込む強さを電子親和力で評価したのですね

　電子親和力の値（ 参照 p.48 ）は，イオン化エネルギーの値（ 参照 p.45 ）に比べて非常に小さいので，イオン化エネルギーの大きな元素ほど，ほぼ電気陰性度が大きくなると考えてかまいません。

## 2 ポーリングの評価方法

　マリケンに対し，ポーリングという化学者は半経験的なやり方で極性（ 参照 p.67 ）と結合エネルギー（ 参照 p.190 ）をもとに電気陰性度を定義しました。ポーリングの定義は，試験に出たとしても問題に定義式や使用する数値が与えられるので，記憶しなくてかまいません。扱いやすい数値で，結果だけよく利用します。

| 周期＼族 | 1 | 2 | 3 | 4 | 5 | 6 | 7 | 8 | 9 | 10 | 11 | 12 | 13 | 14 | 15 | 16 | 17 |
|---|---|---|---|---|---|---|---|---|---|---|---|---|---|---|---|---|---|
| 1 | H<br>2.20 | | | | | | | | | | | | | | | | |
| 2 | Li<br>0.98 | Be<br>1.57 | | | | | | | | | | | B<br>2.04 | C<br>2.55 | N<br>3.04 | O<br>3.44 | F<br>3.98 |
| 3 | Na<br>0.93 | Mg<br>1.31 | | | | | | | | | | | Al<br>1.61 | Si<br>1.90 | P<br>2.19 | S<br>2.58 | Cl<br>3.16 |
| 4 | K<br>0.82 | Ca<br>1.00 | Sc<br>1.36 | Ti<br>1.54 | V<br>1.63 | Cr<br>1.66 | Mn<br>1.55 | Fe<br>1.83 | Co<br>1.88 | Ni<br>1.91 | Cu<br>1.90 | Zn<br>1.65 | Ga<br>1.81 | Ge<br>2.01 | As<br>2.18 | Se<br>2.55 | Br<br>2.96 |

□ 非金属元素
■ 金属元素

〈**第4周期までの電気陰性度の値**（ポーリングの定義による）〉

(改訂6版 化学便覧より)

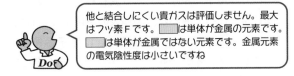

他と結合しにくい貴ガスは評価しません。最大はフッ素Fです。□は単体が金属の元素です。□は単体が金属ではない元素です。金属元素の電気陰性度は小さいですね

**入試突破のための TIPS!! 電気陰性度の大小と周期表**

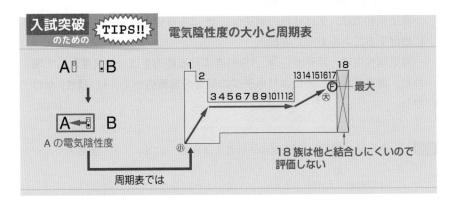

Aⓢ ⓢB

↓

A ⊖ B
Aの電気陰性度

周期表では

18族は他と結合しにくいので評価しない

最大

次の文中の［　　　］に適切な語句を入れよ。

イオン化エネルギーは，気体状態の原子から電子1個をとり去るのに必要なエネルギーである。この値は，原子核の［　ア　］が多くなるほど大きくなり，電子が原子核に近い殻を占めるほど［　イ　］なる。同一周期の元素で比べてみると，周期表の右の元素ほどイオン化エネルギーは［　ウ　］なる。これは，同一周期では同じ電子殻に電子が追加されるので，原子核と最外殻電子の距離はあまり変わらず原子核の［　ア　］が増すためである。同じ族で比べてみると，周期表の下にいくにしたがってイオン化エネルギーは［　エ　］なる。またNeとNaは原子番号が1しか違わないにもかかわらず，そのイオン化エネルギーが大きく異なるのは，Neの電子配置が［　オ　］構造をもつためである。

電子親和力は，気体状態の原子が［　カ　］を受けとり陰イオンになる際に放出するエネルギーである。

電気陰性度は，原子が［　キ　］を引きよせる能力をはかる尺度として使われ，電気陰性度の差により原子間の結合の電荷のかたより（極性）がわかる。

（東北大）

**解説**　解答がすぐに思い浮かばなかった人は p.43～57 を，もう一度読んでください。

周期表上で大小をまとめると，次のようになります。

電子のとられにくさ　　電子のとり込みやすさ　　共有電子対を引きつける力

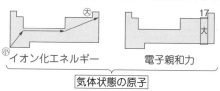
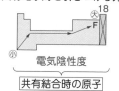

気体状態の原子　　　　　　　　　共有結合時の原子

**答え**　**ア**：陽子数　　**イ**：大きく　　**ウ**：大きく　　**エ**：小さく
　　　　**オ**：閉殻　　　**カ**：電子　　　**キ**：共有電子対

# 共有結合と分子

学習項目
① 共有結合 ② 配位結合
③ 分子の形 ④ 極性

STAGE
## 1 共有結合

　一般に，非金属元素の原子どうしが結びつく場合，ともにある程度は電気陰性度が大きいために**共有電子対は2つの原子間に束縛されています**。p.52でも紹介しましたが，この結合様式が**共有結合**です。
covalent bond

H, C, N, O, F, Cl…

から2つ選ぶ

A：B

AとBの2原子間に電子対が束縛され，共有されています

　例えば塩素は常温・常圧で黄緑色の気体です。構成単位の塩素分子は，塩素原子が共有結合してできた二原子分子です。

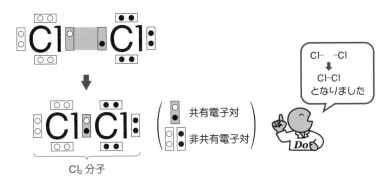

共有電子対

非共有電子対

Cl₂分子

Cl– –Cl
Cl–Cl
となりました

Do

　共有結合は，不対電子を1個ずつ出し合って共有することで生じます。不対電子数＝共有結合できる最大数ですね。次ページのように，不対電子を元素記号からのびた手のように表すことで，結合数をとらえやすくなります。

| 族 | 1族 | 13族 | 14族 | 15族 | 16族 | 17族 |
|---|---|---|---|---|---|---|
| 原子 | H– | –B– | –C–<br>–Si– | –N–<br>–P– | –O–<br>–S– | F–<br>Cl– |
| 手の数 | 1 | 3 | 4 | 3 | 2 | 1 |

　不対電子をもたない18族の元素の単体は，他の原子と共有結合をつくることができず，**原子1個で存在しています**。これを**単原子分子**といいます。

　$Cl_2$分子は**原子間が1つの共有電子対で結びついています**。これを**単結合**といいます。

　炭素C，窒素N，酸素Oといった原子の場合，**2つの共有電子対や3つの共有電子対で2つの原子の間が結びつくことがあります**。これを**二重結合や三重結合**といいます。$O_2$分子，$N_2$分子，$CO_2$分子などで見られます。

|  | 構造式 | 電子式（ルイス構造式ともいう） |
|---|---|---|
| 酸素分子<br>$O_2$ | O< >O<br>↓（二重結合）<br>O=O | ↓ |
| 窒素分子<br>$N_2$ | N≤ ≥N<br>↓（三重結合）<br>N≡N | ↓ |
| 二酸化炭素分子<br>$CO_2$ | O< >C< >O<br>↓<br>O=C=O | ↓ |

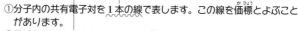

①分子内の共有電子対を1本の線で表します。この線を価標とよぶことがあります。
②最外殻電子を・で表しています。□を書く必要はありません。
価標を用いて分子中での原子のつながりを表した式を構造式，最外殻電子を点・で表した式を電子式（あるいはルイス構造式）といいます

次の分子の構造式を書け。

(1) 塩化水素 HCl

(2) エタン $C_2H_6$

(3) エチレン（エテン）$C_2H_4$

(4) アセチレン（エチン）$C_2H_2$

(5) 過酸化水素 $H_2O_2$

**解説**

H− , −C− , −O− , Cl− です。

手が1本の H− や Cl− は，必ず分子の末端にあります。

エチレン（エテン）は炭素原子間が二重結合，アセチレン（エチン）は炭素原子間が三重結合で結びついています。

(1) H── Cl

(2)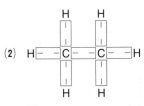

(3)

(4) H── C≡ ≡C── H

(5) H── O── O── H

**答え** (1) H−Cl (2) 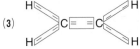 (3) H₂C=CH₂ の構造 (4) H−C≡C−H

(5) H−O−O−H

# 2 配位結合

アンモニア NH₃ は，窒素原子が 3 つの水素原子と共有結合してできた分子でしたね。窒素原子は不対電子を使い切ったので，これ以上他の原子と共有結合はできないことになります。

しかし，水素イオン H⁺ のように**空の副殻をもつものに対して，N の非共有電子対を一方的に提供し，これを共有すること**でアンモニウムイオン NH₄⁺ をつくることができるのです。このような様式の結合を**配位結合**といいます。
coordinate bond

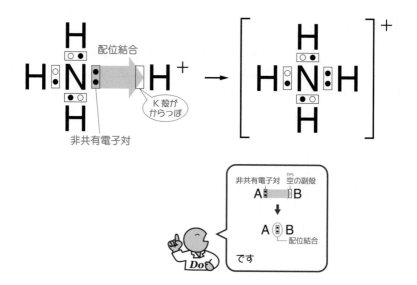

配位結合と共有結合を構造式内で区別する場合には，非共有電子対をもっている原子から提供された原子の間の線を矢印→にします。

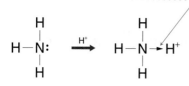

アンモニウムイオン $NH_4^+$ 内の 4 つの N–H 結合が区別できるかできないかを考察せよ。

解説

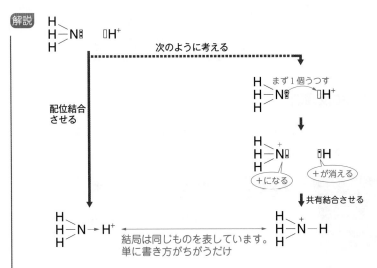

答え NH$_4^+$ 中の 4 つの N–H 結合は，すべて N$^+$–H の共有結合と見なせるので，区別できず，等価な結合である。

入試突破 のための **TIPS!!** 共有結合と配位結合

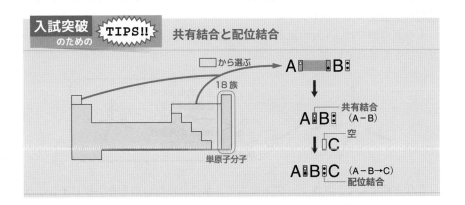

# 3 分子の形

▶別冊 p.6

分子のだいたいの形を知る方法があります。ここではそれを紹介しましょう。

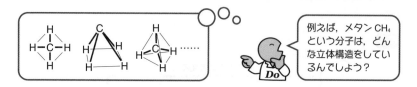

例えば，メタン $CH_4$ という分子は，どんな立体構造をしているんでしょう？

## 1 電子対の反発則

分子の概形を判断するには，中心原子の周囲に配置された電子対の数に注目します。このとき非共有電子対も忘れないようにしてください。

| 例 | メタン | アンモニア | 水 |
|---|---|---|---|
| 電子式 | H<br>H:C:H<br>H | H:N:H<br>H | H:O:H |
| 中心原子 | C | N | O |
| 電子対の数 | 4対 | 4対 | 4対 |

□はすべて4対ですね

<u>負電荷をもつ電子対は互いに反発してできるだけ遠ざかり，できるだけ離れて配置される</u>と考えられます。

上の表の例では，4対の電子対が正四面体の頂点方向に配置されたときが，互いに1番離れています。

正三角形4枚で正四面体です。——どうしは109.5°の角度をなしています

これを適用して，メタン，アンモニア，水のだいたいの形を予想しましょう。

| 例 | メタン | アンモニア | 水 |
|---|---|---|---|
| 図 | | | |
| 原子核を結んで表示 | | 非共有電子対 ← | ← 非共有電子対 |
| 原子を球で表示 | C | N | O |
| 実際の結合角 | ∠HCH = 109.5° | ∠HNH = 106.7° | ∠HOH = 104.5° |

> 非共有電子対は共有電子対より空間的に大きく広がっているので，他の電子対と強く反発します。非共有電子対が増えると，共有電子対間が押されて，結合角は小さくなっていきます

　$CH_4$ は正四面体形，$NH_3$ は三角錐形，$H_2O$ は折れ線形の分子ですね。なお，分子の形とは，非共有電子対を無視して原子核を線で結んだ形とします。

　さて，二重結合や三重結合が存在するときは，二重結合内，三重結合内の反発は考えません。二重結合の2つの電子対，三重結合の3つの電子対はひとまとめにして，1つの電子対とするのです。

| アセチレン（エチン） | 二酸化炭素 |
|---|---|
| H–C≡C–H<br>○で1対とする | O=C=O<br>○で1対とする |

> 同じ原子間にある二重結合内部や三重結合内部の反発は考えません

　また，中心原子のまわりの電子対が3対のときは正三角形の頂点方向，2対のときは直線の反対方向に反発によって配置されると考えます。

3対　　　　2対

> 120° 180°だけ離れていますね

これを，三フッ化ホウ素 $BF_3$，アセチレン $C_2H_2$，二酸化炭素 $CO_2$ に適用して，これらの分子のだいたいの形を予想してみましょう。

| 例 | 三フッ化ホウ素 | アセチレン | 二酸化炭素 |
|---|---|---|---|
| 電子式 | ːF̈ːB̈ːF̈ː F̈ 3対 | H:C⋮⋮C:H 2対 2対 | :Ö⋮⋮C⋮⋮Ö: 2対 |
| 図 | F B F F | H—C⋮⋮C—H | O⋮⋮C⋮⋮O |
| 原子核を結んで表示 | | •—•—• | •—•—• |

$BF_3$ は正三角形，$C_2H_2$ と $CO_2$ は直線形の分子ですね。ホウ素 B の電子配置は $K^2L^3$ ですから，結合時の最外電子殻は，不対電子が 3 つに，空の副殻が 1 つです（ 参照 p.53 ）。$BF_3$ はホウ素のまわりの電子対が 3 対しかないことに注意しましょう。

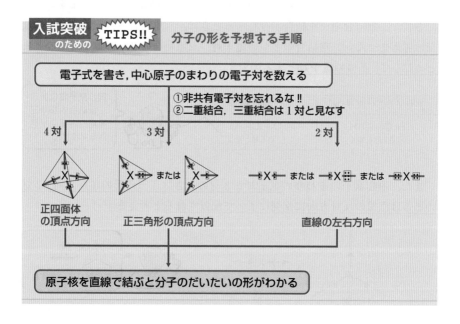

**入試突破** のための **TIPS!!** 分子の形を予想する手順

電子式を書き，中心原子のまわりの電子対を数える

①非共有電子対を忘れるな!!
②二重結合，三重結合は 1 対と見なす

4対

正四面体の頂点方向

3対

正三角形の頂点方向

2対

直線の左右方向

原子核を直線で結ぶと分子のだいたいの形がわかる

## 〈1〉 結合の極性

塩化水素 HCl の結合は，Cl の電気陰性度が H の電気陰性度より大きいので，共有電子対がやや Cl 側に偏っています（ 参照 p.55 ）。このため Cl は少し負の電荷を帯び，H は少し正の電荷を帯びています。

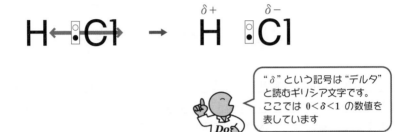

> "δ" という記号は "デルタ" と読むギリシア文字です。ここでは $0 < \delta < 1$ の数値を表しています

ただし，$H^+$ や $Cl^-$ のような完全なイオンの状態にはなっていません。このような**共有電子対に偏りがある共有結合**を「**極性をもつ共有結合**」と表現します。
polarity

## 〈2〉 分子の極性

今度は，分子全体での電荷の偏りを考えることにしましょう。

メタン $CH_4$ と水 $H_2O$ を例にします。電気陰性度は，O 原子は C 原子より大きく，C 原子は H 原子より大きかったですね。また，$CH_4$ は正四面体形，$H_2O$ は折れ線形の分子でした。

メタン分子　　　　　　　水分子

まず，分子内のすべての結合の極性を調べてみます。

|  | メタン $CH_4$ | 水 $H_2O$ |
|---|---|---|
| 結合 | $\overset{\delta-}{C} \rightarrow \overset{\delta+}{H}$ | $\overset{\delta-}{O} \rightarrow \overset{\delta+}{H}$ |
| 分子全体 | | |

電気陰性度の差は，CとHよりもOとHの方が大きいので，O-H結合の方が極性が大きくなります

分子全体での電荷の偏りを考えるときは分子の形状を踏まえて，正，負の各電荷の重心が一致するかしないかに注目します。電荷の重心とは，電荷が一点に集まっているとしたときの位置を意味しています。

|  | メタン | 水 |
|---|---|---|
| 図 | | |
| 正電荷の重心 | 正四面体の重心 | 2つの水素原子を結ぶ線分の中点 |
| 負電荷の重心 | 炭素原子の位置 | 酸素原子の位置 |
| 一致 or 不一致 | 一致 | 不一致 |

結合の極性には向きと大きさがあるので，向きを矢印の方向で，大きさを矢印の長さで表すことで定量化できます。これを双極子モーメントといいます。

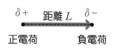

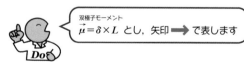

双極子モーメント
$\vec{\mu} = \delta \times L$ とし，矢印 ➡ で表します

$CH_4$ と $H_2O$ で考えてみましょう。それぞれの結合の極性を矢印で表します。

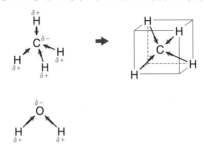

矢印をすべて足してみましょう。$CH_4$ の矢印は互いに打ち消し合い消えてしまいますが，$H_2O$ では打ち消し合わず，極性が残ります。

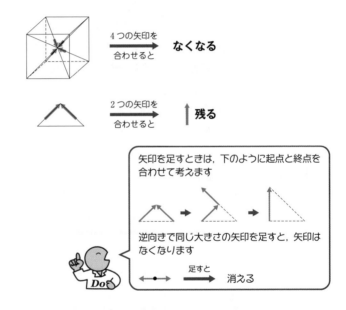

矢印が打ち消し合った場合は，全体では正電荷と負電荷の重心が一致し，矢印が打ち消し合わない場合は重心が一致していないと判断できます。

前者を**無極性分子**，後者を**極性分子**といいます。
nonpolar molecule　　polar molecule

$CH_4$ は無極性分子，$H_2O$ は極性分子です。分子の極性は，結合の極性だけでなく，形が関係するので注意しましょう。

## 入試突破のための TIPS!! 分子の極性

①結合の極性 ←電気陰性度
②分子の形 ←電子対の反発則
から考える

↓

分子全体で結合の極性が
打ち消される ➡ 無極性分子
打ち消されない ➡ 極性分子

## 入試攻略への 必須問題

同種の原子間の共有結合では，共有電子対はどちらの原子にもかたよらずに存在する。一方，異種の原子間の共有結合では，共有電子対は，[　　　]の大きい原子のほうにかたよって存在する。このように，結合に電荷のかたよりがあることを，結合に極性があるという。

(1) [　　　]に適切な語句を記せ。

(2) 極性が最大の結合と最小の結合を，次の①〜⑤からそれぞれ選べ。

①　O–H 　　②　N–H 　　③　C–H 　　④　F–H 　　⑤　F–F 　　(三重大)

**解説**　電気陰性度は周期表で右上の元素 (18族を除く) ほど大きくなります。H, C, N, O, F では，次のような順序となります。

H ＜ C ＜ N ＜ O ＜ F
⟶ 電気陰性度
(小)　　　　　　　　　(大)

そこで，電気陰性度の差を比べると次のようになっています。

C–H ＜ N–H ＜ O–H ＜ F–H
⟶ 電気陰性度の差
(小)　　　　　　　　　(大)

なお，同種の原子間の結合である F–F 結合は2つのフッ素原子の電気陰性度に差がなく，結合に極性はありません。

よって，極性が最大の結合は④，最小の結合は⑤です。

**答え**　(1)　電気陰性度

(2)　最大：④　　最小：⑤

70 　**2** 結合と結晶

次の(1)～(3)の分子は無極性分子，極性分子のいずれに分類されるか。

(1) $CO_2$　　(2) $NH_3$　　(3) $CCl_4$

解説　(1)～(3)の分子の形の推定法は，p.64～69 参照のこと。

| 分子式 | 立体構造式 | 形 | 電気陰性度 |
|---|---|---|---|
| $CO_2$ | O=C=O | 直線 | O>C |
| $NH_3$ | $\ddot{N}$ H H H | 三角錐 | N>H |
| $CCl_4$ | Cl C Cl Cl Cl | 正四面体 | Cl>C |

　分子の極性は，分子の形を考慮して，全体で結合の極性が打ち消されるかどうかを考えて判断しましょう。

| (1) $\overset{\delta-}{O} \leftarrow \overset{\delta+}{C} \rightarrow \overset{\delta-}{O}$ | 直線形なので，分子全体では結合の極性が打ち消される | 無極性分子 |
|---|---|---|
| (2) $\overset{\delta-}{N}$ H H H | 三角錐形なので，分子全体では結合の極性が打ち消されない | 極性分子 |
| (3) $\overset{\delta-}{Cl}$ C Cl Cl Cl | 正四面体形なので，分子全体では結合の極性が打ち消される | 無極性分子 |

答え　(1) 無極性分子　　(2) 極性分子　　(3) 無極性分子

Extra Stage 混成軌道と分子の形

　炭素原子の電子配置を軌道で表すと次図（左）のようになり，不対電子が2つしかありません。一般に，炭素原子は不対電子を4つ用意し結合をしますが，これは **2s軌道の電子を1つ，2p軌道に移動させる**ことで実現します。これを**励起**といいます。高いエネルギーのほうへと電子を無理矢理に引っこしさせるわけですね。

　次に，この励起状態の炭素原子が，他原子と化学結合するときのことを考えましょう。

　炭素原子は，結合する原子数に応じて **2s軌道と2p軌道を混ぜ合わせて改造し，よりエネルギー的に低い状態の等価な軌道**を結合原子数と同じ数だけ用意します。これを**混成軌道**といいます。値段の違う部屋を改築して，不公平のないように同
hybrid orbital
じ値段の部屋を居住人の数だけ用意するようなものだと考えるとよいでしょう。

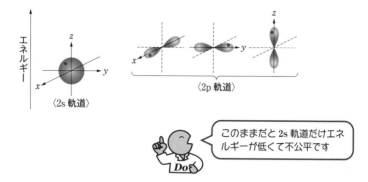

## (1) メタン CH₄ 分子をつくる場合

　C1つが4つの原子と結合するので，**2s軌道1つ，方向の異なる3つの2p軌道を混ぜて4つの同じ軌道**をつくります。これを **sp³混成軌道**といいます。これらは互いの反発を考慮して正四面体の頂点方向にのびています。

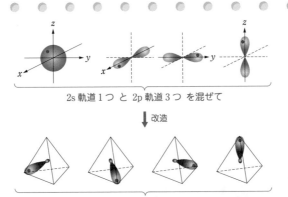

2s 軌道 1 つ と 2p 軌道 3 つ を混ぜて

↓ 改造

sp³ 混成軌道 4つ （正四面体の頂点方向）

4つの sp³ 混成軌道に 1 つずつ存在する不対電子を用いて，1s 軌道に不対電子をもつ水素原子 4 つと共有結合をすることでメタン分子が完成です。このような共有結合を **σ 結合** といいます。σ 結合は，原子核を結んだ軸上に共有電子対が分布しています。

⑵ **エチレン（エテン）$C_2H_4$ 分子をつくる場合**

1つの炭素原子が 3 つの原子と結合するので，**2s 軌道を 1 つ，方向の異なる 3 つの 2p 軌道から 2 つ選び混成軌道**をつくります。これを **sp² 混成軌道** といいます。3 つの p 軌道のうちの，選んだ 2 つの方向の平面上にできるだけ離れて配置され，正三角形の頂点方向にのびた軌道です。このとき選ばなかった方向の p 軌道が平面に直交する形で残っています。

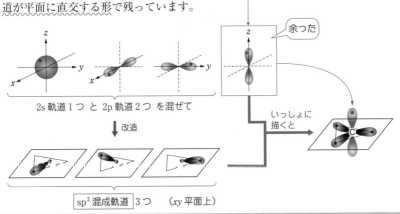

2s 軌道 1 つ と 2p 軌道 2 つ を混ぜて

↓ 改造

sp² 混成軌道 3つ （*xy* 平面上）

余った

いっしょに描くと

エチレンでは，まず次図のように，炭素原子どうし，炭素原子と水素原子が σ 結合をつくり，分子の骨格ができます。ここには，2 つの炭素原子それぞれの残った 2p 軌道に不対電子があります。炭素原子間の距離を近づけて 2p 軌道どうしを互いに側面で重ね，電子を共有し，炭素原子間はさらに結びつきます。このような結合を**π 結合**といい，σ 結合 1 つと π 結合 1 つで二重結合となります。なお，π 結合は，2 つの電子が原子核にあまり強く束縛されておらず，平面の上下で雲のようにフワフワと漂っていて，σ 結合に比べて弱い結合です。

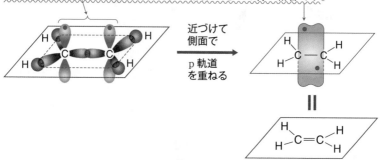

　黒鉛（ 参照 p.113 ）でも，エチレンと同様に炭素原子が $sp^2$ 混成軌道を形成しています。それぞれの炭素原子に残った 2p 軌道は重なり合って π 結合を形成していて，ここを電子が動くことができるので，黒鉛は面方向に大きな電気伝導性をもっています。

## (3) アセチレン（エチン）$C_2H_2$ をつくる場合

　1 つの炭素原子が 2 つの原子と結合するので，**2s 軌道を 1 つ，方向の異なる 3 つの 2p 軌道から 1 つ選び混成軌道**をつくります。これを **sp 混成軌道**といいます。3 つの p 軌道のうち選んだ 1 つの方向にできるだけ離れて配置され，直線の反対方向にのびた軌道です。

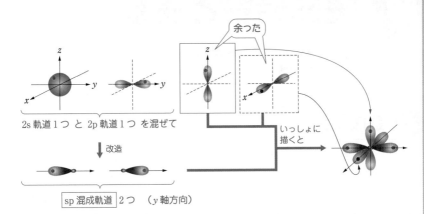

余った

2s 軌道 1 つ と 2p 軌道 1 つ を混ぜて

改造

いっしょに
描くと

sp 混成軌道 2つ （$y$ 軸方向）

アセチレンでは，次図のように，まず $y$ 軸方向で炭素原子どうし，炭素原子と水素原子が $\sigma$ 結合を形成して，分子の骨格ができあがります。ここには，2つの炭素原子それぞれの残った 2 方向の 2p 軌道に不対電子がありますね。そこで，炭素原子間の距離を近づけ，p 軌道を側面で重ねてエチレンと同様に $x$ 軸方向と $z$ 軸方向でそれぞれ $\pi$ 結合をつくります。$\sigma$ 結合が 1 つ，$\pi$ 結合が 2 つで，炭素原子間の三重結合となります。

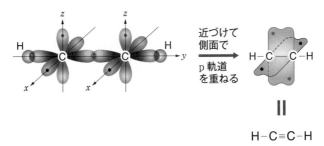

近づけて
側面で
p 軌道
を重ねる

H－C≡C－H

# 08 金属結合と金属

学習
項目
**①** 金属結合　**②** 金属結合の特徴
**③** 金属の融点

## STAGE 1 金属結合

　金属元素の原子どうしが結びつく場合を考えます。金属元素はいずれも電気陰性度が小さく，多数の空いた副殻をもっています。そのため，2つの金属原子が共有結合すると，価電子は二原子間に束縛されません。そこで**多数の原子が空いた副殻を重ねるように集合し，電子はここを通って動きまわります。**これが**金属結合**です。
metallic bond

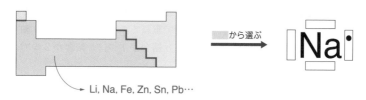

Li, Na, Fe, Zn, Sn, Pb…

　例えば，ナトリウムの単体は常温・常圧で銀白色の金属です。電子配置は$K^2L^8M^1$で，M殻の1個の電子が価電子となりますから，

まず共有結合

電子は原子核方向に
強く引っぱられておらず，
空いた副殻が多数あります

さらに集合して，大きな構造体になります

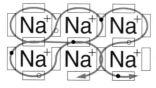

Naの価電子は特定の位置に
束縛されるのではなく，集まった$Na^+$の間を動きまわって，
これらをつなぎとめています

特定の位置に束縛されず，構造体全体を自由に移動できる電子を**自由電子**と
いいます。各原子は電子を失って陽イオンとなり，それらを多数の自由電子が
つなぎとめているのが金属です。

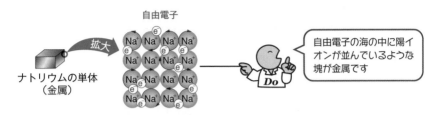

ナトリウムの単体
（金属）

自由電子

自由電子の海の中に陽イオンが並んでいるような塊が金属です

さて，単体のナトリウムを化学式で表すには，どうしたらよいでしょう？
小さな塊の金属ナトリウムも大きな塊の金属ナトリウムも，結局 Na が集ま
っているだけです。最小の元素組成は Na です。
そこで，単に Na と表します。これは組成式です（参照 p.21）。

参照 p.21

## STAGE 2 金属結合の特徴

自由電子がすばやく移動して熱や電気を運ぶので，金属は熱や電気の伝導性
が大きいです。とくに 11 族の単体の Cu, Ag, Au は大きいことで有名です。

> Ag が最大

また，力を加えて変形させても自由電子が原子どうしをつなぎとめてくれる
ので，**薄く広げたり，線状に延ばしたりできます。**この性質を**展性，延性**とい
います。

> Au が最大

また，特有の金属光沢をもっています。これは光が入射すると，自由電子は
容易に振動し電磁波を放射するため，光が表面で反射されるからです。

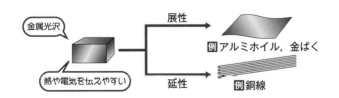

金属光沢

展性

例アルミホイル，金ぱく

熱や電気を伝えやすい

延性

例銅線

# 3 金属の融点

　一般に典型元素と遷移元素のうち 12 族元素の単体は融点が低く, 3〜11 族の遷移元素の単体の融点は高くなっています。

　水銀 Hg は金属の単体で唯一, 常温・常圧のもとで液体です。最も融点が高

　<sub>ゆいいつ</sub>

非金属の単体で常温・常圧で液体なのは Br₂

い金属の単体は原子番号 74 のタングステン W(融点 3410℃) です。白熱電球のフィラメントなどに使われています。

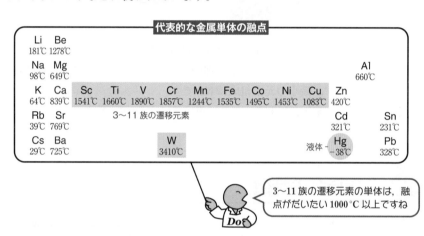

代表的な金属単体の融点

| Li | Be | | | | | | | | | | | | |
|---|---|---|---|---|---|---|---|---|---|---|---|---|---|
| 181℃ | 1278℃ | | | | | | | | | | | | |
| Na | Mg | | | | | | | | | | | | Al |
| 98℃ | 649℃ | | | | | | | | | | | | 660℃ |
| K | Ca | Sc | Ti | V | Cr | Mn | Fe | Co | Ni | Cu | Zn | | |
| 64℃ | 839℃ | 1541℃ | 1660℃ | 1890℃ | 1857℃ | 1244℃ | 1535℃ | 1495℃ | 1453℃ | 1083℃ | 420℃ | | |
| Rb | Sr | | 3〜11 族の遷移元素 | | | | | | | | Cd | | Sn |
| 39℃ | 769℃ | | | | | | | | | | 321℃ | | 231℃ |
| Cs | Ba | | | | W | | | | | | Hg | | Pb |
| 29℃ | 725℃ | | | | 3410℃ | | | | | 液体 — | -38℃ | | 328℃ |

3〜11 族の遷移元素の単体は, 融点がだいたい 1000℃ 以上ですね

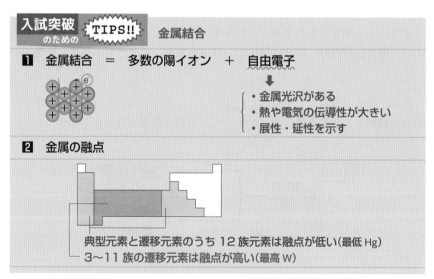

入試突破 のための TIPS!!　金属結合

## 1 金属結合 ＝ 多数の陽イオン ＋ 自由電子

・金属光沢がある
・熱や電気の伝導性が大きい
・展性・延性を示す

## 2 金属の融点

典型元素と遷移元素のうち 12 族元素は融点が低い(最低 Hg)

3〜11 族の遷移元素は融点が高い(最高 W)

次の①〜④のうちで誤っているものはどれか。

① 鉄の単体では，自由電子が鉄イオンを互いに結びつける役割を果たしている。

② 金属の単体の中で最も熱や電気を導くのは，銀である。

③ 遷移元素の単体は，すべて典型元素の金属の単体より融点が高い。

④ 金属元素は陽性が強く，原子が陽イオンになりやすい。

---

解説
① 金属原子の価電子は，共有結合のように特定の原子の間で共有されるのではなく，すべての原子に共有されている。原子から電子が離れた部分は陽イオンになっていて，これらを自由電子が結びつけている。正しい。

② 金属の単体の中で電気伝導性と熱伝導性が最も大きいものは銀 Ag である。正しい。

③ 遷移元素のうち，12 族の単体は融点が低い。中でも水銀 Hg は常温・常圧で液体の金属である。誤り。

④ 金属元素の原子はイオン化エネルギーが小さく陽イオンになりやすい。正しい。

答え ③

---

◆参考◆ 超伝導

金属は，温度が高くなると，電気抵抗が大きくなって，電気伝導性は小さくなります。原子の振動が激しくなるため，自由電子の移動を妨げるからです。

金属の中には，低温状態で電気抵抗がほとんど 0 になるものがあり，この現象を超伝導といいます。
superconductivity

# 09 イオン結合

STAGE
## 1 イオン結合

　金属の原子と非金属の原子が結びつく場合を考えてみましょう。例えば，Na 原子と Cl 原子が不対電子を 1 個ずつ出し合って結合するとします。両者の電気陰性度には大きな差があるので，共有電子対が Cl 側に引きよせられて，大きな極性をもつ共有結合となります。

> 電子配置。
> Na は $K^2L^8M^{①}$
> Cl は $K^2L^8M^{⑦}$
> ですね

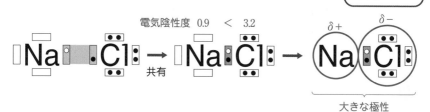

　$Na^{\delta+}$ と $Cl^{\delta-}$ の $\delta$ の値が大きいために，静電気的な引力 (クーロン力) が強く働いて，どんどん集まって結びついていきます。

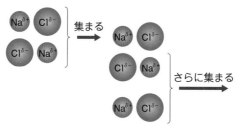

　すると，Na は価電子を周囲にある Cl のどこかに必ず奪われ，Cl は周囲の Na から価電子を常にとり込んだ状態に近づいてきます。ほぼ完全に $Na^+$ と $Cl^-$ になっていくのです。$Na^+$ は [Ne]，$Cl^-$ は [Ar] と同じ安定な電子配置ですね。

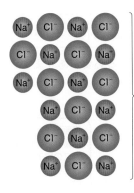

塩化ナトリウム（組成式 NaCl）
の結晶

さらに集まる

Na⁺ と Cl⁻ の間は，静電気的な力（クーロン力）で結合していますね

　このように多数のイオンが静電気的な力で集まった結合を**イオン結合**といいます。ionic bond イオン結合でできている物質は，多数の陽イオンと陰イオンの集合体で，分子とよべる単位が見当たらないと考えてかまいません。ただし，実際にはイオン結合と共有結合の間に明確な境界線はありません。極性の程度で分けているにすぎないのです。

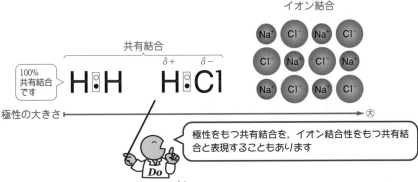

イオン結合

共有結合

100%
共有結合
です

$H \cdot H$　$\overset{\delta +}{H} \cdot \overset{\delta -}{Cl}$

極性の大きさ

極性をもつ共有結合を，イオン結合性をもつ共有結合と表現することもあります

　とりあえず，高校の化学では，塩（ えん ・ 参照 p.140 ），金属の酸化物や水酸化物をイオン結合でできた物質の代表例と判断してかまいません。

塩化アンモニウム NH₄Cl のようなアンモニウム塩は金属の原子を含んでいませんが，イオン結合でできた物質です。NH₄Cl は，アンモニウムイオン NH₄⁺ と塩化物イオン Cl⁻ が静電気的な引力で集まってできた集合体です

# 2 イオン結合でできた物質の組成式と名称　▶別冊p.9

　まず，イオンの名称と化学式（イオンの化学式）を覚える必要があります。別冊を使ってしっかり覚えましょう。典型元素の単原子イオンは貴ガス型の電子配置をとることが多いので，周期表の位置から判断できます。

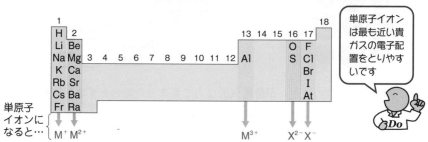

　ただし，多原子イオンや遷移元素のイオンは化学式が周期表だけでは判断しにくいので，別冊を利用してイオンの化学式を正確に記憶しましょう。

　イオンの価数と化学式を覚えてしまえば，イオン結合でできた物質の組成式は簡単につくることができます。組成式全体で電荷がゼロ（電気的に中性）になるようにイオンの価数から組成比を決めます。

| | 酸化アルミニウム | 硫酸バリウム | 水酸化マグネシウム |
|---|---|---|---|
| ｛陰イオン<br>｛陽イオン | ｛酸化物イオン：$O^{2-}$<br>｛アルミニウムイオン：$Al^{3+}$ | ｛硫酸イオン：$SO_4^{2-}$<br>｛バリウムイオン：$Ba^{2+}$ | ｛水酸化物イオン：$OH^-$<br>｛マグネシウムイオン：$Mg^{2+}$ |
| | ↓ | ↓ | ↓ |
| 電荷がゼロになるようにする | $(Al^{3+})_2(O^{2-})_3$<br>$\underline{\phantom{x}+6\phantom{xx}-6\phantom{x}}$<br>$0$ | $(Ba^{2+})_1(SO_4^{2-})_1$<br>$\underline{\phantom{x}+2\phantom{xx}-2\phantom{x}}$<br>$0$ | $(Mg^{2+})_1(OH^-)_2$<br>$\underline{\phantom{x}+2\phantom{xx}-2\phantom{x}}$<br>$0$ |
| | ↓ | ↓ | ↓ |
| 化学式 | $Al_2O_3$ | $BaSO_4$ | $Mg(OH)_2$ |
| | イオンの価数の<br>3＋や2－ は<br>書かない | 組成比が<br>1のときは<br>1は書かない | 多原子イオンの組成比が<br>1ではないとき$(\phantom{xx})_n$の<br>ように書く |

「〜酸…」（例：硫酸バリウム），「〜化…」（例：塩化アンモニウム）という名前の場合，〜酸イオンか〜化物イオンが陰イオン。…が金属や…ニウムだと，それが陽イオンです

一般に，イオン結合でできた物質を組成式で表すとき，**陽イオンを先に，陰イオンを後に書きます**。ただし，酢酸イオン $CH_3COO^-$ のように陰イオンを構成する原子が多く化学式が長いときは，陰イオンを先に書くこともあります。

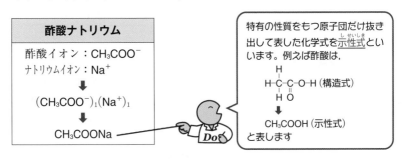

　また，銅の単原子イオンのように何種類かの価数をとるイオンは，金属イオンの正電荷を（　）つきのローマ数字で書き添えます。例えば「酸化銅（Ⅱ）」とは，銅（Ⅱ）イオン（2価の銅イオン）$Cu^{2+}$ と酸化物イオン $O^{2-}$ からなる物質です。組成式では $CuO$ と表します。

STAGE
# 3 イオン結合でできた物質の性質

## (1) 電気伝導性

　固体のときは電気伝導性はほとんどありません。イオンが動けないからです。融解して液体状態にしたり，水などの溶媒に溶かして溶液にすると，構成イオンが内部を自由に動きまわれるので，電気伝導性を示します。

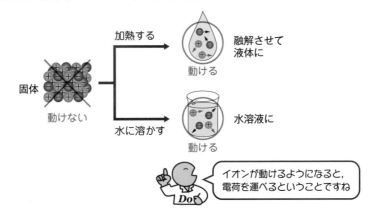

## (2) 融点

　一般に，陽イオンと陰イオンの価数の積が大きいほど静電気的な引力が強く，融解するのに大きなエネルギーが必要なので融点は高くなります。また，最も近くにある反対符号のイオン間の距離が小さいほど，静電気的な引力が強く融点が高くなります。

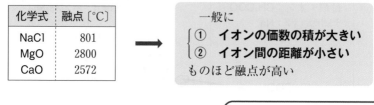

| 化学式 | 融点〔℃〕 |
|---|---|
| NaCl | 801 |
| MgO | 2800 |
| CaO | 2572 |

一般に
① **イオンの価数の積が大きい**
② **イオン間の距離が小さい**
ものほど融点が高い

引力が強いと，陽イオンと陰イオンを引き離すのに大きなエネルギーが必要です

　上の例では構成イオンが，$Na^+$，$Cl^-$，$Mg^{2+}$，$Ca^{2+}$，$O^{2-}$ なので，価数の積が $NaCl$ では $1 \times 1 = 1$，$MgO$ では $2 \times 2 = 4$，$CaO$ では $2 \times 2 = 4$ となり，$NaCl$ に比べ $MgO$ や $CaO$ の融点が高くなると判断できます。また，$Mg^{2+}$ が $Ca^{2+}$ より半径が小さいので，イオン間の距離が小さくなり，融点が高くなると判断できます。

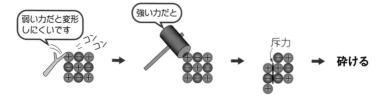

電子配置は，
$Mg^{2+} = K^2 L^8$
$Ca^{2+} = K^2 L^8 M^8$
$Ca^{2+}$ の方が $Mg^{2+}$ より大きいですね

## (3) 変形しにくく砕けやすい

　金属とは異なり，イオン結合でできた物質は力を加えて変形させづらく，延性や展性を示しません。特定の面から力を加えて，同符号のイオンどうしが接近すると，斥力が働き，砕けてしまいます。

弱い力だと変形しにくいです

強い力だと

斥力

→ **砕ける**

## 入試攻略 への 必須問題

次の化合物の組成式を書け。

(1) 硫化カルシウム　　　(2) リン酸ナトリウム

(3) 炭酸水素アンモニウム　(4) 酸化銅（Ⅰ）

---

**解説** イオンの化学式を正確に記憶しているかどうか，別冊(p.8)で確認しましょう。

(1) カルシウムイオン $Ca^{2+}$，硫化物イオン $S^{2-}$

$\Rightarrow$ $(Ca^{2+})_1(S^{2-})_1$ $\Rightarrow$ $CaS$

(2) ナトリウムイオン $Na^+$，リン酸イオン $PO_4^{3-}$

$\Rightarrow$ $(Na^+)_3(PO_4^{3-})_1$ $\Rightarrow$ $Na_3PO_4$

(3) アンモニウムイオン $NH_4^+$，炭酸水素イオン $HCO_3^-$

$\Rightarrow$ $(NH_4^+)_1(HCO_3^-)_1$ $\Rightarrow$ $NH_4HCO_3$

(4) 銅（Ⅰ）イオン $Cu^+$，酸化物イオン $O^{2-}$

$\Rightarrow$ $(Cu^+)_2(O^{2-})_1$ $\Rightarrow$ $Cu_2O$

**答え** (1) $CaS$　(2) $Na_3PO_4$　(3) $NH_4HCO_3$　(4) $Cu_2O$

---

## 入試突破 のための **TIPS!!** イオン結合

イオン結合 $\left\{\begin{array}{l} ⊕ : 金属イオン，アンモニウムイオン　など \\ ⊖ : 〜化物イオン，〜酸イオン　など \end{array}\right.$
が静電気的な力(クーロン力)で集合

イオン結合でできた物質

**性質**

**1** 一般に，イオンの価数の積⑤，イオン間の距離⑨ $\Rightarrow$ 融点⑥

**2** 電気伝導性 $\Rightarrow$ 固体(なし)，液体や溶液(あり)

**3** 変形しにくく，特定の面に沿って砕けやすい

# 10 分子間で働く引力

STAGE

## 1 ファンデルワールス力

**分子どうしの間にはファンデルワールス力とよばれる引力**が働いています。
<small>van der Waals force</small>
（後述する分子間の水素結合と合わせて**分子間力**とよんでいます。）

　ファンデルワールス力は共有結合に比べて弱い結びつきです。水素 $H_2$ や二酸化炭素 $CO_2$ といった分子が，ファンデルワールス力によって多数集まると，液体水素やドライアイスになります。

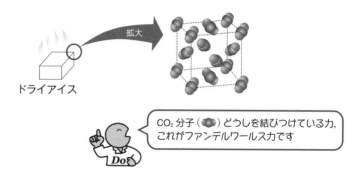

拡大

ドライアイス

$CO_2$ 分子 ( ● ) どうしを結びつけている力，これがファンデルワールス力です

Do!

　まず，ファンデルワールス力が働く主な要因から説明しましょう。

　分子の内部に含まれる電子は原子核の周囲を常に動いています。ある瞬間の電子の分布に注目すれば，分子内部で偏りがあります。

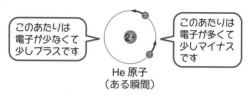

このあたりは
電子が少なくて
少しプラスです

このあたりは
電子が多くて
少しマイナス
です

He 原子
（ある瞬間）

　どんな分子でも，瞬間的には正に帯電した部分と負に帯電した部分が生じて，電荷の偏りができてしまうのです。

分子どうしが接触するほど接近すると，1つの分子の電荷の偏りがもう1つの分子の電荷の偏りを誘発し，この間に電気的な引力が生じます。瞬間的な電荷の偏りによって分子間の引力が働くのですね。

（分散力という）

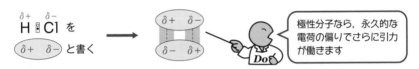

少しマイナス　逃げろ　　　　　少しマイナス　少しプラス

ある He 原子　近くの He 原子　　　　　　電気的な引力

　さらに，極性分子には，永久的な電荷の偏りによる引力も働きます。

例えば HCl 分子　　　　双極子間相互作用とよんでいます

$\overset{\delta+}{H}\overset{\delta-}{Cl}$ を

$\delta+$ $\delta-$ と書く

極性分子なら，永久的な電荷の偏りでさらに引力が働きます

Do

　このような要因でファンデルワールス力が生じるのです。

　分子とファンデルワールス力の強さには，次の(1)〜(3)の関係があります。

## (1) 分子量の大きな分子はファンデルワールス力が強い

　分子量は分子の相対質量なので，ファンデルワールス力の直接的な原因ではありません。ただ一般には，分子量の大きな分子ほど陽子の数が多く，電子の数も多いので，瞬間的な電荷の偏りが生じやすく，引力が強く働きます。

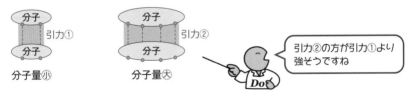

分子　分子　引力①　　　分子　分子　引力②

分子量小　　　　　　　分子量大

引力②の方が引力①より強そうですね

Do

### 例1　ハロゲンの単体の沸点

| 化学式 | 分子量 | 沸点〔℃〕 |
|---|---|---|
| $F_2$ | 38 | −188 |
| $Cl_2$ | 71 | −33.9 |
| $Br_2$ | 160 | 58.7 |
| $I_2$ | 254 | 184 |

低 → 高

分子量の大きなものほどファンデルワールス力が強く，沸点が高くなっていますね

Do

## ⑵ 分子どうしの接触面積が大きいほど，ファンデルワールス力が強い

分子どうしが接近したときに接触面積が大きいほどファンデルワールス力は強く働きます。

同程度の分子量ならば，分子の形状が球に近いほど接触面積は小さく，長い棒のような形状なら接触面積は大きくなります。

### 例2 分子式 $C_5H_{12}$ の化合物の沸点

| 構造式 | 沸点〔℃〕 |
|---|---|
| ペンタン $CH_3-CH_2-CH_2-CH_2-CH_3$ | 36 |
| 2-メチルブタン $\begin{array}{c}CH_3\\ \mid \\ CH_3-CH-CH_2-CH_3\end{array}$ | 28 |
| 2,2-ジメチルプロパン $\begin{array}{c}CH_3\\ \mid \\ CH_3-C-CH_3\\ \mid \\ CH_3\end{array}$ | 9.5 |

分子量は同じです。
でも，球状に近いものほど接触面積が小さいのでファンデルワールス力が弱くなります。そのため，下にいくほど沸点は低くなっていますね

## ⑶ 極性の大きな分子はファンデルワールス力が強い

分子全体の極性が大きいときも，電気的な引力は強く作用します。

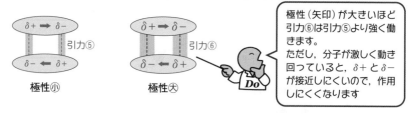

ファンデルワールス力が強い分子は，比較的高い温度でも分子が集まり，液体や固体になります。分子間を引き離して液体から気体にするには，大きなエネルギーが必要なので，<u>ファンデルワールス力の強い分子性物質ほど沸点が高い</u>といえます。

次の①，②の化合物のうち，沸点が高いのはどちらか。

① アセトン $\begin{matrix} CH_3 \\ CH_3 \end{matrix} {>} C{=}O$

② 2-メチルプロペン $\begin{matrix} CH_3 \\ CH_3 \end{matrix} {>} C{=}CH_2$

解説　①と②を比べると，①の酸素 O（総電子数 8 ）が，②では $CH_2$（総電子数 6＋2＝8）になっているだけで，分子の総電子数は同じで，形も似ています。大きく異なっているのは極性です。電気陰性度は O (3.4)＞C (2.6)＞H (2.2) なので，①の C=O 結合は，②の $C{=}CH_2$ 結合よりも大きな極性をもっています。よって，極性の大きな①は，極性の小さい②よりもファンデルワールス力が強く，沸点が高くなります。

$\begin{matrix} CH_3 \\ CH_3 \end{matrix} {>} \overset{\delta+}{C}{=}\overset{\delta-}{O}$

$\begin{matrix} CH_3 \\ CH_3 \end{matrix} {>} C{=}CH_2$

答え　① （アセトンの沸点 56℃，2-メチルプロペンの沸点 −6.6℃）

入試突破 のための **TIPS!!** ファンデルワールス力

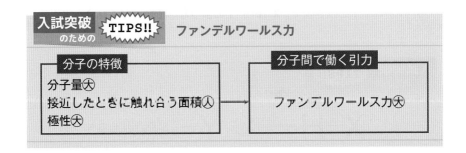

分子の特徴
分子量大
接近したときに触れ合う面積大
極性大

→

分子間で働く引力
ファンデルワールス力大

H原子が電気陰性度の大きい原子 (F, O, N) と共有結合しているとします。

電気陰性度 → 4.0 3.4 3.0

電気陰性度の大きな原子が共有電子対を強く引きつけるので、Hは大きく正に帯電します。

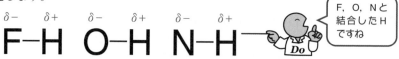

$\overset{\delta-}{F}-\overset{\delta+}{H}$ $\overset{\delta-}{O}-\overset{\delta+}{H}$ $\overset{\delta-}{N}-\overset{\delta+}{H}$

F, O, Nと結合したH ですね

大きな正電荷をもつこの $\overset{\delta+}{H}$ は、K殻に電子があまり存在せず、原子核がむき出しに近い状態です。

K殻に電子がいないと、原子核がむき出しです

このHはH⁺に近い状態です

この $\overset{\delta+}{H}$ は、自分とは共有結合していない場所の $\overset{\delta-}{F}$, $\overset{\delta-}{O}$, $\overset{\delta-}{N}$ を引きよせます。さらに、F, O, Nがもつ比較的小さなL殻の非共有電子対が $\overset{\delta+}{H}$ のむき出しのHの原子核の側までやってくるので、強く引っぱられるのです。

Hの原子核に強く引っぱられる

このように、電気陰性度が大きく、小さくコンパクトな非共有電子対をもつF, O, NがH原子をはさんで、**X–H……Yのような形で結びつく結合**を**水素結合**

X, Yとする

hydrogen bond

といいます。

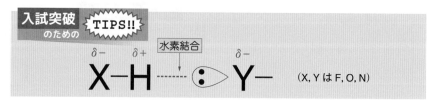

入試突破 のための TIPS!!

水素結合

$\overset{\delta-}{X}-\overset{\delta+}{H}$ ----> $\overset{\delta-}{Y}-$  (X, Y は F, O, N)

水素結合の強さを共有結合やファンデルワールス力と比べてみます。

これらを切断するのに必要なエネルギーの値をみると，水素結合はファンデルワールス力の約 10 倍，共有結合の約 $\frac{1}{10}$ 倍程度の強さとなっています。

ファンデルワールス力を 1 とすると，共有結合が約 100，水素結合が約 10 です

## 1 水素結合と沸点

分子間で水素結合をつくるフッ化水素 HF，水 $H_2O$，アンモニア $NH_3$ は，分子量から予想されるより，はるかに沸点が高くなります。これは水素結合がファンデルワールス力より強く，分子間を引き離すのに大きなエネルギーが必要になるためです。

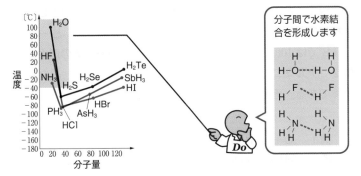

分子間で水素結合を形成します

水 $H_2O$ 分子は，1 分子あたりに水素原子 2 つ，非共有電子対 2 つと同数存在するため，これら余すことなく水素結合に利用できます。1 分子のまわりに<u>水素結合により最大 4 つの水分子を縛りつける</u>ことができます。

水は折れ線形分子でしたね

フッ化水素 HF は，1 分子あたり水素原子 1 つ，非共有電子対 3 つ，アンモニア $NH_3$ は 1 分子あたり水素原子 3 つ，非共有電子対 1 つです。水素原子と非共有電子対が同じ数ではないので，$H_2O$ のようにこれらすべてを水素結合に使う

ことができません。次の図に示したように，数の少ないほうを使い切ると，それ以上は水素結合ができません。

$H_2O$ が HF や $NH_3$ より沸点が高いのは，分子間の水素結合の数が多いからなのです。

なお，水素結合は分子内で形成されることもあります。こちらは沸点に影響ありません。

## 入試攻略 への 必須問題

**問1** 14，15 および 16 族元素の水素化合物の沸点について同族どうしで比較すると，$CH_4$，$SiH_4$ ではそれぞれ $-161\,°C$，$-112\,°C$ と分子量の増加に応じて上昇しているが，$NH_3$，$PH_3$ では $-33\,°C$ と $-88\,°C$，$H_2O$，$H_2S$ では $100\,°C$ と $-60\,°C$ と逆に低下している。その理由は何か。

**問2** アルミニウムの水素化合物 $AlH_3$ は $CH_4$，$SiH_4$ と異なり室温では固体である。その理由を述べよ。

（東京大）

[解説] **問1** $-O-H$，$-N-H$，$F-H$を見たら，水素結合を思い出しましょう。

**問2** $AlH_3$ は金属元素と非金属元素からなる結合でできており，$Al^{3+}$ と $H^-$（水素化物イオン）からなるイオン結合でできた物質です。イオン結合はファンデルワールス力より強い結びつきです。

[答え] **問1** $CH_4$ と $SiH_4$ では，分子量が大きい $SiH_4$ のほうがファンデルワールス力が強く，沸点が高くなる。これに対して，$NH_3$ と $H_2O$ では，分子間に通常のファンデルワールス力より強い水素結合が形成されるため，$PH_3$ より $NH_3$ のほうが，$H_2S$ より $H_2O$ のほうが沸点が高くなる。

**問2** $CH_4$ と $SiH_4$ は共有結合でできた分子であるのに対して，$AlH_3$ は $Al^{3+}$ と水素化物イオン $H^-$ のイオン結合からなる化合物である。イオン結合にはファンデルワールス力よりも強い静電気的な引力が働いているので，$AlH_3$ は固体となっている。

さらに演習！ 『鎌田の化学問題集 理論・無機・有機 改訂版』「第2章 結合と結晶 03 化学結合と電気陰性度・共有結合と分子・金属結合と金属・イオン結合・分子間で働く引力」

11 **結晶**

## STAGE 1 結晶とは

◐別冊 p.16

原子，分子，イオンなどの**構成粒子が三次元的に規則正しく配列した固体**を**結晶**といいます。**結晶内での粒子配列の構造を表したもの**を**結晶格子**といい，
crystal                                          crystal lattice
**結晶格子でのくり返し最小単位**を**単位格子**といいます。
unit cell

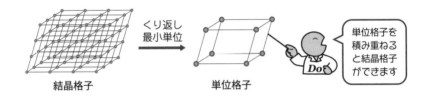

くり返し
最小単位

結晶格子

単位格子

単位格子を
積み重ねる
と結晶格子
ができます

**補足** ガラスのような**粒子配列に規則性のない固体**を**アモルファス（非晶質）**といいます。

単位格子の形状にはさまざまなものがありますが，高校化学では立方晶系とよばれる単位格子が立方体である結晶の幾何学的特徴を中心に学習します。

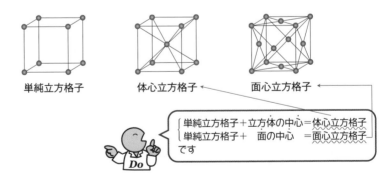

単純立方格子

体心立方格子

面心立方格子

単純立方格子＋立方体の中心＝体心立方格子
単純立方格子＋　面の中心　＝面心立方格子
です

結晶の問題では，次の**1**〜**4**がよく問われます。最初に確認しておきましょう。

# 1 配位数

**1つの粒子の最近接にいる粒子の数**を**配位数**といいます。立方晶系の結晶では代表的な配位数と立体配置が下の表のようになっています。●はすべて立方体の中心にあります。●は●からすべて等距離であることを確認してください。

| 配位数 4 | 配位数 6 | 配位数 8 | 配位数 12 |
|---|---|---|---|
| 頂点を 1 つおきに● | 面の中心に● | 全頂点に● | 辺の中心に● |

# 2 単位格子内の粒子数

結晶を構成する粒子を変形しない球とします。単位格子内に含まれる粒子の数を求めるときには，1つの粒子が何個の単位格子に共有されているかを考える必要があります。

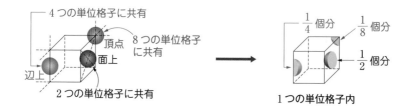

4つの単位格子に共有
8つの単位格子に共有
頂点
面上
辺上
2つの単位格子に共有

$\frac{1}{4}$ 個分　$\frac{1}{8}$ 個分　$\frac{1}{2}$ 個分

1つの単位格子内

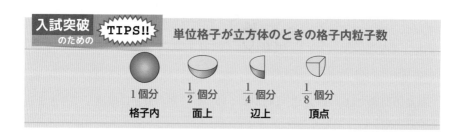

**入試突破のための TIPS!!**　単位格子が立方体のときの格子内粒子数

1個分　　$\frac{1}{2}$ 個分　　$\frac{1}{4}$ 個分　　$\frac{1}{8}$ 個分
格子内　　面上　　　辺上　　　頂点

## 3 結晶の密度

　単位格子は結晶のくり返し最小単位ですから，<u>単位格子の密度は，結晶の密度に一致</u>します。

$$結晶の密度〔g/cm^3〕 = \frac{単位格子の質量〔g〕}{単位格子の体積〔cm^3〕}$$

**注**　単位格子の質量とは，単位格子内に含まれる構成粒子の質量です。これは構成粒子のモル質量を $M$〔g/mol〕，アボガドロ定数を $N_A$〔/mol〕，単位格子内に含まれる構成粒子数を $n$ とすると，次のように表せます。

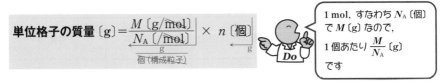

単位格子の質量〔g〕$= \dfrac{M 〔\text{g/mol}〕}{N_A 〔\text{/mol}〕} \times n$〔個〕

1 mol，すなわち $N_A$〔個〕で $M$〔g〕なので，1 個あたり $\dfrac{M}{N_A}$〔g〕です

## 4 結晶の充填率

　**結晶全体の体積のうち，構成粒子自身で占有されている部分の体積の割合**を**充填率**といいます。空間占有率ともよびます。密度と同様に，<u>結晶の充填率は単位格子の充填率に一致</u>します。

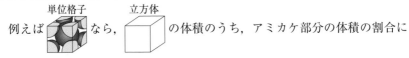

例えば　単位格子　なら，　立方体　の体積のうち，アミカケ部分の体積の割合に相当します。

$$結晶の充填率 = \frac{構成粒子の占める空間の体積}{単位格子の体積}$$

**注**　構成粒子の占める空間の体積は，構成粒子を半径 $r$〔cm〕の球とし，単位格子内に含まれる構成粒子数を $n$ とすると，次のように表せます。

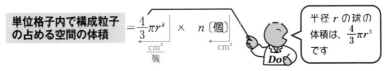

単位格子内で構成粒子の占める空間の体積 $= \dfrac{4}{3}\pi r^3 \times n$〔個〕

半径 $r$ の球の体積は，$\dfrac{4}{3}\pi r^3$ です

# 結晶の分類

結晶は，構成粒子と構成粒子間の結合によって，次の4つに分類できます。

| | 金属結晶 | イオン結晶 | 分子結晶 | 共有結合の結晶 |
|---|---|---|---|---|
| | | | | |
| 構成粒子 | 陽イオン<br>自由電子 | 陽イオン<br>陰イオン | 分子 | 原子 |
| 構成粒子間の結合 | 金属結合 | 静電気的な引力 | 分子間力 | 共有結合 |
| 融点 | 3～11族の単体は融点が高い。それ以外の単体は融点が低い | 高い | 一般に低い<br>昇華するものがある | 非常に高い |
| 電気伝導性 | あり | ほとんどない<br>（液体や溶液はあり） | ほとんどない | ほとんどない |
| その他の性質 | 展性・延性を示す<br>熱伝導性が大きい | やや硬いが，くだけやすい | やわらかく，くだけやすい | 非常に硬い |
| 例 | 銅<br>Cu（組成式） | 塩化ナトリウム<br>NaCl（組成式） | ヨウ素<br>$I_2$（分子式） | ダイヤモンド<br>C（組成式） |

まずは，全体の分類を示しました。次の **12** から1つずつ説明していきます。

# 12 金属結晶

学習
項目 ❶ 最密充塡構造

金属結晶は，次の3つのいずれかの構造をとる場合がほとんどです。一般に，原子を剛体球（変形しない球）とし，最近接にある原子どうしは接触しているものとして原子の半径を決めます。これらの構造を具体的に見ていきましょう。

| | 体心立方格子 | 面心立方格子<br>（立方最密構造） | 六方最密構造 |
|---|---|---|---|
| 配位数 | 8 | 12 | 12 |
| 図 | | | |
| 例 | アルカリ金属，<br>Fe（常温） | Al, Fe（高温），<br>Cu, Ag, Au | Mg, Zn |

## 1 最密充塡構造

▶別冊 p.16, 17

金属結合には方向性はなく，限られた自由電子で全体を小さくまとめ上げた，配位数の大きな構造をとることが多くなります。中でも，許される限り球がギュウギュウにつまったような構造を最密充塡構造といいます。
closest packed structure

まず，球を隙間がなるべく少なくなるように一層に並べ，この最密層をA層とよぶことにします。

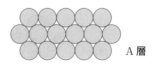

A層

A層の球と球のくぼみの上にさらに球を隙間を埋めるように置いて，2層目の最密層をつくりましょう。次ページのB層のように並べるか，C層のように

並べるかの2通りがありえますね。

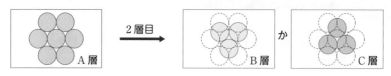

　3層目の最密層は，2層目の球のくぼみに，球を置くように並べます。仮に2層目がB層ならば，3層目はA層と同じ位置にするか，C層と同じ位置にするかで2通りあります。

　4層目，5層目…と置いていくと，無数の並べ方がありえますが，実際に金属がとる最密構造は次の2つのどちらかになっています。

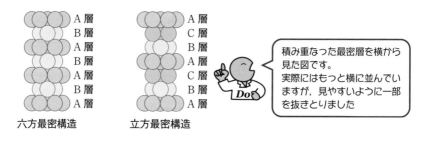

　六方最密構造，立方最密構造のどちらにしろ，最密構造では，配位数は12となっています。12が幾何学的に可能な配位数の最大値です。

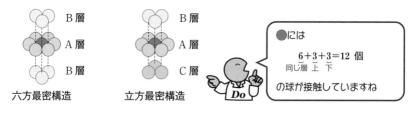

　立方最密構造を次ページのように角度を変えて見れば，立方晶系の1つである面心立方格子であることがわかるでしょう。

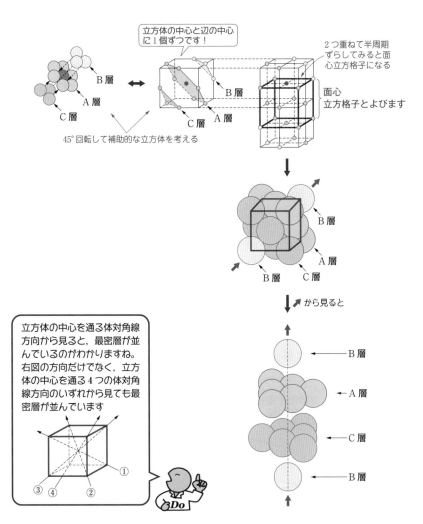

では次ページの必須問題で基本事項を確認していきましょう。

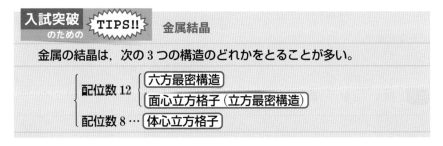

　金属セシウム Cs の結晶の単位格子は体心立方格子である。セシウム原子は剛体球とし，最近接のセシウム原子どうしは接触しているとする。$\sqrt{2} \fallingdotseq 1.41$，$\sqrt{3} \fallingdotseq 1.73$，円周率 $\pi \fallingdotseq 3.14$ として，次の問いに答えよ。

**問1**　単位格子に含まれる原子の数を書け。

**問2**　セシウムの結晶の充填率〔%〕を有効数字2桁で求めよ。

**問3**　単位格子の1辺を $6.14 \times 10^{-8}$ cm とし，セシウムの結晶の密度〔g/cm³〕を有効数字2桁で求めよ。アボガドロ定数は $6.0 \times 10^{23}$〔/mol〕，Cs の原子量は 133 とする。

（東北大）

---

**解説**　**問1**

体心立方格子　＝　　配位数8です

$$\frac{1}{8}\text{個分} \times 8 + 1\text{個} = 2\text{個}$$
頂点　　　　　立方体の中心

**問2**　半径を $r$，立方体の1辺の長さを $a$ とすると，$a$ と $r$ の関係は，

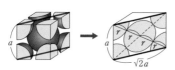

$$\sqrt{a^2 + (\sqrt{2}\,a)^2} = 4r$$
よって，$\sqrt{3}\,a = 4r$

$$\frac{r}{a} = \frac{\sqrt{3}}{4} \quad \cdots ①$$

となります。

　1辺 $a$ の立方体の中に半径 $r$ の球体の原子が2個含まれているので，充填率 $p$〔%〕は，

$$p = \frac{\text{半径 } r \text{ の球2個分の体積}}{\text{立方体の体積}} \times 100$$

$$= \frac{\frac{4}{3}\pi r^3 \times 2}{a^3} \times 100$$

$$= \frac{4}{3}\pi \left(\frac{r}{a}\right)^3 \times 2 \times 100 \quad \cdots ②$$

①式を②式に代入すると，

$$p = \frac{4}{3}\pi \left(\frac{\sqrt{3}}{4}\right)^3 \times 2 \times 100$$

$$\fallingdotseq 67.9\cdots \%$$

**問3**　Cs の密度〔g/cm³〕

$$= \frac{\text{Cs 2個分の質量〔g〕}}{\text{単位格子の体積〔cm³〕}}$$

Cs 原子1個の質量

$$= \frac{\boxed{\dfrac{133}{6.0 \times 10^{23}}} \times 2 \text{ g}}{(6.14 \times 10^{-8})^3 \text{ cm}^3}$$

$$\fallingdotseq 1.91\cdots \text{ g/cm}^3$$

**答え**　**問1**　2個　　**問2**　68%　　**問3**　1.9 g/cm³

　ある金属の結晶の単位格子は，右図のような面心立方格子である。原子は剛体球とし，最近接の原子は互いに接触しているとする。

**問1**　単位格子内の原子数はいくつか。

**問2**　原子半径を $r$ とすると単位格子の1辺の長さはどのように表せるか。

**問3**　結晶の充塡率を求めよ。円周率 $\pi$ や無理数はそのままでよい。

**問4**　この結晶の密度を $d$〔g/cm³〕，単位格子の体積を $V$〔cm³〕，金属の原子量を $M$ とすると，アボガドロ定数 $N_A$〔/mol〕はどのように表すことができるか。

---

**解説**

**問1**　$\underbrace{\dfrac{1}{8}\text{個分}\times 8}_{\text{頂点}}+\underbrace{\dfrac{1}{2}\text{個分}\times 6}_{\text{面の中心}}$

　　　$=4$ 個

**問2**　単位格子の1辺の長さを $a$ とすると，

$$\sqrt{a^2+a^2}=4r$$
$$\sqrt{2}\,a=4r$$

よって，$\dfrac{r}{a}=\dfrac{\sqrt{2}}{4}$　…①

よって，$a=\dfrac{4}{\sqrt{2}}r=2\sqrt{2}\,r$

**問3**　充塡率は単位格子の体積のうち，原子で占有されている部分の体積の割合です。充塡率を $p$ とすると，

$$p=\dfrac{\overset{\text{問1より}}{\text{半径 }r\text{ の球 4 個分の体積}}}{\text{単位格子の体積}}$$

$$=\dfrac{\dfrac{4}{3}\pi r^3\times 4}{a^3}$$

$$=\dfrac{4}{3}\pi\left(\dfrac{r}{a}\right)^3\times 4\quad\cdots②$$

①式を②式に代入すると，

$$p=\dfrac{4}{3}\pi\left(\dfrac{\sqrt{2}}{4}\right)^3\times 4$$

$$=\dfrac{\sqrt{2}}{6}\pi$$

$$\left[\begin{array}{l}\sqrt{2}\fallingdotseq 1.41,\ \pi\fallingdotseq 3.14\ \text{として計算する}\\ \text{と，}p\fallingdotseq 0.74\\ \ \text{すなわち，結晶の体積の 74\% を金属}\\ \text{原子が占めています。}\end{array}\right.$$

**問4**　密度〔g/cm³〕$=\dfrac{\text{単位格子の質量〔g〕}}{\text{単位格子の体積〔cm³〕}}$

なので，

$$d=\dfrac{\overset{\text{原子1個の質量}}{\left(\dfrac{M}{N_A}\right)}\times\overset{\text{問1より}}{4\text{ 個}}}{V}$$

よって，$N_A=\dfrac{4M}{dV}$

---

**答え**　**問1**　4個　　**問2**　$2\sqrt{2}\,r$　　**問3**　$\dfrac{\sqrt{2}}{6}\pi$　　**問4**　$N_A=\dfrac{4M}{dV}$

六方最密構造は ABABA… の 2 層の最密層が重なった構造でした。原子核の位置を格子点で示した結晶格子を下の左図のような正六角柱にとってみます。これは下の右図の //// で示した部分が単位格子（四角柱）であり，正六角柱は単位格子 3 つ分に相当しています。

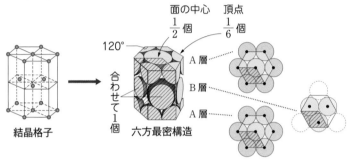

結晶格子 　　　六方最密構造

A 層，B 層における原子の配列（上から見た図）

正六角柱の結晶格子に含まれる原子の数は

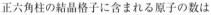

$$\left(\frac{1}{6}\right) \times (6+6) + \left(\frac{1}{2}\right) \times (1+1) + \textcircled{1} \times 3 = 6$$ 個です。

頂点　上　下　　面の中心　上　下　　内部

> 六方最密は
> 六角柱内部
> に 6 個!!

> 正六角柱の中の 3 つは，丸々 1 個分が 3 つではなく，隣の柱に切り取られた部分と隣から切り取ってきた部分の合わせ技で 1 個分が 3 つです。

そこで，正六角柱が単位格子 3 つ分なので，

単位格子に含まれる原子数は $\dfrac{6\ 個}{3} = 2$ 個

となります。

なお，配位数と充填率の値は，周期性は異なるものの同じ最密構造である面心立方格子の場合と同じです。

では，次の必須問題で幾何学的な特徴をつかんでおきましょう。

　亜鉛 Zn の結晶格子は，右図のような六方最密構造である。底面の正六角形の一辺を $a$，正六角柱の高さを $c$，亜鉛原子を半径 $r$ の剛体球とし，最近接の原子どうしは互いに接触しているとする。次の問いに答えよ。

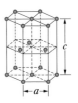

(1)　$a$ を $r$ で表せ。

(2)　$c$ を $r$ で表せ。無理数はそのままでよい。

---

**解説** (1)　底面は一辺 $a$ の正六角形です。

　よって，$a=2r$

(2)

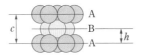

　A層から3つの球を選び，それらのくぼみにのっているB層の球を選びます。それらの中心を $A_1$，$A_2$，$A_3$，$B_1$ とすると，

　四面体 $A_1A_2A_3B_1$ は，1辺が $2r$ の正四面体であり，この高さ（下図の $OB_1$）を $h$ とすると，$c=2h$ となります。

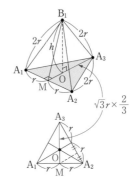

$$\begin{bmatrix} 上図の点 O は底面の正三角形の高さ \\ A_3M を 2:1 に内分する点です。 \end{bmatrix}$$

　よって，

$$h=\sqrt{(2r)^2-\left(\sqrt{3}\,r\times\frac{2}{3}\right)^2}$$

$$=\frac{2\sqrt{6}}{3}r$$

$c=2h$ なので，$c=\dfrac{4\sqrt{6}}{3}r$

---

**答え**　(1)　$a=2r$　　(2)　$c=\dfrac{4\sqrt{6}}{3}r$

# イオン結晶

学習項目　❶ 塩化セシウム型構造
　　　　　❷ 塩化ナトリウム型構造

　**多数の陽イオンと陰イオンが，静電気的な引力で交互に規則正しく配列した結晶がイオン結晶**です。静電気的な引力は方向性がないため，陽イオンのまわりにはできるだけたくさんの陰イオンが，陰イオンのまわりにはできるだけたくさんの陽イオンが集まっています。できるだけ配位数の大きな構造をとると安定です。ただし，両イオンの大きさのバランスなどの問題で，必ずしも配位数の大きな構造をとれるとは限りません。

○ ある構造

陽イオンを半径の小さなものに変更する

× 同じ構造

⊕が小さすぎて4つの⊖と接触できず…。しかも⊖と⊖がぶつかって反発する力が強くなります。この構造は不安定ですね

　高校化学では，立方晶系に属する塩化セシウム CsCl 型構造と塩化ナトリウム NaCl 型構造を中心に学習します。まずこの2つを紹介しましょう。

## STAGE 1 塩化セシウム型構造

◯別冊 p.19

　塩化セシウム CsCl 型構造の配位数は 8 で，次のような構造です。

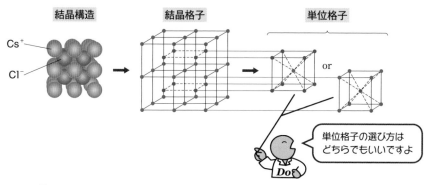

結晶構造
$Cs^+$
$Cl^-$

結晶格子

単位格子

or

単位格子の選び方はどちらでもいいですよ

# 塩化ナトリウム型構造

▶別冊 p.19

塩化ナトリウム NaCl 型構造の配位数は 6 で，次のような構造です。

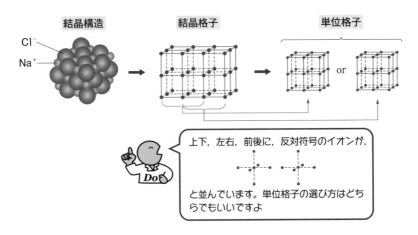

結晶構造　　　　　　結晶格子　　　　　　　単位格子

Cl⁻
Na⁺

or

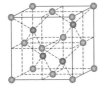

上下，左右，前後に，反対符号のイオンが，

と並んでいます。単位格子の選び方はどちらでもいいですよ

◆参考◆　**セン亜鉛鉱 ZnS 型構造**

陽イオン数と陰イオン数の比が
1：1の物質の立方晶の単位格子
には，配位数 4 の ZnS 型構造も
あります。p.110 のダイヤモンド
の単位格子の配置に似ています

**入試突破** のための **TIPS!!**　**イオン結晶**

**イオン結晶の構造は，次の 2 つの単位格子を覚えておこう。**

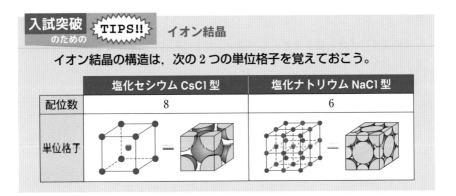

|  | 塩化セシウム CsCl 型 | 塩化ナトリウム NaCl 型 |
|---|---|---|
| 配位数 | 8 | 6 |
| 単位格子 |  |  |

# 面心立方格子のすき間とイオン結晶

p.99 で学習した面心立方格子（立方最密構造）には，原子と原子の間に次の 2 種類のすき間があります。それぞれ正四面体空隙，正八面体空隙といいます。

正四面体空隙

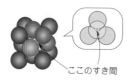

ここのすき間

正八面体空隙

ここのすき間

次の 2 つのイオン結晶の単位格子を見てください。

ホタル石（CaF₂）型構造

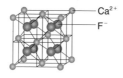

$Ca^{2+}$
$F^-$

NaCl 型構造

ホタル石（フッ化カルシウム CaF₂）型の単位格子では，●の $Ca^{2+}$ が面心立方格子を形成しており，この正四面体空隙に●の $F^-$ が割り込んだ形になっています。前ページの◆参考◆のセン亜鉛鉱 ZnS 型の結晶では，ホタル石型の●を 1 つおきにとり去った形になっています。

塩化ナトリウム NaCl 型の単位格子では，片方のイオン●が面心立方格子を形成しており，この正八面体空隙にもう一方のイオン●が割り込んだ形になっています。

このようにイオン結晶を考える問題が，たまに入試で出題されるので，上図でよく位置を確認しておきましょう。

右図は塩化ナトリウムの結晶の単位格子を示した
ものである。この図をもとに次の問いに答えよ。

**問1** ナトリウムイオン，塩化物イオンのそれぞれ
の配位数を求めよ。

**問2** 単位格子中に含まれるナトリウムイオンと塩
化物イオンの数を答えよ。

**問3** 塩化セシウムは，塩化ナトリウムとは異なる結晶格子を形成する。
塩化セシウムの結晶における，セシウムイオンと塩化物イオンの単位格
子中に含まれる数および配位数を答えよ。

(お茶の水女子大)

塩化ナトリウムの結晶の
単位格子。●はナトリウム
イオン，○は塩化物イオン

---

**解説** **問1** ともに配位数6です。

**問2**

$$
\begin{cases}
● : \underbrace{\dfrac{1}{4}\text{個分}\times12}_{\text{辺上}}+\underbrace{1\text{個}}_{\text{立方体の中心}}=4\text{個} \\[2mm]
○ : \underbrace{\dfrac{1}{8}\text{個分}\times8}_{\text{頂点}}+\underbrace{\dfrac{1}{2}\text{個分}\times6}_{\text{面の中心}}=4\text{個}
\end{cases}
$$

$Na^+$ 4個，$Cl^-$ 4個，すなわち
NaCl の組成式単位を4単位含んでい
ます。

NaCl の結晶の密度を求めたい場合
は，NaCl 4単位分の質量を単位格子
の体積で割ればよいです。

**問3** CsCl の単位格子は次のようにな
ります。

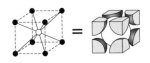

$$
\begin{cases}
● : \underbrace{\dfrac{1}{8}\text{個}\times8}_{\text{頂点}}=1\text{個} \\[2mm]
○ : \underbrace{1\text{個}}_{\text{中心}}
\end{cases}
$$

単位格子には $Cs^+$ 1個，$Cl^-$ 1個，す
なわち CsCl の組成式単位を1単位含ん
でいます。

配位数はともに8です。

---

**答え** **問1** ナトリウムイオン：6　　　塩化物イオン：6

**問2** ナトリウムイオン：4個　　塩化物イオン：4個

**問3**
$\begin{cases}
\text{単位格子中の数} \Rightarrow \text{セシウムイオン：1個}\quad\text{塩化物イオン：1個} \\
\text{配位数} \Rightarrow \text{セシウムイオン：8}\quad\text{塩化物イオン：8}
\end{cases}$

次の文中の ☐ にあてはまる
数値を小数第2位まで示せ。ただし，
$\sqrt{2}=1.41$，$\sqrt{3}=1.73$ とする。

イオンを球と考え，陽イオンの半

○ 陽イオン
● 陰イオン

NaCl型　　CsCl型

径を $r_+$，陰イオンの半径を $r_-$，$r_->r_+$ とすると CsCl 型になるには，同
符号のイオンどうしは接触しないため，陽イオンと陰イオンの半径の比は
$\dfrac{r_+}{r_-}>$ ☐1☐ でなければならない。また，同様の理由で，NaCl 型になる
ためには $\dfrac{r_+}{r_-}>$ ☐2☐ でなければならない。なお，最近接の黒丸と白丸
はすべて接触している。

(東京慈恵会医科大)

---

**解説** **CsCl型**

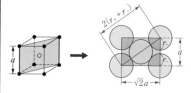

　最近接の陰イオンどうしが接触しな
いためには，立方体の1辺の長さ $a$ が
陰イオンの半径の2倍より長ければよ
いです。

$a>2r_-$ …①

また，立方体の中心を通る対角線の
長さは，

$\sqrt{3}\,a=2(r_++r_-)$ …②

①式と②式より，

$\dfrac{2(r_++r_-)}{\sqrt{3}}>2r_-$

よって，$\dfrac{r_+}{r_-}>\sqrt{3}-1=0.73$

**NaCl型**

　○と●を入れ換えた単位格子で，最近
接の陰イオンどうしが接触しなければ
よいです。

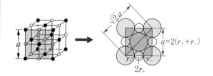

　立方体の1辺の長さ $a$ の $\sqrt{2}$ 倍，す
なわち面の対角線が陰イオンの半径の
4倍より長ければよいです。

$\sqrt{2}\,a>4r_-$ …③

また，1辺の長さ $a$ は，

$a=2(r_++r_-)$ …④

と表せます。

③式と④式より，

$2\sqrt{2}\,(r_++r_-)>4r_-$

よって，$\dfrac{r_+}{r_-}>\sqrt{2}-1=0.41$

---

**答え** **1**：0.73　　**2**：0.41

硫化亜鉛 ZnS は，代表的なイオン結晶であり，閃亜鉛鉱型の結晶構造をとることが知られている。**図1**は閃亜鉛鉱型の硫化亜鉛の単位格子を示す。この結晶の粒子の配列は，ダイヤモンドの単位格子と同様であり，陰イオンが面心立方格子を構成し，残りの粒子の位置に陽イオンが入った構造として理解することができる。

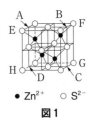

● $Zn^{2+}$　○ $S^{2-}$

**図1**

**図1**に示した硫化亜鉛の単位格子における断面 ABCD および断面 EFGH を適切に示した模式図を下の㋐〜㋖から選び，その記号をそれぞれ記せ。

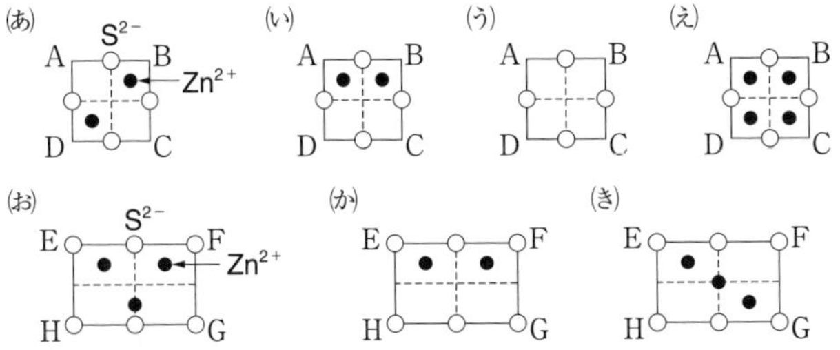

㋐ $S^{2-}$ $Zn^{2+}$　㋑　㋒　㋓

㋔ $S^{2-}$ $Zn^{2+}$　㋕　㋖

（鳥取大）

**解説**　$S^{2-}$ だけ見ると面心立方格子の位置にあります。$Zn^{2+}$ は面心立方格子を8個に分けた小立方体の中心に1つおきに位置しています。

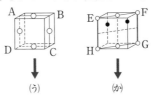

↓　　　↓

㋒　　　㋕

**答え**　断面 ABCD：㋒　　断面 EFGH：㋕

# 14 共有結合の結晶

　多数の原子が共有結合によって規則正しく配列してできた巨大分子を**共有結合の結晶**といいます。強い共有結合によって原子が連続的につながっているため，一般に共有結合の結晶は硬くて融点が高い物質が多いです。代表例がダイヤモンドですね。1つの炭素原子が4つの炭素原子と共有結合し，この4つの炭素原子を結ぶと正四面体形になっています。

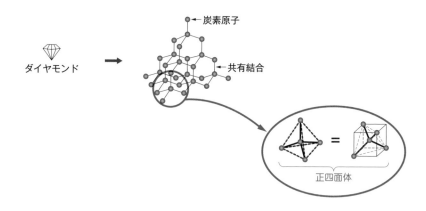

## STAGE 1 ダイヤモンド

▶別冊 p.18

　ダイヤモンドは融点が約 3500℃ と高く，電気伝導性はほとんどありません。ただし，熱伝導率は常温で最も高い物質です。これは炭素原子が三次元的に共有結合で結びついているために熱運動が効果的に分散して伝わっていくからです。

　また，光の屈折率が大きいため，カットによって美しく輝き，宝石として用いられます。

　高校化学では立方晶系に属するダイヤモンドの単位格子を中心に学習します。次ページの単位格子の図で炭素原子の位置をよく確認しておきましょう。

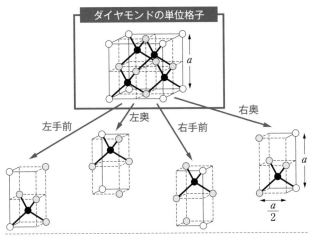

ダイヤモンドの単位格子

左手前　　左奥　　右手前　　右奥

単位格子の分解図

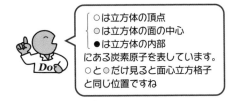

○は立方体の頂点
◯は立方体の面の中心
●は立方体の内部
にある炭素原子を表しています。
○と◯だけ見ると面心立方格子
と同じ位置ですね

**入試突破**　のための　**TIPS!!**

**正四面体は，立方体の頂点を1つおきにとって結ぶと書ける。**

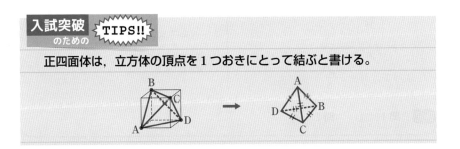

ある元素の原子だけからなる共有結合
の結晶がある。結晶の単位格子（立方体）
と，その一部を抜き出したものを右図に
示す。単位格子の1辺の長さを $a$〔cm〕，

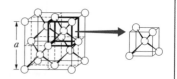

結晶の密度を $d$〔g/cm³〕，アボガドロ定数を $N_A$〔/mol〕とするとき，次の
問いに答えよ。

**問1** この元素の原子量はどのように表されるか。最も適当な式を，次の
①～④のうちから1つ選べ。

① $\dfrac{a^3 d N_A}{8}$ ② $\dfrac{a^3 d N_A}{9}$ ③ $\dfrac{a^3 d N_A}{10}$ ④ $\dfrac{a^3 d N_A}{12}$

**問2** 原子間結合の長さ〔cm〕はどのように表されるか。最も適当な式を，
次の①～④のうちから1つ選べ。

① $\dfrac{\sqrt{2}\,a}{4}$ ② $\dfrac{\sqrt{3}\,a}{4}$ ③ $\dfrac{\sqrt{2}\,a}{2}$ ④ $\dfrac{\sqrt{3}\,a}{2}$

---

**解説** **問1** 単位格子内の原子数を求め
ると，

$$\underbrace{\frac{1}{8}\text{個分}\times 8}_{\text{頂点}} + \underbrace{\frac{1}{2}\text{個分}\times 6}_{\text{面の中心}} + \underbrace{1\text{個}\times 4}_{\text{内部}}$$
$$=8\text{個}$$

となります。この元素の原子量を $M$ と
すると，

$$d = \frac{8\text{個分の原子の質量〔g〕}}{\text{単位格子の体積〔cm}^3\text{〕}}$$

$$= \frac{\overset{\text{g/個}}{\boxed{\dfrac{M}{N_A}}} \times \overset{\text{個}}{8}\text{〔g〕}}{a^3\text{〔cm}^3\text{〕}}$$

よって，$M = \dfrac{a^3 d N_A}{8}$

**問2** 原子間の長さを $l$ とすると，立方
体の一部を抜き出した図より，

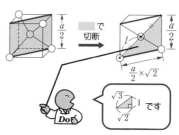

$$l = \frac{a}{2} \times \sqrt{3} \times \left(\frac{1}{2}\right) = \frac{\sqrt{3}}{4}a$$

立方体の中心を通る
対角線の長さ

半分

**答え** **問1** ① **問2** ②

**同じ元素の単体でも，構造や性質が異なるもの**を互いに**同素体**といいます。
炭素の同素体にはダイヤモンドの他に黒鉛やフラーレン，カーボンナノチュー
ブなどがあります。ここでは黒鉛の結晶をとりあげます。

黒鉛は鉛筆の芯や電極材料などに用いられる黒色物質で，炭素原子の共有結
合で形成された正六角形網目構造のシートが，何層にも積み重なったような結
晶です。

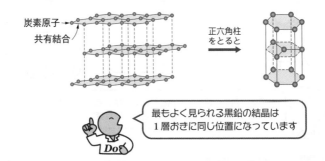

層と層を結びつけているのは弱いファンデルワールス力なので，層方向には
がれやすい性質をもちます。黒鉛からはがした１枚のシート状物質はグラフェ
ンといい，次世代の炭素素材として注目されています。

黒鉛はダイヤモンドと異なり**電気伝導性が大きい物質**です。黒鉛では１つの
炭素原子が３つの炭素原子と結合し，余った炭素の価電子が層上を自由に動く
ことができるからです。
p.74 参照

# ③ その他の共有結合の結晶

　他にもケイ素 Si，炭化ケイ素 SiC，二酸化ケイ素 $SiO_2$ などの共有結合の結晶があります。これらの化学式はすべて組成式です。

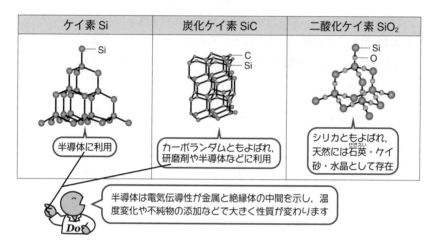

| ケイ素 Si | 炭化ケイ素 SiC | 二酸化ケイ素 $SiO_2$ |
|---|---|---|
| — Si | — C<br>— Si | — Si<br>— O |
| 半導体に利用 | カーボランダムともよばれ，研磨剤や半導体などに利用 | シリカともよばれ，天然には石英・ケイ砂・水晶として存在 |

 半導体は電気伝導性が金属と絶縁体の中間を示し，温度変化や不純物の添加などで大きく性質が変わります

## 入試攻略 への 必須問題

　二酸化炭素 $CO_2$ と二酸化ケイ素 $SiO_2$ の分子構造の違いを簡潔に述べよ。

**解説**　**二酸化炭素**

　　$\boxed{O=C=O}$　➡　三原子分子で，分子式 $CO_2$

**二酸化ケイ素**

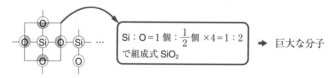

Si：O＝1個：$\dfrac{1}{2}$個 ×4＝1：2 で組成式 $SiO_2$　➡　巨大な分子

**答え**　二酸化炭素が C 1個と O 2個が共有結合した三原子分子であるのに対し，二酸化ケイ素は Si 1個が 4個の O と共有結合し，これらが三次元的に連続した巨大な分子である。

# 15 分子結晶

学習項目 ① 分子結晶の構造
② 氷の結晶

ファンデルワールス力や水素結合によって結びついた多数の分子が規則正しく配列してできた結晶を分子結晶といいます。

次の図はヨウ素 $I_2$ の分子結晶の単位格子です。$I_2$ 分子がファンデルワールス力によって集まり，規則正しく配列していますね。

$I_2$ 分子が規則正しく配列しています

ファンデルワールス力や水素結合は，共有結合などの化学結合と比べると弱いために，分子結晶は一般に砕けやすく，融点が低いものが多いです。

またヨウ素 $I_2$，二酸化炭素 $CO_2$，ナフタレン $C_{10}H_8$ のように，標準大気圧のもとで固体から直接気体に変化する昇華性をもつ分子結晶もあります。

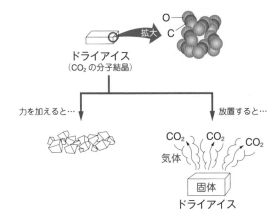

ドライアイス
（$CO_2$ の分子結晶）

拡大

O
C

力を加えると…

放置すると…

$CO_2$ $CO_2$ $CO_2$
気体

固体
ドライアイス

# 1 分子結晶の構造

　ファンデルワールス力は方向性をもたないので，分子結晶は一般に，分子の形と大きさが許す範囲で，できる限り密に集まった構造をとります。

　分子が球状に近い貴ガス，$C_{60}$ フラーレン，二酸化炭素 $CO_2$ の分子結晶は，最密充填構造をとっていて，単位格子が面心立方格子となっています。

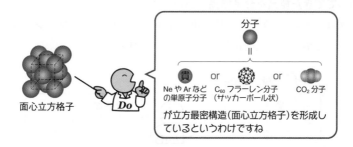

補足　フラーレンとは，$C_{60}$ に代表される球状の炭素分子の総称です。
fullerene

　$C_{60}$ は炭素原子の五員環（5つの原子からなる環）および六員環（6つの原子からなる環）から構成されています。五員環が12個，六員環が20個あり，1つの五員環は5つの六員環に囲まれています。サッカーボール状の球状分子で，最初に発見されたフラーレンです。

　黒鉛とは異なり，単独では電気伝導性を示しません。

〈$C_{60}$ の分子模型（左）と構造式（右）〉

　ただし，水 $H_2O$ の分子結晶である氷の結晶のような例外もあります。これを次の STAGE 2 で説明しましょう。

# 2 氷の結晶

　水分子は最大 4 つの水分子と水素結合によって結びつくことができましたね
（ 参照 p.91 ）。氷の結晶は水素結合という方向性をもった結合によって水分子
が規則正しく配列しています。氷にはいくつかの結晶構造が知られていますが，
最も一般的な結晶は次のような構造をしています。

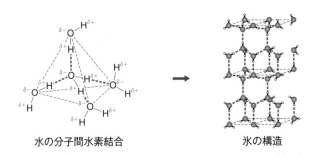

水の分子間水素結合　　　　　　　氷の構造

　配位数 4 で非常にすき間の多い構造で，氷の結晶は長距離にわたってこの構
造が続いています。そこで氷は同じ質量の液体の水よりも 10% ほど体積が大
きくなり，水より密度が小さいのです。

　　　　　$\frac{質量 ⊖定}{体積 ⊕大}$ は ⊖小

結晶内の水分子を ● で表示すると
スカスカなのがよくわかりますね

たしかに氷は
水に浮きますね

氷

水

Do!

　また，液体の水は4℃で最も体積が小さく，密度は最大となります。4℃より
低温の水は，氷と同様のすき間の多い構造が増えて体積が増加し，4℃より高
温の水は，水分子の熱運動が大きくなり体積が増加するからです。

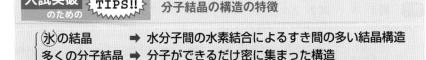

**入試突破**
のための **TIPS!!**　　分子結晶の構造の特徴

　氷 の結晶　➡　水分子間の水素結合によるすき間の多い結晶構造
　多くの分子結晶　➡　分子ができるだけ密に集まった構造

次の文章を読み，下の問いに答えよ。ただ
し，**問2**の解答の数値は有効数字2桁で答え
よ。アボガドロ定数は$6.0 \times 10^{23}$〔/mol〕，
ヨウ素の原子量は127とする。

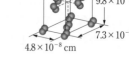
$9.8 \times 10^{-8}$ cm
$7.3 \times 10^{-8}$ cm
$4.8 \times 10^{-8}$ cm

　ヨウ素分子は右図のような直方体の単位格
子をもつ結晶を形成する。

**問1**　単位格子に含まれるヨウ素原子の数を求めよ。

**問2**　ヨウ素の結晶の密度を$g/cm^3$の単位で求めよ。

(千葉大)

---

(解説)　**問1**　単位格子の頂点に位置する$I_2$分子は8つの単位格子に共有されるため，
単位格子1つあたり$\frac{1}{8}$個分の$I_2$分子を占有しています。

　単位格子の面の中心に位置する$I_2$分子は2つの単位格子に共有されるの
で，単位格子1つあたりでは$\frac{1}{2}$個分の$I_2$分子を占有します。

　よって，単位格子に含まれる$I_2$分子の総数は，

$$\underset{\substack{\text{個}\\\text{頂点}}}{\frac{1}{8}} \times \underset{\text{頂点}}{8} + \underset{\substack{\text{個}\\\text{面の中心}}}{\frac{1}{2}} \times \underset{\text{面の中心}}{6} = 4 \text{ 個}$$

$I_2$分子は二原子分子なので，I原子の数に直すと，

$$4 \times 2 = 8 \text{ 個}$$

**問2**　$I_2$の分子量$=254$なので，$6.0 \times 10^{23}$個で254gに相当します。単位格
子内に$I_2$は4分子含まれているので，

$$\text{ヨウ素の結晶の密度〔g/cm}^3\text{〕} = \frac{I_2\text{分子4個分の質量〔g〕}}{\text{単位格子の直方体の体積〔cm}^3\text{〕}}$$

$$= \frac{\overset{I_2\text{分子1個の質量}}{\overbrace{\dfrac{254 \text{ g}}{6.0 \times 10^{23} \text{ 個}}}} \times 4 \text{ 個}}{\underset{\text{cm}}{4.8 \times 10^{-8}} \times \underset{\text{cm}}{7.3 \times 10^{-8}} \times \underset{\text{cm}}{9.8 \times 10^{-8}}}$$

$$\fallingdotseq 4.93 \text{ g/cm}^3$$

(答え)　**問1**　8　　**問2**　$4.9 \text{ g/cm}^3$

---

さらに
演習！
『鎌田の化学問題集 理論・無機・有機 改訂版』「第2章 結合と結晶
04 結晶・金属結晶・イオン結晶・共有結合の結晶・分子結晶」

# 第 3 章

# 基本的な化学反応
と物質量計算

## STAGE
### 1 化学反応式

**化学変化**とは**物質を構成する原子の組み合わせが変わること**です。これを**化学式で表したもの**が**化学反応式**です。

化学反応式をつくるときは，<u>左辺の反応物と右辺の生成物で，構成元素の原子の数が同じになる</u>ように，化学式に係数をつけます。

メタン $CH_4$ の燃焼反応で確認しましょう。メタンを酸素とともに加熱し，完全燃焼すると，二酸化炭素と水が生成します。

| 構成元素 ＼ 化学反応式 | $CH_4$ + $2O_2$ → $CO_2$ + $2H_2O$ | | | | |
|---|---|---|---|---|---|
| C | 1個 | | = | 1個 | |
| H | 4個 | | = | | 2×2個 |
| O | | 2×2個 | = | 2個 | + 2×1個 |

 係数が1のときは省略します。
係数のつけ方は，C原子，H原子の数を合わせて，
最後にO原子の数を合わせるとうまくいきます

<u>化学反応式では，化学式の前につけた係数が反応で増減する粒子数を表しているのですね。</u>

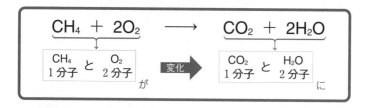

すぐに係数をつけられないときは，反応の前後で各元素の原子の数が等しいことに注目して，次のように連立方程式を立てるとよいでしょう。この方法を未定係数法とよんでいます。

**例**　$a\mathrm{CH_4} + b\mathrm{O_2} \longrightarrow c\mathrm{CO_2} + d\mathrm{H_2O}$　　（係数を$a \sim d$とします）

$$
\begin{array}{lccc}
 & \text{（左辺）} & & \text{（右辺）} \\
\mathrm{C}\text{原子の数} & a & = & c & \cdots① \\
\mathrm{H}\text{原子の数} & a \times 4 & = & d \times 2 & \cdots② \\
\mathrm{O}\text{原子の数} & b \times 2 & = & c \times 2 + d & \cdots③
\end{array}
$$

　仮に，$a=1$ とすると，①式より，$c=1$，②式より，$d=2$　となります。そこで，③式より，$b \times 2 = 1 \times 2 + 2$　なので，$b=2$　と決まります。

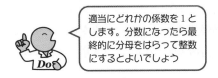

適当にどれかの係数を1とします。分数になったら最終的に分母をはらって整数にするとよいでしょう

　なお，化学反応には**逆向きの変化も起こる可逆反応**と，**逆向きの変化が起こらない不可逆反応**があります。
　可逆反応の場合は，両辺を双方向の矢印「$\rightleftarrows$」で結びます。**右向き「$\longrightarrow$」**を**正反応**，**左向き「$\longleftarrow$」**を**逆反応**といいます。

$$\mathrm{H_2} + \mathrm{I_2} \underset{\text{逆反応}}{\overset{\text{正反応}}{\rightleftarrows}} 2\mathrm{HI}$$

$\mathrm{H_2} + \mathrm{I_2} \longrightarrow 2\mathrm{HI}$
が起こると，
$2\mathrm{HI} \longrightarrow \mathrm{H_2} + \mathrm{I_2}$
も起こるのですね

　ただし，可逆反応でも，正反応が逆反応より圧倒的に進みやすい場合には不可逆反応として扱います。

# STAGE 2 反応の終点

## 1 不可逆反応

不可逆反応は，反応物のうちどれか1つでもなくなると，そこで終点となります。

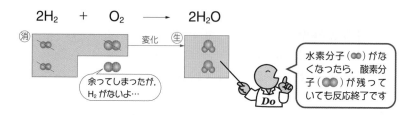

$$2H_2 \ + \ O_2 \ \longrightarrow \ 2H_2O$$

消 変化 生

余ってしまったが，$H_2$ がないよ…

水素分子（●●）がなくなったら，酸素分子（●●）が残っていても反応終了です

## 2 可逆反応

可逆反応は，正反応と逆反応の勢いがつり合うと，止まっているように見え，反応物も生成物も量が変化しなくなり，終点を迎えます。この状態を化学平衡の状態といいます。化学平衡については第6章（ 参照 p.322 ）で扱います。

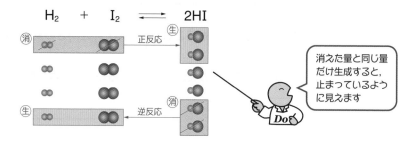

$$H_2 \ + \ I_2 \ \rightleftharpoons \ 2HI$$

消 正反応 生

生 逆反応 消

消えた量と同じ量だけ生成すると，止まっているように見えます

| 入試突破 のための TIPS!! | 反応の終点 |
|---|---|
| 不可逆反応の終点 ➡ | 反応物がどれか1つでもなくなったところ |
| 可逆反応の終点 ➡ | 正反応と逆反応の勢いがつり合ったところ |

# 3 化学反応式の係数と物質量

●別冊 p.10

化学反応式の係数は，反応によって変化する粒子数を表していましたね。

$$CH_4 + 2O_2 \longrightarrow CO_2 + 2H_2O \quad \cdots①$$

アボガドロ定数を $N_A$ とし，①式の両辺を $N_A$ 倍しましょう。

$$N_A CH_4 + 2N_A O_2 \longrightarrow N_A CO_2 + 2N_A H_2O \quad \cdots②$$

$N_A$ 個の粒子を1まとめにして1 mol と数えたので，②式は次のように解釈できます。

さらに②式の両辺を $n$ 倍しましょう。

$$nN_A CH_4 + 2nN_A O_2 \longrightarrow nN_A CO_2 + 2nN_A H_2O \quad \cdots③$$

②式と同様に③式は次のように解釈できます。

①式の係数比は，反応によって変化した物質量の比，さらには物質量に比例する量の比としてもよいのです。そこで，<u>反応によって変化した量を求めるときは，まず物質量に換算するところからはじめます。</u>

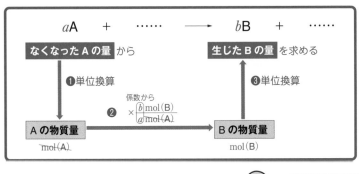

単位をよく見て
換算しましょう

蜜ろうそくの成分は，100 % セロチン酸（分子式 $C_{26}H_{52}O_2$）であるとする。99 g の蜜ろうそくの燃焼から生成する水の質量を求めよ。なお，原子量は H＝1.0，C＝12，O＝16 として有効数字 2 桁で求めよ。 （東京大）

**解説** まず，化学反応式を書きましょう。燃焼とは，とくに指示がなければ，酸素 $O_2$ と反応して，C が $CO_2$，H が $H_2O$ になるとしてかまいません。両辺の C と H の数を合わせて，最後に O の数をそろえると係数が決まります。

$$C_{26}H_{52}O_2 \ + \ 38O_2 \ \longrightarrow \ 26CO_2 \ + \ 26H_2O$$

|   | | | | | |
|---|---|---|---|---|---|
| C | 26 | | = | 26×1 | |
| H | 52 | | = | | 26×2 |
| O | 2 | + 38×2 | = | 26×2 | + 26×1 |
| | | 76 ← | | — 78 | |

化学反応式の係数から，セロチン酸 1 mol から $H_2O$ が 26 mol 生じることがわかります。セロチン酸のモル質量 $12×26+1.0×52+16×2＝396$ g/mol，$H_2O$ のモル質量＝18 g/mol なので，生成する水の質量は次のように求められます。

$$\frac{99 \text{ g}}{396 \text{ g/mol}} \times \frac{26 \text{ mol (H}_2\text{O)}}{1 \text{ mol (セロチン酸)}} \times 18 \text{ g/mol}$$

$$= \frac{99}{396} \times 26 \times 18.0 \text{ g} \ = \ 117 \text{ g} \ = \ 1.17 \times 10^2 \text{ g}$$

**答え** $1.2 \times 10^2$ g

次の２つの連続した化学反応によってＡ１molからＥは何mol得られるか。ただし，Ｂ，Ｄは十分量あるとする。

$$\begin{cases} A + 2B \longrightarrow 3C & \cdots① \\ 2C + D \longrightarrow 5E & \cdots② \end{cases}$$

**解説** 　一種のリレー方式で化学反応が起こっています。ＢとＤが十分にあるので，Ａがなくなった分だけＣが生じます。続いてＣがなくなった分だけＥが得られます。次のようなリレー図を書いて係数に注目してみましょう。

$$\begin{array}{ccccc} A & \longrightarrow & C & \longrightarrow & E \\ 1 & \xrightarrow{\text{①式}} & 3 & \dashrightarrow & ? \\ & & 2 & \xrightarrow{\text{②式}} & 5 \end{array}$$

　まずＡ１molからＣは３mol生じます。次にＣ２molからＥは５mol，すなわちＣ１molからはＥが $\dfrac{5}{2}$ mol得られることがわかります。よって，Ａ１molから生じるＥは，

$$\underset{\substack{\text{Ａのmol}}}{1} \times \underset{\substack{\text{①式で生じる} \\ \text{Ｃのmol}}}{3} \times \underset{\substack{\text{②式で生じる} \\ \text{Ｅのmol}}}{\dfrac{5}{2}} = \dfrac{15}{2} = 7.5 \text{ mol}$$

**別解** 　リレーにおける途中走者であるＣを２つの反応式から消去して，１つの化学反応式にまとめてみましょう。

$$\begin{array}{l} (A + 2B \longrightarrow 3C) \times 2 \quad \leftarrow①式\times2 \\ +) \ (2C + D \longrightarrow 5E) \times 3 \quad \leftarrow②式\times3 \\ \hline 2A + 4B + 3D \longrightarrow 15E \quad \cdots③ \end{array}$$

Ｃの係数を同じにしてから，足し算してＣを消す

　③式よりＡ２molからＥは15mol生じるので，Ａ１molからＥは7.5mol生じます。

**補足** 　この問題の化学反応のように，いったん生成した一次生成物が反応の進行にともなって二次的に反応し，別の生成物に変化する反応を逐次反応とよびます。

**答え** 　7.5 mol

　次の３つの化学反応を順次行うと，A１molから最終的にFは何mol得られるか。ただし，B，Dは十分量あり，③式によって生じたCは，もう一度②式の反応でEに変え，さらに③式の反応によってCが出てこなくなるまでDと反応させ，すべてFにする。

$$
\begin{cases}
4A + 5B \longrightarrow 4C + 6D & \cdots ① \\
2C + B \longrightarrow 2E & \cdots ② \\
3E + D \longrightarrow 2F + C & \cdots ③
\end{cases}
$$

解説　先ほどのリレー方式に似ていますが，③式で生じたCを再び回収し，②式の反応，③式の反応を行い，Cが出てこなくなるまで反応を続ける点が異なっています。リサイクル方式とでもいいましょうか。こういうときは反応式を１つにまとめてしまいましょう。

　前ページの 別解 と同じように，途中走者にすぎないEとCを消去しましょう。まず，②式と③式からEを消去します。

$$
\begin{array}{l}
\phantom{+)} (2C + B \longrightarrow 2E) \times 3 \longleftarrow ②式 \times 3 \\
+)\ (3E + D \longrightarrow 2F + C) \times 2 \leftarrow ③式 \times 2 \\
\hline
\phantom{+)} 4C + 3B + 2D \longrightarrow 4F \quad \cdots ④
\end{array}
$$

　次に，①式と④式からCを消去します。

$$
\begin{array}{l}
\phantom{+)} 4A + 5B \phantom{xxx} \longrightarrow 4\cancel{C} + \overset{4}{\cancel{6}}D \leftarrow ①式 \\
+)\ 4\cancel{C} + 3B + 2\cancel{D} \longrightarrow 4F \phantom{xxxxx} \leftarrow ④式 \\
\hline
\phantom{+)} 4A + 8B \phantom{xxxx} \longrightarrow 4F + 4D \quad \cdots ⑤
\end{array}
$$

⑤式の係数を４で割ると，

　A ＋ 2B ⟶ F ＋ D　…⑥

と反応式を１つにまとめることができます。

　⑥の係数から，A１molがすべて反応すると，最終的にFは１mol生じることがわかります。

答え　1 mol

　混合物が複数の反応を起こす場合に，物質量を計算するときも，STAGE**3**と同様です。**必須問題**を通して練習してください。

**入試攻略**への**必須問題**

　メタン $CH_4$ 1 mol とプロパン $C_3H_8$ 4 mol の混合気体を完全燃焼するには，酸素 $O_2$ は最低何 mol 必要か。

**解説**　いきなり次のような化学反応式を書いた人はいませんか？

　　　$CH_4 + 4C_3H_8 + 22O_2 \longrightarrow 13CO_2 + 18H_2O$

　答えは合っていても，このように書かないほうがよいです。$CH_4$ と $C_3H_8$ はどちらが欠けると酸素と反応しないわけではなく，メタンとプロパンが 1：4 の比でないと酸素と反応しないわけではないでしょう？

　$CH_4$ と $C_3H_8$ は別々に $O_2$ と反応しているので，それぞれの化学反応式を<u>分けて書きましょう</u>。

$$\begin{cases} CH_4 + 2O_2 \longrightarrow CO_2 + 2H_2O & \cdots① \\ C_3H_8 + 5O_2 \longrightarrow 3CO_2 + 4H_2O & \cdots② \end{cases}$$

　①式，②式より，$CH_4$ 1 mol は $O_2$ 2 mol，$C_3H_8$ 1 mol は $O_2$ 5 mol と，過不足なく反応するので，

　　　　　　　　　$CH_4$ の mol　　$C_3H_8$ の mol
　　　　　　　　　　↓①式より　　　　↓②式より
　$O_2$ の物質量＝$\boxed{1}×\boxed{2}+\boxed{4}×\boxed{5}$＝22 mol
　　　　　　　　　①式の反応に必要　②式の反応に必要
　　　　　　　　　　な $O_2$ の mol　　　な $O_2$ の mol

が必要です。

**答え**　22 mol

# 17 水溶液の性質と濃度

学習
項目
① 水溶液の性質　② 濃度の定義
③ 濃度の調製と溶液の分取

## STAGE 1 水溶液の性質

　水を溶媒とし，溶質を溶かし，均一になった溶液が水溶液です。溶液について くわしくは第5章で解説しますが，ここでは次の **1 2** を理解しましょう。

### 1 電解質と非電解質

　**水に溶かすと，陽イオンと陰イオンに解離する**ことを電離とよびます。塩化 ナトリウム NaCl のように**電離する溶質**を電解質，エタノール $C_2H_5OH$ のよう に**電離しない溶質**を非電解質といいます。

　さらに，電解質は**非常に電離しやすい強電解質**と，**あまり電離しない弱電解 質**に大別されます。

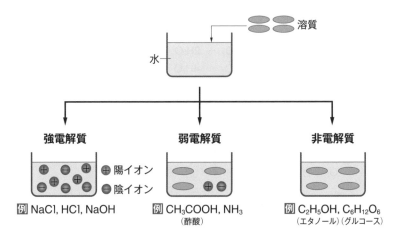

強電解質　　　　　　　　　弱電解質　　　　　　　　非電解質

⊕ 陽イオン　⊖ 陰イオン

例 NaCl, HCl, NaOH 　　例 CH₃COOH, NH₃ 　　例 C₂H₅OH, C₆H₁₂O₆
　　　　　　　　　　　　　　（酢酸）　　　　　　　　　（エタノール）（グルコース）

## 2 水和

　水は電気的に中性な分子ですが，H 原子は正に，O 原子は負に帯電しています。折れ線形で，極性分子でしたね。**水溶液中でイオンや極性の大きな溶質は，水分子の帯電した部分と静電気的な力で引き合い，多数の水分子に囲まれます。**この現象を**水和**といいます。

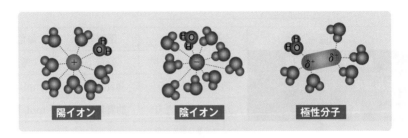

| 陽イオン | 陰イオン | 極性分子 |

水分子は $\underset{\delta+}{H}\overset{\delta-}{O}\underset{\delta+}{H}$ のように極性がありましたね。水和された $Na^+$ は $Na^+aq$ のように表記します。aq は大量の水分子を表しています

　一般に，イオン結合でできた物質や極性の大きな分子は水和されやすいので，水によく溶けます。塩化ナトリウム $NaCl$ やアンモニア $NH_3$ が代表例です。

---

STAGE

## 2 濃度の定義

◯別冊 p.11

　濃度は**一定量の溶液または溶媒に含まれる溶質の量**を表す割合です。高校化学でよく用いる濃度は次の 3 つです。定義を記憶しましょう。

- ・質量パーセント濃度〔%〕
- ・モル濃度〔mol/L〕
- ・質量モル濃度〔mol/kg〕

次のページの濃度の定義を正確に記憶してくださいね

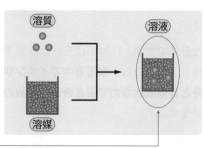

| 濃度 | 基準となる量 | 溶質の量 | 単位 |
|---|---|---|---|
| 質量パーセント濃度 | 溶液 100 g あたり | 質量〔g〕 | % |
| モル濃度 (体積モル濃度ともいう) | 溶液 1 L あたり | 物質量〔mol〕 | mol/L |
| 質量モル濃度 | 溶媒 1 kg あたり | 物質量〔mol〕 | mol/kg |

└─注意しましょう!!

　濃度は，溶液から溶質を分けて考え，溶質の量に注目しています。このとき基準となる量が，<u>溶液全体</u>あるいは<u>溶媒</u>のどちらなのかをはっきり区別して定義を記憶しましょう。

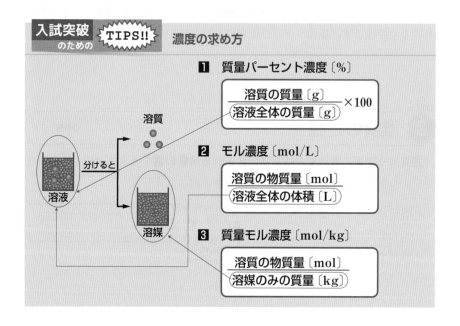

# 3 濃度の調製と溶液の分取

●別冊 p.12

　ある濃度の溶液をつくるとします。<u>正確な濃度に調製するためには，次図の
ようにメスフラスコ</u>というガラス器具を使います。

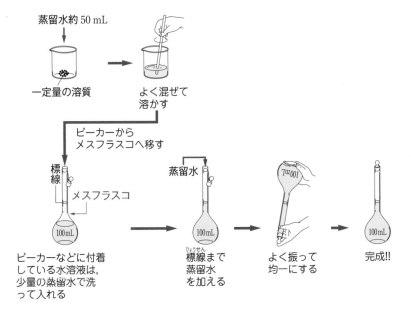

蒸留水約 50 mL

一定量の溶質　　　よく混ぜて
　　　　　　　　溶かす

ビーカーから
メスフラスコへ移す

標線

メスフラスコ

100mL

ビーカーなどに付着
している水溶液は，
少量の蒸留水で洗
って入れる

蒸留水

100mL

標線（ひょうせん）まで
蒸留水
を加える

100mL

よく振って
均一にする

100mL

完成!!

　なお，メスフラスコを使うときは，まず洗剤と水道水でよく洗ったあと，蒸
留水ですすぎ，ぬれたまま使ってかまいません。この後，蒸留水を入れますから。
　溶液の<u>一定体積を正確に分取する場合は，ホールピペット</u>というガラス器具
を使います。メスシリンダーというガラス器具もありますが，ホールピペット
に比べて目盛りが正確ではありません。

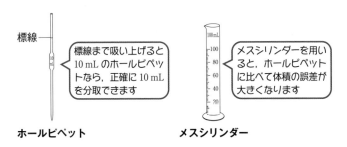

標線

標線まで吸い上げると
10 mL のホールピペッ
トなら，正確に 10 mL
を分取できます

メスシリンダーを用い
ると，ホールピペット
に比べて体積の誤差が
大きくなります

**ホールピペット**　　　　**メスシリンダー**

ホールピペットは内側が蒸留水でぬれていると，吸い上げる溶液がうすまっ
て，濃度が変わってしまいます。そこで，**中に入れる溶液で何度か洗ってから**
使います。この操作を**共洗い**といいます。

　質量パーセント濃度 10.0 ％ の硫酸銅（Ⅱ）水溶液の密度は 1.11 g/cm³
である。この水溶液の（体積）モル濃度〔mol/L〕，質量モル濃度〔mol/kg〕
を有効数字 3 桁で求めよ。ただし，$CuSO_4$ の式量＝160 とする。

**解説**　　10.0 ％ の $CuSO_4$ 水溶液とは，水溶液 100 g あたりに $CuSO_4$ が 10.0 g 溶け
ています。残りの 100－10.0＝90.0 g は水です。

$$モル濃度〔mol/L〕＝\frac{CuSO_4 \text{ の物質量〔mol〕}}{\text{水溶液の体積〔L〕}}$$

$$＝\frac{\dfrac{10.0\ g}{160\ g/mol}\ {}_{mol(CuSO_4)}}{100\ g(溶液)\times\dfrac{1\ cm^3(溶液)}{1.11\ g(溶液)}\times\dfrac{1\ L(溶液)}{1000\ cm^3(溶液)}}$$

$$＝0.693\overset{4}{7}\cdots\ mol/L$$

$$質量モル濃度〔mol/kg〕＝\frac{CuSO_4 \text{ の物質量〔mol〕}}{\text{水の質量〔kg〕}}$$

溶媒の質量
に注意

$$＝\frac{\dfrac{10.0\ g}{160\ g/mol}\ {}_{mol(CuSO_4)}}{90.0\ g(水)\times\dfrac{1\ kg}{1000\ g}}$$

$$＝0.694\overset{4}{4}\cdots\ mol/kg$$

**注**　うすい水溶液は，純水と密度が変わらないので，水溶液 1 L は，ほぼ水
1 kg に相当します。そこで濃度がだいたい同じ値になったのです。

**答え**　（体積）モル濃度：0.694 mol/L
　　　　質量モル濃度：0.694 mol/kg

シュウ酸二水和物の結晶 $(COOH)_2 \cdot 2H_2O$ の質量を正確に秤量し，0.0500 mol/L のシュウ酸標準溶液 100 mL を調製した。必要なシュウ酸二水和物は何 g か。H＝1.00，C＝12.0，O＝16.0 とし，有効数字 3 桁で求めよ。

(近畿大)

---

解説

$(COOH)_2 \cdot 2H_2O$（固）

> シュウ酸は，漢字では蓚酸と書きます。カタバミなどの植物に含まれ，構造式では です。
>
> 2 価の弱酸です。$H_2C_2O_4$ と書くこともあります

$(COOH)_2 \cdot 2H_2O$ の式量＝$90.0 + 2 \times 18.0 = 126.0$ となります。$(COOH)_2 \cdot 2H_2O$ 1 mol は $(COOH)_2$ を 1 mol 含みます。水和水の $2H_2O$ の部分は，外から入れる水と区別できません。蒸留水をメスフラスコに入れ，最終的に全体の体積が 100 mL になるようにします。

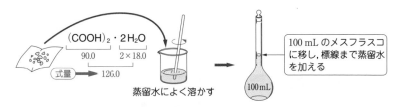

$(COOH)_2 \cdot 2H_2O$

90.0　2×18.0

式量 ⟶ 126.0

蒸留水によく溶かす

100 mL のメスフラスコに移し，標線まで蒸留水を加える

100 mL

必要なシュウ酸二水和物を $x$〔g〕とすると，

$(COOH)_2 \cdot 2H_2O$ 1 mol から $(COOH)_2$ 1 mol

$$\frac{x\,〔g〕}{126.0\,g/mol} \times \frac{1\,mol\,((COOH)_2)}{1\,mol\,((COOH)_2 \cdot 2H_2O)} = 0.0500\,mol/L \times \frac{100}{1000}\,L$$

mol $((COOH)_2 \cdot 2H_2O)$　　　　mol $((COOH)_2)$　　　　mol $((COOH)_2)$

よって，$x = 0.630\,g$

答え　0.630 g

---

参考　$(COOH)_2 \cdot 2H_2O$ は，室温で空気中に放置しても変化しにくく，純度を保てるため，シュウ酸は正確な濃度の水溶液がつくりやすいです。これを標準溶液として，後半で学ぶ中和滴定や酸化還元滴定で NaOH 水溶液や $KMnO_4$ 水溶液の濃度を決めるのに用います。

さらに演習！　『鎌田の化学問題集 理論・無機・有機 改訂版』「第3章 基本的な化学反応と物質量計算 05 化学反応式と物質量計算の基本・水溶液の性質と濃度」

# 18 酸塩基反応と物質量の計算

学習 ① 酸と塩基の定義 ② 代表的な酸と塩基 ③ 酸塩基反応
項目 ④ 塩の分類とその液性 ⑤ 水素イオン指数 pH ⑥ 中和滴定

STAGE
## 1 酸と塩基の定義

　酸性や塩基性といった水溶液の性質を示す物質を，1887 年にスウェーデンのアレニウスは電離という観点から次のように分類しました。

**アレニウスの定義**

| 酸 (acid) | 水溶液中で電離して水素イオン $H^+$ を生成する物質 |
| 塩基 (base) | 水溶液中で電離して水酸化物イオン $OH^-$ を生成する物質 |

　この定義は水溶液に限定されるので，1923 年にデンマークのブレンステッドとイギリスのローリーは，より広範囲に応用できるように，次のような新しい定義を提案しました。

**ブレンステッド・ローリーの定義**

| 酸 (acid) | 水素イオン $H^+$ を相手に与える物質 |
| 塩基 (base) | 水素イオン $H^+$ を相手から受けとる物質 |

　この定義では，水溶液に限らず，$H^+$ 移動反応が酸塩基反応となります。
　以下，しばらくは混同をさけるため，アレニウスの定義の酸をアレニウス酸，ブレンステッド・ローリーの定義の酸をブレンステッド酸のようによぶことにします。

　代表的なアレニウス酸として塩化水素 HCl があります。HCl を水に溶かした混合物を塩酸とよびましたね。

$$HCl \xrightarrow{\text{水中}} H^+ + Cl^-$$

　$H^+$ は原子核だけで電子をもっていません。自然界のほとんどの H 原子は質量数 1 の水素なので，$H^+$ とは陽子ということになります。陽子のように，体

*134*　③ 基本的な化学反応と物質量計算

積は小さいのに大きな電荷をもつ粒子が水中で単独に存在しているとは思えませんね。

HCl が水中で電離する変化は，HCl から $H_2O$ への $H^+$ の移動反応なのです。HCl がブレンステッド酸，$H_2O$ がブレンステッド塩基ということですね。

$$\underset{\text{ブレンステッド酸}}{HCl} + \underset{\text{ブレンステッド塩基}}{H_2O} \longrightarrow \underset{\text{オキソニウムイオン}}{H_3O^+} + Cl^-$$

オキソニウムイオン $H_3O^+$ は，$H_2O$ の非共有電子対と $H^+$ が配位結合することによって生じたイオンです。水溶液中の $H^+$ の実際の姿であり，HCl の水溶液が酸性を示すのは $H_3O^+$ が増えるからです。

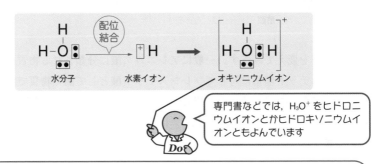

専門書などでは，$H_3O^+$ をヒドロニウムイオンとかヒドロキソニウムイオンともよんでいます

# 代表的な酸と塩基

高校化学では水溶液での酸塩基反応を扱うことが多いので，ここからはアレニウスの定義による酸と塩基の話をしていくことにします。

私たちが通常の実験で使用する $10^{-3} \sim 10^{-1}$ mol/L くらいの水溶液を想定します。**水に溶かした物質量に対して，そこから電離した物質量の割合**を電離度（でんりど）といいます。

**電 離 度**

$$\text{電離度 } \alpha = \frac{\text{そのうち電離した物質量〔mol〕}}{\text{水に溶かした溶質の物質量〔mol〕}} \quad (0 \leqq \alpha \leqq 1)$$

一般に，$\alpha \fallingdotseq 1$ の物質が強電解質，$\alpha \underset{\text{1より十分小さい}}{\ll} 1$ の物質が弱電解質となります。**強電解質の酸や塩基**を**強酸，強塩基**といい，**弱電解質の酸や塩基を弱酸，弱塩基**といいます。

実際には，これらの物質の水中での電離は可逆変化で，左向きの変化と右向きの変化の勢いがつり合ったところで，見かけ上，止まっています（ 参照 p.122 ）。強酸や強塩基の電離では，かなり右に傾いたところでつり合うので，事実上不可逆反応と考えてかまわないというわけです。

　これに対し，弱酸や弱塩基の電離ではかなり左に傾いたところでつり合っているので，電離度は小さくなります。

強酸　HCl ⇄ H$^+$ + Cl$^-$（水中）
ほとんど右へ

弱酸　CH$_3$COOH ⇄ CH$_3$COO$^-$ + H$^+$（水中）
酢酸　　　　ほとんど左へ

　少し見方を変えてみます。一般にアレニウス酸に分類される物質は，水というブレンステッド塩基に対してブレンステッド酸として働く物質です。

　酸として強い物質ほどH$^+$を出しやすいといえるので，H$^+$を出したあとに残る形ではH$^+$を受けとりにくく，ブレンステッド塩基として弱いという関係があります。

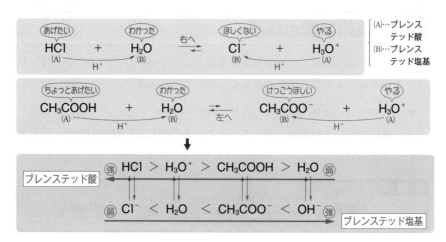

もう少し知りたい人は p.138 の Extra Stage を読んでくださいね。

次表は，代表的なアレニウス酸とアレニウス塩基を強弱と価数で分類したものです。**酸や塩基の価数(かすう)とは化学式1つから電離できる$H^+$や$OH^-$の数のこと**です。別冊 p.5〜9 も利用して，化学式だけでなく名称も完全に記憶してください。

　なお，アンモニアは水溶液中で1分子あたり1つの$H^+$を受けとり，$OH^-$が1つ生じるので1価に分類します。

| 価数 | 酸 | | 塩基 | |
|---|---|---|---|---|
| | 強酸 | 弱酸 | 強塩基 | 弱塩基 |
| 1価 | $HCl$, $HBr$, $HI$<br>$HNO_3$<br>$HClO_4$ | $HF$<br>$CH_3COOH$ | ⎰ $NaOH$<br>⎱ $KOH$ など<br>アルカリ金属の水酸化物 | $NH_3$ |
| 2価 | $H_2SO_4$ | $(COOH)_2$<br>$H_2S$<br>$H_2CO_3$<br>$H_2SO_3$ | ⎰ $Ca(OH)_2$※<br>⎱ $Ba(OH)_2$ など<br>Be と Mg を除くアルカリ土類金属の水酸化物 | $Cu(OH)_2$<br>$Mg(OH)_2$<br>$Zn(OH)_2$ |
| 3価 | | $H_3PO_4$ | | $Al(OH)_3$ |

※　水酸化カルシウム $Ca(OH)_2$ はやや水に溶けにくく，$NaOH$ や $Ba(OH)_2$ に比べると塩基として弱いが，強塩基に分類しておく。

> 強酸と強塩基は種類が少ないので，まずは強い方を覚えましょう

 **ブレンステッド酸 HA とその共役塩基 A⁻**

ブレンステッド酸 HA と，そこから $H^+$ を失った $A^-$ の関係を考えてみましょう。HA と $A^-$ は互いに共役酸塩基対といいます。HA は $A^-$ の共役酸，$A^-$ は HA の共役塩基とよびます。これらは $H^+$ のやりとりに関して，

**$H^+$ を出しやすい<u>強い</u>酸 HA ⟷ $A^-$ は $H^+$ を受けとりにくい<u>弱い</u>塩基**

という関係があります。HCl は $H^+$ を出しやすいブレンステッド酸ですが，共役塩基である $Cl^-$ は $H^+$ を受けとりにくいというわけです。

高校で学ぶアレニウス酸に，この視点を導入してみると，

---

**アレニウス酸とブレンステッド酸の関係**

1）アレニウス酸とは水 $H_2O$ より強いブレンステッド酸である。

$$HA + H_2O \rightleftharpoons A^- + H_3O^+$$

（ある程度右に進まないと酸性にならない）

2）強酸のアレニウス酸は，オキソニウムイオン $H_3O^+$ よりも強いブレンステッド酸である。

$$HA + H_2O \longrightarrow A^- + H_3O^+$$ （左方向にもどりにくいほど強酸）

---

となります。次ページの表で確認しておきましょう。

| 物質名 | 酸 HA | $\xrightleftharpoons[+H^+]{-H^+}$ | 共役塩基 $A^-$ |
|---|---|---|---|
| 過塩素酸 | $HClO_4$ | | $ClO_4^-$ |
| | $\vee$ | | $\wedge$ |
| ヨウ化水素 | $HI$ | | $I^-$ |
| | $\vee$ | | $\wedge$ |
| 臭化水素 | $HBr$ | | $Br^-$ |
| | $\vee$ | アレニウスの定義 | $\wedge$ |
| 塩化水素 | $HCl$ | で強酸 | $Cl^-$ |
| | $\vee$ | | $\wedge$ |
| 硫酸<br>（第一電離） | $H_2SO_4$ | | $HSO_4^-$ |
| | $\vee$ | | $\wedge$ |
| 硝酸 | $HNO_3$ | | $NO_3^-$ |
| | $\vee$ | | $\wedge$ |
| オキソニウム<br>イオン | $H_3O^+$ | | $H_2O$ |
| | $\vee$ | | $\wedge$ |
| 硫酸水素イオン<br>（硫酸第二電離） | $HSO_4^-$ | | $SO_4^{2-}$ |
| | $\vee$ | | $\wedge$ |
| フッ化水素 | $HF$ | | $F^-$ |
| | $\vee$ | | $\wedge$ |
| 酢酸 | $CH_3COOH$ | | $CH_3COO^-$ |
| | $\vee$ | | $\wedge$ |
| 炭酸<br>（第一電離） | $H_2CO_3$ | | $HCO_3^-$ |
| | $\vee$ | | $\wedge$ |
| 炭酸水素イオン<br>（炭酸第二電離） | $HCO_3^-$ | | $CO_3^{2-}$ |
| | $\vee$ | | $\wedge$ |
| 水 | $H_2O$ | | $OH^-$ |

上に行くほど強いブレンステッド酸

下に行くほど強いブレンステッド塩基

# 3 酸塩基反応

## 1 中和反応

水の電離は可逆反応で，かなり左に傾いたところで，平衡状態になります。

$$H_2O \rightleftharpoons H^+ + OH^- \quad \cdots ①$$

一般に，純水やうすい水溶液では，水素イオンのモル濃度 $[H^+]$ と水酸化物イオンのモル濃度 $[OH^-]$ の間で次の関係式が成立します。$K_w$ は**水のイオン積**とよばれる温度に依存する定数で，25℃では $1.0 \times 10^{-14}\,(mol/L)^2$ です。（くわしくは第6章で扱います）

$$[H^+] \cdot [OH^-] = K_w$$
水のイオン積

| 温度 | $K_w\,(mol/L)^2$ |
|------|------|
| 10℃ | $3.0 \times 10^{-15}$ |
| 25℃ | $1.0 \times 10^{-14}$ |
| 40℃ | $3.0 \times 10^{-14}$ |

ここにアレニウス酸もしくは塩基を加えて，$[H^+]$ あるいは $[OH^-]$ を上げると，$[H^+] \cdot [OH^-]$ の値が $K_w$ より大きくなります。ここから $[H^+] \cdot [OH^-]$ の値が $K_w$ の値に一致するまで①式が左方向に進んでしまうのです。これが中和反応です。

$$H^+ + OH^- \longrightarrow H_2O \quad （①の逆反応）$$

中和は酸や塩基の強弱に関係なく，酸から生じる $H^+$ と塩基から生じる $OH^-$ が結びついて，すべて $H_2O$ になる反応といえます。このとき残った**酸の陰イオンと塩基の陽イオンからなるイオン結合性の化合物**を一般に**塩**とよびます。
salt

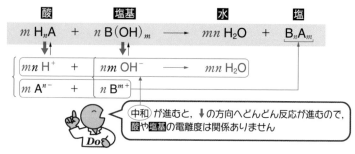

**例** 酢酸水溶液と水酸化ナトリウム水溶液の中和反応

$$CH_3COOH + NaOH \longrightarrow CH_3COONa + H_2O \quad \leftarrow 化学反応式$$

↓ 強塩基 NaOH と水溶性の塩 CH$_3$COONa
は，ほぼ完全に電離しているので

$$CH_3COOH + Na^+ + OH^- \longrightarrow CH_3COO^- + Na^+ + H_2O$$

↓ 両辺にある Na$^+$は増減せず，反応に関係ないので消去

$$CH_3COOH + OH^- \longrightarrow CH_3COO^- + H_2O \quad \leftarrow イオン反応式$$

---

### 入試突破 のための TIPS!! 中和反応の終点で成り立つ式

$C$〔mol/L〕の $n$ 価の酸 $V$〔mL〕を中和するのに，$C'$〔mol/L〕の $m$ 価
の塩基 $V'$〔mL〕が必要なら，次式が成立する。

$$C \cdot V \cdot n = C' \cdot V' \cdot m$$

---

### 入試攻略 への 必須問題

$1.0 \times 10^{-2}$ mol/L の酢酸水溶液中では，酢酸の電離度は 0.040 である。

(1) この水溶液の水素イオン濃度〔mol/L〕を求めよ。

(2) この水溶液 10 mL を中和するのに，$1.0 \times 10^{-2}$ mol/L の水酸化ナトリ
ウム水溶液は何 mL 必要か。

---

**解説** 酢酸分子 CH$_3$COOH の 4 つの H 原子のうち，水溶液中で H$^+$ として電離す

るのは $CH_3-\overset{\overset{O}{\|}}{C}-O-\underset{\sim}{H}$ の $\underset{\sim}{H}$ だけです。

(1)

|  | $CH_3COOH$ | $\rightleftharpoons$ | $CH_3COO^-$ | $+$ | $H^+$ |  |
|---|---|---|---|---|---|---|
| 電離前 | $1.0 \times 10^{-2}$ | | $0$ | | $0$ | mol/L |
| 電離量 | $-1.0 \times 10^{-2} \times 0.040$ | | $+1.0 \times 10^{-2} \times 0.040$ | | $+1.0 \times 10^{-2} \times 0.040$ | mol/L |
| 電離後 | $9.6 \times 10^{-3}$ | | $4.0 \times 10^{-4}$ | | $4.0 \times 10^{-4}$ | mol/L |

よって，$[H^+] = 4.0 \times 10^{-4}$ mol/L

> 電離度 $(\alpha) = \dfrac{電離した量}{溶かした量}$
> なので
> 電離した量＝溶かした量 $\times \alpha$
> です

(2) (1)に NaOH を加えると $H^+$ が中和されます。すると左方向に変化が進めなくなり，右方向にだけ進み，再び $CH_3COOH$ が電離します。

$$CH_3COOH \underset{}{\overset{①}{\rightleftarrows}} CH_3COO^- + H^+$$

②$H^+$が消費されるため
左方向へは進まなくなる

$OH^- \leftarrow NaOH$ を加える

$H_2O$

↓ よって

$$CH_3COOH \longrightarrow CH_3COO^- + H^+ \quad と変化し，$$

↓ $H^+$が増えると

再び $CH_3COOH \rightleftarrows CH_3COO^- + H^+$ の左右の勢いがつり合うと，止まって見えます。

さらに NaOH を加えていくと，上記の変化をくり返すので，結局 $CH_3COOH$ がほぼすべて $CH_3COO^-$ になったと見なせる点を中和反応の終点とします。$CH_3COOH$ 1 mol を中和するには NaOH が 1 mol 必要なのですね。

$$CH_3COOH + NaOH \longrightarrow CH_3COONa + H_2O \quad \cdots ⓐ$$

そこで，ⓐ式より，$1.0\times10^{-2}$ mol/L$\times\dfrac{10}{1000}$ L$=1.0\times10^{-4}$ mol の

$CH_3COOH$ を中和するには $1.0\times10^{-4}$ mol の NaOH が必要となります。これが $v$ 〔mL〕に相当するとすると，

$$1.0\times10^{-2} \text{ mol/L} \times \dfrac{v}{1000} \text{〔L〕} = 1.0\times10^{-4} \text{ mol}$$

よって，$v=10$ mL　　（慣れれば暗算でもできますね。）

**別解**　電離度すなわち酸や塩基の強弱は中和量に関係ありませんから，「酸の出しうる $H^+$ の物質量」と「塩基の出しうる $OH^-$ の物質量」が等しい点が過不足なく中和した点です。$CH_3COOH$ は 1 価の酸，NaOH は 1 価の塩基ですから，次式が成立します。

$$1.0\times10^{-2}\times\dfrac{10}{1000}\times① = 1.0\times10^{-2}\times\dfrac{v}{1000}\times①$$

mol($CH_3COOH$)　mol(出しうる$H^+$)　mol(NaOH)　mol(出しうる$OH^-$)

よって　$v=10$ mL

答え　(1)　$4.0\times10^{-4}$ mol/L　　(2)　10 mL

## 2 塩の加水分解

　塩に**弱酸由来の陰イオンや弱塩基由来の陽イオンが含まれる場合，これらの一部が水と反応**します。これを**塩の加水分解**といいます。一方，強酸由来の陰イオンや強塩基由来の陽イオンは加水分解をほとんど起こしません。

### (1) 弱酸由来の陰イオン

　水に対してブレンステッド塩基として作用し，$OH^-$ が生じます。酢酸ナトリウムの水溶液が弱塩基性を示すのは，酢酸イオンの加水分解のためです。

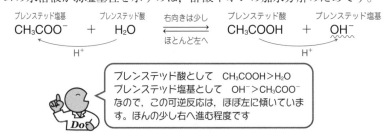

ブレンステッド酸として　$CH_3COOH > H_2O$
ブレンステッド塩基として　$OH^- > CH_3COO^-$
なので，この可逆反応は，ほぼ左に傾いています。ほんの少し右へ進む程度です

### (2) 弱塩基由来の陽イオン

　水に対してブレンステッド酸として作用し，$H_3O^+$ が生じます。塩化アンモニウムや塩化アルミニウムの水溶液が弱酸性を示すのは，アンモニウムイオンやアルミニウムのアクア錯イオンの加水分解のためです。

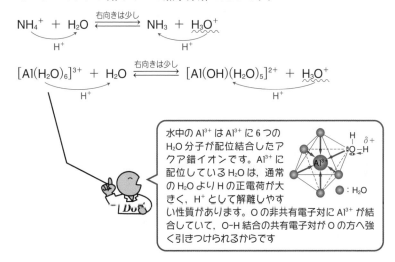

水中の $Al^{3+}$ は $Al^{3+}$ に6つの $H_2O$ 分子が配位結合したアクア錯イオンです。$Al^{3+}$ に配位している $H_2O$ は，通常の $H_2O$ より $H$ の正電荷が大きく，$H^+$ として解離しやすい性質があります。$O$ の非共有電子対に $Al^{3+}$ が結合していて，$O$-$H$ 結合の共有電子対が $O$ の方へ強く引きつけられるからです

## 3 弱酸遊離反応と弱塩基遊離反応

### (1) 弱酸遊離反応

　弱酸由来の陰イオンはブレンステッド塩基としてそこそこ強いので，ここに**強酸を加えると，$H^+$ を押しつけられてもとの弱酸分子の形にもどります。**これを**弱酸遊離反応**といいます。

　例えば，酢酸ナトリウムの水溶液に塩酸を加えると酢酸分子が生じます。

$$CH_3COONa + \underset{\text{強酸}}{HCl} \longrightarrow \underset{\text{弱酸分子}}{CH_3COOH} + NaCl$$

$$[CH_3COO^- + H^+ \underset{\substack{\text{ほぼ完全} \\ \text{に進行}}}{\longrightarrow} CH_3COOH]$$

### (2) 弱塩基遊離反応

　弱塩基由来の陽イオンはブレンステッド酸としてそこそこ強いので，ここに**強塩基**を加えた場合は $H^+$ を $OH^-$ に引きはがされて，弱塩基の $NH_3$ の形にもどります。これを，**弱塩基遊離反応**といいます。

$$NH_4Cl + \underset{\text{強塩基}}{NaOH} \longrightarrow \underset{\text{弱塩基}}{NH_3} + H_2O + NaCl$$

$$[NH_4^+ + OH^- \underset{\substack{\text{ほぼ完全} \\ \text{に進行}}}{\longrightarrow} NH_3 + H_2O]$$

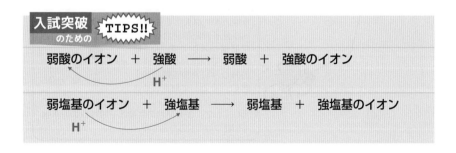

**入試突破のための TIPS!!**

弱酸のイオン ＋ 強酸 ⟶ 弱酸 ＋ 強酸のイオン
$H^+$

弱塩基のイオン ＋ 強塩基 ⟶ 弱塩基 ＋ 強塩基のイオン
$H^+$

# 4 塩の分類とその液性

　塩とは，酸から生じる陰イオンと塩基から生じる陽イオンからなるイオン結合でできた物質のことでした（ 参照 p.140 ）。塩は組成によって次のように分類します。

| 分類 | 正塩 | 酸性塩 | 塩基性塩 |
|---|---|---|---|
| 組成 | 酸の H も塩基の OH も残っていない塩 | 酸の <u>H</u> が残っている塩 | 塩基の <u>OH</u> が残っている塩 |
| 例 | 塩化ナトリウム $NaCl$<br>炭酸ナトリウム $Na_2CO_3$<br>塩化アンモニウム $NH_4Cl$ | 炭酸水素ナトリウム $NaH\underline{CO_3}$<br>硫酸水素ナトリウム $NaH\underline{SO_4}$ | 塩化水酸化マグネシウム $MgCl(\underline{OH})$ |

　正塩の水溶液の液性は，p.143 の塩の加水分解から判断できますね。

| 塩 | | 例 | 水溶液の液性 |
|---|---|---|---|
| 塩基の陽イオン | 酸の陰イオン | | |
| **強塩基**<br>由来 | **強酸**<br>由来 | $NaCl$ | 中性 |
| **強塩基**<br>由来 | **弱酸**<br>由来 | $Na_2CO_3$ | 塩基性 $\begin{array}{c} CO_3{}^{2-} + H_2O \\ \rightleftharpoons HCO_3{}^- + \underline{OH^-} \end{array}$ |
| **弱塩基**<br>由来 | **強酸**<br>由来 | $NH_4Cl$ | 酸性 $\begin{array}{c} NH_4{}^+ + H_2O \\ \rightleftharpoons NH_3 + \underline{H_3O^+} \end{array}$ |

弱い方の加水分解が原因ですが，"強い方の性質が勝つ" などと覚えます

　<u>酸性塩や塩基性塩という分類は，水溶液の液性とは関係ありません</u>。例えば，$NaHCO_3$ は酸性塩に分類されますが，水溶液は塩基性を示します。

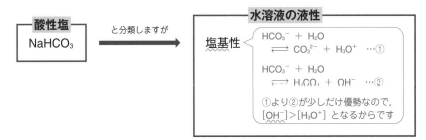

─ 酸性塩 ─
$NaHCO_3$

と分類しますが ⟶

─ 水溶液の液性 ─
塩基性
$\begin{array}{c} HCO_3{}^- + H_2O \\ \rightleftharpoons CO_3{}^{2-} + H_3O^+ \cdots ① \end{array}$

$\begin{array}{c} HCO_3{}^- + H_2O \\ \rightleftharpoons H_2CO_3 + OH^- \cdots ② \end{array}$

①より②が少しだけ優勢なので，$[OH^-] > [H_3O^+]$ となるからです

酸性塩や塩基性塩の水溶液の液性は，化学式だけでは判断できません。

| 酸性塩 | 水溶液の液性 | | |
|---|---|---|---|
| 炭酸水素ナトリウム<br>$NaHCO_3$ | 塩基性 | $HCO_3^- + H_2O \rightleftharpoons H_2CO_3 + OH^-$ | |
| リン酸二水素ナトリウム<br>$NaH_2PO_4$ | 酸　性 | $H_2PO_4^- \rightleftharpoons H^+ + HPO_4^{2-}$ | |
| リン酸一水素ナトリウム<br>$Na_2HPO_4$ | 塩基性 | $HPO_4^{2-} + H_2O \rightleftharpoons H_2PO_4^- + OH^-$ | |
| 硫酸水素ナトリウム<br>$NaHSO_4$ | 酸　性 | $HSO_4^- \rightleftharpoons H^+ + SO_4^{2-}$ | |

$NaHCO_3$ と $NaHSO_4$ 水溶液の液性だけは，覚えておきましょう

# 水素イオン指数 pH

純水やうすい水溶液では次の関係が成立しましたね。

$$[H^+] \cdot [OH^-] = K_w \fallingdotseq 1.0 \times 10^{-14}\,(mol/L)^2 \quad (25℃)$$

水溶液の酸性・塩基性の強さを定量的に考える場合，$[H^+]$ に注目し，**水素イオン指数 p H** を次のように定義します。

$$pH = -\log_{10}[H^+]$$

$[H^+] = 10^{-x}\,(mol/L)$ なら，
$pH = x$ となります

25℃ では，$[H^+] = [OH^-] = 1.0 \times 10^{-7}\,mol/L$，すなわち pH＝7 のときが中性となります。

酸性の水溶液は $[H^+] > [OH^-]$ なので pH＜7，塩基の水溶液は $[H^+] < [OH^-]$ なので pH＞7 となりますね。

次の水溶液の pH を整数で求めよ。水のイオン積 $K_w = 1 \times 10^{-14} \, (mol/L)^2$ とする。

(1) 0.1 mol/L の希塩酸（電離度 $\alpha = 1$ とする）

(2) 0.1 mol/L の水酸化ナトリウム水溶液（電離度 $\alpha = 1$ とする）

(3) 0.1 mol/L の酢酸水溶液（電離度 $\alpha = 0.01$ とする）

---

**解説** (1) 完全電離

$$\overline{HCl} \longrightarrow H^+ + Cl^-$$

$$\quad 0.1 \qquad 0.1 \quad 0.1 \quad mol/L$$

$$[H^+] = 0.1 = 10^{-1} \, mol/L$$

なので，

$$pH = 1$$

(2) 完全電離

$$\overline{NaOH} \longrightarrow Na^+ + OH^-$$

$$\quad 0.1 \qquad 0.1 \qquad 0.1 \quad mol/L$$

$$[OH^-] = 0.1 = 10^{-1} \, mol/L$$

なので，$[H^+][OH^-] = K_w$ より，

$$[H^+] = \frac{K_w}{[OH^-]} = \frac{1 \times 10^{-14}}{10^{-1}} = 10^{-13} \, mol/L$$

となり，

$$pH = 13$$

(3)

$$CH_3COOH \rightleftharpoons CH_3COO^- + H^+$$

| | | | |
|---|---|---|---|
| 電離前 | 0.1 | 0 | 0 mol/L |
| 電離量 | $-0.1 \times \underset{(\alpha)}{0.01}$ | $+0.1 \times 0.01$ | $+0.1 \times 0.01$ |
| 電離後 | 0.099 | 0.001 | 0.001 |

$$[H^+] = 0.001 = 10^{-3} \, mol/L$$

なので，

$$pH = 3$$

**答え** (1) 1　(2) 13　(3) 3

# 6 中和滴定

◐別冊 p.12

　一定量の試料溶液に，濃度が既知の溶液をビュレットとよばれるガラス器具から滴下して反応させ，反応が終了したと見なせる点までに要した体積から試料溶液中の対象成分の量を求める操作を滴定といいます。
titration

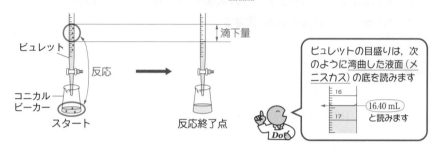

　ビュレットを使うときは，よく洗ったあと蒸留水ですすぎ，中に入れる溶液で共洗いします。こうすると，ビュレットの中に入れる溶液の濃度が変わらないですね。コニカルビーカーは蒸留水でぬれたまま使用して大丈夫です。中に入れる溶質の量は，蒸留水でぬれていても変わらないからです。

## 1 中和滴定

　酸塩基反応を利用した滴定を中和滴定，酸と塩基が過不足なく反応したと見なせる点を中和点とよびます。中和点の前後は，酸や塩基が余っているため pH が大きく変化します。滴下量と pH の変化を表した曲線を滴定曲線といいます。

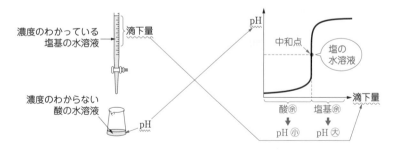

　中和点を知るには，特定の pH の範囲で色が変化する有機化合物を指示薬に用います。指示薬の色が変化する pH の範囲を変色域といいます。
indicator

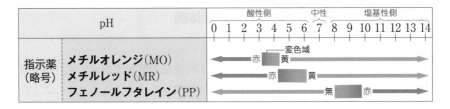

| pH | | 酸性側 中性 塩基性側 0 1 2 3 4 5 6 7 8 9 10 11 12 13 14 |
| --- | --- | --- |
| 指示薬 (略号) | メチルオレンジ(MO) メチルレッド(MR) フェノールフタレイン(PP) | 変色域 赤 黄 赤 黄 無 赤 |

## ◆代表的な滴定曲線◆

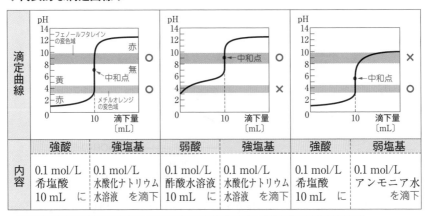

| 内容 | 強酸 | 強塩基 | 弱酸 | 強塩基 | 強酸 | 弱塩基 |
| --- | --- | --- | --- | --- | --- | --- |
| | 0.1 mol/L 希塩酸 10 mL に | 0.1 mol/L 水酸化ナトリウム 水溶液 を滴下 | 0.1 mol/L 酢酸水溶液 10 mL に | 0.1 mol/L 水酸化ナトリウム 水溶液 を滴下 | 0.1 mol/L 希塩酸 10 mL に | 0.1 mol/L アンモニア水 を滴下 |

① 強酸＋強塩基では，指示薬にはフェノールフタレインとメチルオレンジのどちらを用いてもかまいません。中和点付近の pH の変化がとても大きいので，終点と中和点の滴下量はどちらを用いても誤差の範囲です。

② 弱酸＋強塩基では，フェノールフタレインを，強酸＋弱塩基では，メチルオレンジやメチルレッドを用います。
　これは中和点が塩の加水分解により前者は弱塩基性，後者は弱酸性側にあるからです。忘れた人はもう一度，p.145 を復習しましょう

**入試突破** のための **TIPS!!** 指示薬と滴定の組み合わせ

## メチルオレンジとメチルレッドは弱酸性側に，フェノールフタレインは弱塩基性側に変色域をもつ。

| 滴定の組み合わせ | メチルオレンジまたはメチルレッド | フェノールフタレイン |
| --- | --- | --- |
| 強酸 ＋ 強塩基 | ○ | ○ |
| 弱酸 ＋ 強塩基 | × | ○ |
| 強酸 ＋ 弱塩基 | ○ | × |

○…使用可，×…使用不可

# 2 中和滴定を用いた分析方法の具体例

## (1) 食酢中の酢酸の定量

　市販の食酢は，質量パーセント濃度で約 4 ％前後の酢酸水溶液です。酢酸以外の酸が含まれていないとして，食酢中の酢酸濃度を求めるために次のような滴定実験を行います。

　適当に希釈した食酢（酢酸水溶液）を，濃度既知の水酸化ナトリウム水溶液で滴定します。指示薬にはフェノールフタレインを用います。

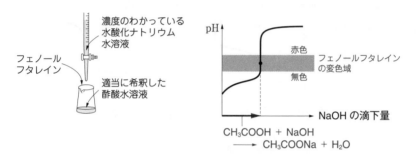

　水酸化ナトリウム水溶液の濃度がわからない場合は，p.133 で紹介したシュウ酸 $(COOH)_2$ の標準溶液を用いて，フェノールフタレインを指示薬にして滴定によって濃度を決定します。

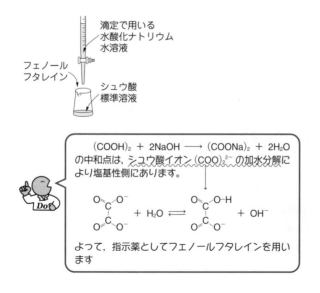

$(COOH)_2 + 2NaOH \longrightarrow (COONa)_2 + 2H_2O$
の中和点は，シュウ酸イオン $(COO)_2{}^{2-}$ の加水分解により塩基性側にあります。

よって，指示薬としてフェノールフタレインを用います

食酢を水で20倍に薄めた水溶液5.00 mLに指示薬(A)を加え，0.100 mol/Lの水酸化ナトリウム水溶液で滴定したところ，1.75 mLを要した。適切な指示薬ともとの食酢中に含まれる酢酸の質量パーセント濃度(B)の組み合わせとして，正しいものを次の⑦〜⑦から1つ選べ。ただし，食酢の密度を1.00 g/cm³とする。また，食酢中の酸は酢酸のみとし，$CH_3COOH$の分子量を60.0とする。

⑦　A：メチルオレンジ　　　　　B：2.10 %

⑦　A：メチルオレンジ　　　　　B：4.20 %

⑦　A：フェノールフタレイン　　B：2.10 %

⑦　A：フェノールフタレイン　　B：4.20 %

⑦　A：フェノールフタレイン　　B：4.50 %

（自治医科大）

**解説**

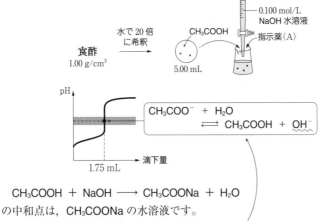

$$CH_3COOH + NaOH \longrightarrow CH_3COONa + H_2O$$

の中和点は，$CH_3COONa$の水溶液です。

$CH_3COO^-$が加水分解するため，中和点は弱塩基性側にあります。そこで，指示薬はフェノールフタレイン（変色域pH 8.0〜9.8）が適当です。
　　　　　　　　　　　　A

食酢中の$CH_3COOH$のモル濃度を$C$〔mol/L〕とします。20倍にうすめると濃度は$\frac{1}{20}$になるので，滴定した$CH_3COOH$水溶液の濃度は$\frac{C}{20}$〔mol/L〕です。$CH_3COOH$ 1 molを中和するのに$NaOH$は1 mol必要なので，

$$\frac{C}{20}\,\text{[mol/L]} \times \frac{5.00}{1000}\,\text{L} = 0.100\ \text{mol/L} \times \frac{1.75}{1000}\,\text{L}$$

mol（CH₃COOH）         mol（NaOH）

$$\underbrace{\frac{C}{20}\,\text{[mol/L]} \times \frac{5.00}{1000}\,\text{L}}_{\text{mol (CH}_3\text{COOH)}} = 0.100\ \text{mol/L} \times \underbrace{\frac{1.75}{1000}\,\text{L}}_{\text{mol (NaOH)}}$$

よって，$C = 0.700\ \text{mol/L}$

最後にモル濃度を<u>質量パーセント濃度</u>に変換します。食酢 $1\text{L}=1000\ \text{cm}^3$（密度 $1.00\ \text{g/cm}^3$）に $CH_3COOH$ が $0.700\ \text{mol}$ 含まれているので，（分子量 60.0）

$$\boxed{\frac{CH_3COOH\ \text{の質量〔g〕}}{\text{食酢の質量〔g〕}} \times 100} = \frac{0.700\ \text{mol} \times 60.0\ \text{g/mol}}{1000\ \text{cm}^3 \times 1.00\ \text{g/cm}^3} \times 100$$

$$= 4.20\ \%$$

B

よって，㋓が適当です。

**答え** ㋓

---

### (2) アンモニアの定量（ケルダール法）  参照 別冊 p.13

有機窒素化合物やアンモニウム塩の窒素分をアンモニアに変換し，生じたアンモニアの物質量を求めるために，次のような実験を行います。

まず，濃度が既知である十分量の希塩酸もしくは希硫酸に生じたアンモニアを完全に吸収させます。

$$NH_3 + H^+ \longrightarrow NH_4^+$$

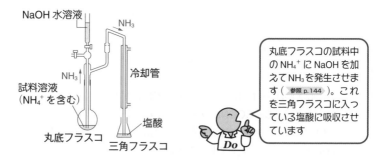

丸底フラスコの試料中の $NH_4^+$ に NaOH を加えて $NH_3$ を発生させます（ 参照 p.144 ）。これを三角フラスコに入っている塩酸に吸収させています

アンモニア吸収後に残った希塩酸もしくは希硫酸を，濃度既知の水酸化ナトリウム水溶液で滴定します。このとき<u>指示薬としてはメチルオレンジかメチルレッドを用います</u>。残った塩酸や硫酸だけを中和した点は，アンモニウムイオンの加水分解によって溶液が弱酸性を示すからです。

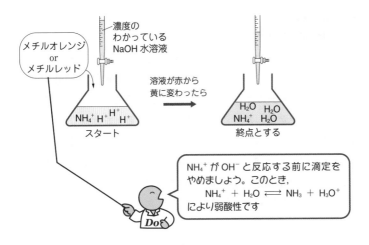

　この実験ではpHが7を超えたあたりから弱塩基遊離反応がはじまり，最初に吸収したアンモニアが再び出ていくので，塩基性側に変色域をもつフェノールフタレインを指示薬として使ってはいけません。

$$NH_4^+ + OH^- \longrightarrow NH_3 + H_2O$$

　反応全体での物質量の収支を数直線で表すと次のようになり，①から③を引くと②が求まります。

結果的には，最初に用意した希塩酸や希硫酸をアンモニアと水酸化ナトリウムで中和したということになりますね

　このように**間接的に量を求める滴定**を逆滴定とよんでいます。反応させて残った量を調べる滴定です。

 **アンモニアの逆滴定の量的関係**

$$mol(NH_3) = mol(最初に用意した酸のH^+) - mol(滴下したNaOH)$$

塩化アンモニウムと水酸化カルシウムを混合，加熱して，アンモニアを発生させた。この発生したアンモニアを $0.500\ \mathrm{mol/L}$ の硫酸水溶液 $100$ mL に完全に吸収させ，メチルオレンジを指示薬にして $0.500\ \mathrm{mol/L}$ の水酸化ナトリウム水溶液で滴定した。このとき，中和に要した水酸化ナトリウム水溶液の体積は $100$ mL であった。発生したアンモニアの体積は，$0\,°\mathrm{C}$，$1.013×10^5\ \mathrm{Pa}$ の標準状態で何 L かを求め，有効数字 3 桁で記せ。$0\,°\mathrm{C}$，$1.013×10^5\ \mathrm{Pa}$ の標準状態の気体のモル体積を $22.4\ \mathrm{L/mol}$ とし，発生する気体はアンモニアのみであるとする。

(岡山大)

解説 　$2\mathrm{NH_4Cl} + \mathrm{Ca(OH)_2} \longrightarrow 2\mathrm{NH_3} + 2\mathrm{H_2O} + \mathrm{CaCl_2}$ の弱塩基遊離反応によって生じた $\mathrm{NH_3}$ を $n\ (\mathrm{mol})$ とします。この滴定による物質量の収支を数直線で表すと次のようになります。

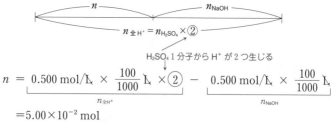

$$n = 0.500\ \mathrm{mol/L} × \frac{100}{1000}\ \mathrm{L} × ② - 0.500\ \mathrm{mol/L} × \frac{100}{1000}\ \mathrm{L}$$

$$= 5.00×10^{-2}\ \mathrm{mol}$$

そこで，$0\,°\mathrm{C}$，$1.013×10^5\ \mathrm{Pa}$ の標準状態での $\mathrm{NH_3}$ の体積は，

$$5.00×10^{-2}\ \mathrm{mol} × 22.4\ \mathrm{L/mol} = 1.12\ \mathrm{L}$$

答え 　$1.12\ \mathrm{L}$

## (3) 水酸化ナトリウム・炭酸ナトリウム混合物の定量（ワルダー法） 参照 別冊 p.13

　水酸化ナトリウムを空気中に放置すると，大気中の水蒸気や二酸化炭素を吸収し，純度が低下します。一部が炭酸ナトリウムに変質した水酸化ナトリウムの両成分の量を滴定によって調べる方法を紹介しましょう。濃度既知の希塩酸を用いて，フェノールフタレインとメチルオレンジの2つの指示薬を用いて滴定を行います。

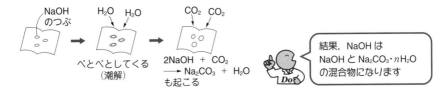

　本題に入る前に，水酸化ナトリウム NaOH 水溶液と炭酸ナトリウム Na$_2$CO$_3$ 水溶液を，別々に希塩酸 HCl で滴定したときの滴定曲線を紹介しましょう。濃度はすべて 0.1 mol/L としています。

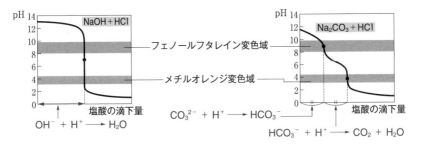

　水酸化ナトリウム NaOH と希塩酸 HCl の滴定では，フェノールフタレインとメチルオレンジのどちらの指示薬を使ってもよかったことは学習しましたね。

　炭酸ナトリウム Na$_2$CO$_3$ 水溶液と希塩酸 HCl の滴定では，次の@と⑥の弱酸遊離反応が二段階で起こっています。

@ 炭酸イオン CO$_3^{2-}$ が H$^+$ を受けとり炭酸水素イオン HCO$_3^-$ になる変化がまず起こります。

$$CO_3^{2-} + H^+ \longrightarrow HCO_3^-$$

　炭酸水素ナトリウム NaHCO$_3$ 水溶液は HCO$_3^-$ の加水分解で弱塩基性を示します（参照 p.146）。

$$HCO_3^- + H_2O \rightleftharpoons H_2CO_3 + \underline{OH^-}$$

反応の終点は，フェノールフタレインの変色域あたりの pH です。

ⓑ　ⓐの反応が事実上終了すると，ようやく $HCO_3^-$ が $H^+$ を受けとります。

$$HCO_3^- + H^+ \longrightarrow \underset{H_2CO_3}{CO_2 + H_2O}$$

このとき生じる炭酸 $H_2CO_3$ はほとんど $CO_2$ と $H_2O$ に分解します。反応の終点で水溶液は二酸化炭素水溶液ですから弱酸性を示します。メチルオレンジの変色域あたりの pH です。

　では，水酸化ナトリウム NaOH と炭酸ナトリウム $Na_2CO_3$ の混合溶液を，希塩酸 HCl で滴定した場合を考えましょう。滴定曲線は 2 つの滴定曲線を合成したような形になります。

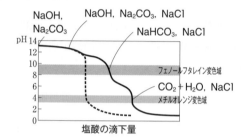

　ブレンステッド塩基としては，$OH^- > CO_3^{2-}$（ 参照p.139 ）なので，まず

$$OH^- + H^+ \longrightarrow H_2O$$

がはじまります。pH＝12 付近から

$$CO_3^{2-} + H^+ \longrightarrow HCO_3^-$$

もはじまります。

　$CO_3^{2-}$ がブレンステッド塩基としてやや強いために，$OH^-$ がすべて $H_2O$ になる前に，$CO_3^{2-}$ が $HCO_3^-$ に変化しはじめてしまうことに注意しましょう。フェノールフタレインの変色域あたりでは，次ページの①式と②式の両方が終了したと見なせます。

　さらに希塩酸を加えていくと，$HCO_3^-$ のみが反応していると見なせ，メチルオレンジの変色域あたりで③式の変化が終了します。

| フェノールフタレインの変色まで | NaOH + HCl ⟶ NaCl + H₂O　　　…① |
| --- | --- |
| | (OH⁻ + H⁺ ⟶ H₂O) |
| | Na₂CO₃ + HCl ⟶ NaHCO₃ + NaCl　　…② |
| | (CO₃²⁻ + H⁺ ⟶ HCO₃⁻) |
| メチルオレンジの変色まで | NaHCO₃ + HCl ⟶ CO₂ + H₂O + NaCl …③ |
| | (HCO₃⁻ + H⁺ ⟶ CO₂ + H₂O) |

すべて 1:1 で反応
していますね

　フェノールフタレインを加えて赤から無色に変わるまでが，①式と②式の反応を終わらせるのに必要な HCl の量です。さらにメチルオレンジを加えて黄色から赤色に変わるまでが，③式の反応を終わらせるのに必要な HCl の量というわけです。

## 入試突破 のための TIPS!! NaOH と Na₂CO₃ の混合物の定量

### NaOH $a$ 〔mol〕，Na₂CO₃ $b$ 〔mol〕の混合物なら，

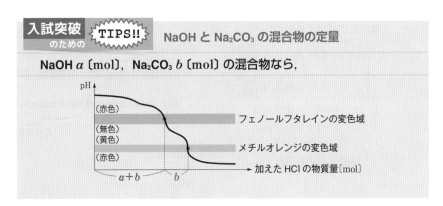

## 入試攻略 への 必須問題

　水酸化ナトリウムと炭酸ナトリウムの混合水溶液がある。この混合水溶液に含まれる水酸化ナトリウムと炭酸ナトリウムのモル濃度を，中和滴定により求めてみましょう。まず，混合水溶液 20.0 mL にフェノールフタレイン（変色域：pH 8.0〜9.8）を加え，0.10 mol/L の希塩酸で滴定したところ，終点までに 30.0 mL の希塩酸を要した。次に，この滴定後の水溶液にメチルオレンジ（変色域：pH 3.1〜4.4）を加え，同じ希塩酸で滴定を続けたところ，終点までにさらに 10.0 mL の希塩酸を要した。

最初の混合水溶液の水酸化ナトリウムおよび炭酸ナトリウムのモル濃度
を，それぞれ有効数字 2 桁で答えよ。

（東京大）

**解説**

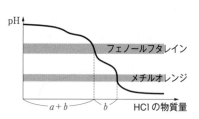

フェノール
フタレイン

メチルオレンジ

Na₂CO₃
NaOH

①②
HCl 水溶液

赤→無

③
HCl 水溶液

黄→赤

20.0 mL

0.10 mol/L
30.0 mL

0.10 mol/L
10.0 mL

　混合水溶液 20.0 mL に含まれる NaOH を $a$ 〔mol〕，$Na_2CO_3$ を $b$ 〔mol〕と
すると，

① $NaOH + HCl \longrightarrow NaCl + H_2O$
　　　　$a$　　　　$a$　　　　$a$　　　$a$

② $Na_2CO_3 + HCl \longrightarrow NaHCO_3 + NaCl$
　　　　$b$　　　　$b$　　　　　　$b$　　　　$b$

③ $NaHCO_3 + HCl \longrightarrow CO_2 + H_2O + NaCl$
　　　　$b$　　　　$b$　　　　　$b$　　$b$　　　$b$

と物質量が変化するので，

$$a + b = 0.10 \ mol/L \times \frac{30.0}{1000} \ L$$

$$b = 0.10 \ mol/L \times \frac{10.0}{1000} \ L$$

よって，$a = 2.0 \times 10^{-3} \ mol$

$b = 1.0 \times 10^{-3} \ mol$

pH

フェノールフタレイン

メチルオレンジ

$a + b$　　$b$　　HCl の物質量

$$NaOH \ のモル濃度〔mol/L〕 = \frac{2.0 \times 10^{-3} \ mol}{\frac{20.0}{1000} \ L} = 0.10 \ mol/L$$

$$Na_2CO_3 \ のモル濃度〔mol/L〕 = \frac{1.0 \times 10^{-3} \ mol}{\frac{20.0}{1000} \ L} = 0.050 \ mol/L$$

**答え**　$NaOH：0.10 \ mol/L$　　　$Na_2CO_3：0.050 \ mol/L$

**さらに演習！**　『鎌田の化学問題集 理論・無機・有機 改訂版』「第 3 章 基本的
な化学反応と物質量計算 06 酸塩基反応と物質量の計算」

# 19 酸化還元反応と物質量の計算

## STAGE 1 酸化と還元の定義

　中学理科で，酸素と結びつく反応を酸化，酸化物から酸素を失って単体にもどる反応を還元と学びましたね。

例　Cu の酸化反応　　　$2Cu + O_2 \longrightarrow 2CuO$
　　CuO の還元反応　　　$CuO + H_2 \longrightarrow Cu + H_2O$

　Cu の酸化反応は，次の 2 つの変化に分けることができます。

$$\begin{cases} (Cu \longrightarrow Cu^{2+} + 2e^-) \times 2 \\ O_2 + 4e^- \longrightarrow 2O^{2-} \end{cases}$$
$$2Cu + O_2 \longrightarrow 2CuO$$

　Cu は電子を失って $Cu^{2+}$，$O_2$ は電子を受けとって $O^{2-}$ に変化し，$Cu^{2+}$ と $O^{2-}$ が結びついているのですね。

　そこで，酸化と還元を次のように定義すると，より広い範囲の反応をとらえることができます。

> 物質が電子を失う変化を**酸化** (oxidation)
> 物質が電子を受けとる変化を**還元** (reduction)

　この定義では酸化と還元は必ずセットで進みます。先の反応では，Cu は酸化されて $Cu^{2+}$ に，$O_2$ は還元されて $O^{2-}$ になっていましたから，"Cu 原子 2 個から電子が 4 個出て，これを $O_2$ 1 個が受けとった"と判断できます。このように電子が移動して進む反応を**酸化還元反応** (redox reaction) といいます。

　酸化還元反応では，**相手を酸化し電子を奪う物質**を**酸化剤** (oxidant)，**相手を還元し電子を与える物質**を**還元剤** (reductant) とよび，還元剤から酸化剤へと電子が移動します。

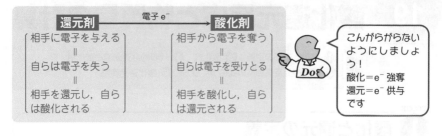

## 2 酸化数

　酸化還元反応は化学反応式だけ見ても，どこからどこに電子が移動しているか，パッとはわかりません。そこで**酸化数**という指標を導入します。酸化数とは物質を構成している1個の原子の酸化の程度を表した数字です。原則として次のように求めます。

**酸化数を決めるときの原則**

　二原子間の結合の電子対を，電気陰性度の大きい方の原子に完全に割り当てて，各原子の電荷を求める。

例　$H_2O$ の H と O の酸化数を求める

① 電子式を書く

② 電気陰性度の大きい方の原子に共有電子対を完全に割り当てて，境界線を引く

> 電気陰性度は O>H なので，赤線が境界線となります

③ ②で引いた境界線でバラバラにして，電荷を調べる

> H は電子を1個とられて $H^+$
> O は2個電子を余分にもらって $O^{2-}$

④ 残った電荷が酸化数である

> $H_2O$ を仮想的に $H^+$ 2個と $O^{2-}$ 1個の集合体と考えているのです

| H の酸化数 | O の酸化数 |
|---|---|
| +1 | -2 |

次の(1)～(3)の下線を引いた原子の酸化数を求めよ。

(1)　$H_2\underline{O}_2$（過酸化水素）　　(2)　$CH_3\underline{C}H_2OH$（エタノール）

(3)　$Na\underline{H}$（水素化ナトリウム）

**解説** (1)　同じ元素の原子間の共有電子対は，均等に1個ずつ電子を割り当てます。

$$H-O-O-H \xrightarrow{\text{電子式}} H\!:\!\overset{\cdots}{\underset{\cdots}{O}}\!:\!\overset{\cdots}{\underset{\cdots}{O}}\!:\!H \longrightarrow H^+ \; :\!\overset{\cdots}{\underset{\cdots}{O}}\!:^- \quad \cdot\overset{\cdots}{\underset{\cdots}{O}}\!:^- \; H^+$$

(2)　電気陰性度は O(3.4)＞C(2.6)＞H(2.2) です。　Oの酸化数＝−1

$$H-\overset{H}{\underset{H}{C}}-\overset{H}{\underset{H}{C}}-O-H \xrightarrow{\text{電子式}} H\!:\!\overset{\cdots}{\underset{\cdots}{C}}\!:\!\overset{\cdots}{\underset{\cdots}{C}}\!:\!\overset{\cdots}{\underset{\cdots}{O}}\!:\!H \longrightarrow H^+ \left[:\!\overset{\cdots}{\underset{\cdots}{C}}\!:\right]^{3-}_{H^+} \cdot\overset{H^+}{\underset{H^+}{C}} \left[:\!\overset{\cdots}{\underset{\cdots}{O}}\!:\right]^{2-} H^+$$

> ～～は左側のCと酸化数が異なります。こちらは，
> H2つから$e^-$を2個もらい，Oに自分の$e^-$を1個
> とられて，トータルで1個余分に$e^-$をもっていま
> す。よって酸化数は −1 です

(3)　電気陰性度は H(2.2)＞Na(0.9) です。金属の原子と非金属の原子から
なるイオン結合でできた化合物で，$Na^+$ と $H^-$ が静電気的な引力で集まって
います。NaH や NaCl のように単原子イオンのイオン結合でできた物質で
は，酸化数とイオンの価数は同じなので，H の酸化数は −1 です。

**答え**　(1)　−1　　(2)　−1　　(3)　−1

　ただし，この方法で酸化数を決めようとすると，電子式をイチイチ書かない
といけないので面倒です。そこで，次のルールのもとで一次方程式から求めま
しょう。

**ルール**

| | 一般的な酸化数 | 例外 |
|---|---|---|
| 単体 | 0 | |
| 化合物 | 1族＝＋1<br>2族＝＋2<br>アルミニウム＝＋3 | 水素化ナトリウム NaH のような金属の水素化合物では水素の酸化数は −1 とする。 |
| | 酸素＝−2 | 過酸化水素 $H_2O_2$ の酸素の酸化数は −1 とする。 |

[一次方程式を立てるときの等号のポイント]

**構成原子の酸化数の和＝全体の電荷**

次の(1)〜(5)の下線を引いた原子の酸化数を求めよ。

(1) H$\underline{N}$O$_3$　(2) KM$\underline{n}$O$_4$　(3) K$_2$C$\underline{r}_2$O$_7$　(4) H$_2$S$\underline{O}_4$　(5) K$_4$[$\underline{Fe}$(CN)$_6$]

**解説**　下線を引いた原子の酸化数を $x$ とおく。

(1) H$\underline{N}$O$_3$ ： $\underset{H^+}{(+1)} + \underset{N^{x+}}{x} + \underset{O^{2-}}{(-2)} \times 3 = 0$

HNO$_3$ 分子全体では電荷は 0

よって，$x = +5$

(2) KM$\underline{n}$O$_4$ ： $\underset{K^+}{(+1)} + \underset{Mn^{x+}}{x} + \underset{O^{2-}}{(-2)} \times 4 = 0$

よって，$x = +7$

(3) K$_2$C$\underline{r}_2$O$_7$ ： $\underset{K^+}{(+1)} \times 2 + \underset{Cr^{x+}}{x} \times ② + \underset{O^{2-}}{(-2)} \times 7 = 0$

$2 + 2x - 14 = 0$　　よって，$x = +6$

(4) H$_2$S$\underline{O}_4$ ： $\underset{H^+}{(+1)} \times 2 + \underset{S^{x+}}{x} + \underset{O^{2-}}{(-2)} \times 4 = 0$

よって，$x = +6$

(5) K$^+$ と [Fe(CN)$_6$]$^{4-}$ のイオン結合でできた化合物です。

[Fe(CN)$_6$]$^{4-}$ は，鉄イオンに 6 個の<u>シアン化物イオン CN$^-$</u> が配位結合してできた錯イオンとよばれる複合的なイオンで，このような塩を錯塩といいます。このように酸化数を問われることが多いので，シアン化物イオンが<u>1 価の陰イオン</u>であることを覚えておいてください。

K$_4$[$\underline{Fe}$(CN)$_6$] ： $\underset{K^+}{(+1)} \times 4 + \underset{Fe^{x+}}{x} + \underset{CN^-}{(-1)} \times 6 = 0$

よって，$x = +2$

**答え**　(1) +5　(2) +7　(3) +6　(4) +6　(5) +2

**1** 構造式を書く
または電子式
→ 共有電子対を電気陰性度の大きな原子に完全に割り当てて電荷を求める

**2** 次の酸化数を用いて，一次方程式を立てて求める

| | 酸 化 数 | |
|---|---|---|
| 単体では | 0 | |
| 化合物では | H | +1 （ただし，NaH，CaH₂ では −1）<br>金属の水素化合物 |
| | O | −2 （ただし，H₂O₂ では −1） |
| | 単原子イオン<br>(1 族)⁺，(2 族)²⁺，Al³⁺ | そのままのイオン価数に等しい |

---

**STAGE**

**3** 代表的な還元剤と酸化剤

高校化学でよく登場する代表的な還元剤と酸化剤を紹介しましょう。

電子 e⁻

| | 還元剤 | 酸化剤 | どちらでも働きうる物質 |
|---|---|---|---|
| 単体 | M（金属単体）<br>H₂ | F₂, Cl₂, Br₂, I₂<br>ハロゲンの単体<br>O₂, O₃<br>オゾン | |
| 化合物<br>や<br>イオン | H₂S<br>硫化水素<br>I⁻<br>(COOH)₂<br>シュウ酸（H₂C₂O₄と書くこともある）<br>Fe²⁺, Sn²⁺ | KMnO₄<br>過マンガン酸カリウム<br>K₂Cr₂O₇<br>二クロム酸カリウム<br>MnO₂<br>酸化マンガン (IV)<br>HNO₃, 熱濃 H₂SO₄ | H₂O₂<br>過酸化水素<br>SO₂<br>二酸化硫黄<br>SO₃²⁻<br>亜硫酸イオン |

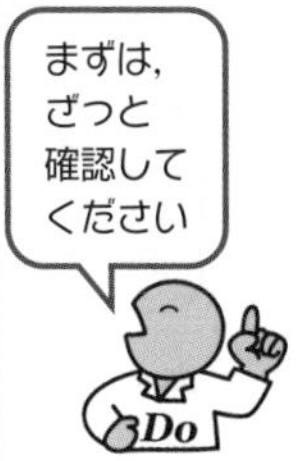

まずは，ざっと確認してください

**Do**

(1) **還元剤として働くグループ**

　<u>相手に電子を与えやすい物質</u>です。反応する相手や条件によって，何に変化するか変わりますが，とくに断りがなければ次のように変化します。

| M（金属単体）<br>＊強さの序列は p.213 の STAGE❸で | $M \longrightarrow M^{n+}$ ← 1族や Ag は1価の陽イオン，Al，Cr は3価の陽イオン，<br>それ以外は2価の陽イオンに変化することが多い |
|---|---|
| $H_2$（主に高温時や触媒下） | $H_2 \longrightarrow 2H^+$ |
| $I^-$（ヨウ化物イオン） | $2I^- \longrightarrow I_2$ |
| $Fe^{2+}$（鉄（Ⅱ）イオン） | $Fe^{2+} \longrightarrow Fe^{3+}$ ←Fe は3価まで変化できる |
| $Sn^{2+}$（スズ（Ⅱ）イオン） | $Sn^{2+} \longrightarrow Sn^{4+}$ ←Sn は4価まで変化できる |
| $H_2\underline{S}$（硫化水素）<br>（−2） | $\left.\begin{array}{l} H_2\underline{S} \\ _{(-2)} \\ \underline{S}^{2-} \\ _{(-2)} \end{array}\right\} \longrightarrow \underset{(0)}{\underline{S}}$ ← 単体の硫黄に変化する。いろいろな同素体があるので，組成式で表す |
| $(\underline{C}OOH)_2$<br>（+3）<br>（シュウ酸） | $\left.\begin{array}{l} (\underline{C}OOH)_2 \\ _{(+3)} \\ H_2\underline{C}_2O_4 \\ _{(+3)} \end{array}\right\} \longrightarrow \underset{(+4)}{2\underline{C}O_2}$ |
| $S_2O_3{}^{2-}$<br>（チオ硫酸イオン） | $2S_2O_3{}^{2-} \longrightarrow S_4O_6{}^{2-}$（テトラチオン酸イオン）<br>└── 2つの $S_2O_3{}^{2-}$ が $e^-$ を1つずつ放出して結合する |

硫酸イオン $SO_4{}^{2-}$ のOを1つ
Sに置き換えたイオンです
"チオ"という接頭語の意味

(2) **酸化剤として働くグループ**

　<u>相手から電子を奪う物質</u>です。こちらも反応する相手や条件で変化先が変わることがあります。

例えば濃硝酸が酸化剤で働くとき，二酸化窒素 $NO_2$ が発生するとしています。これは還元剤として，Cu，Hg，Ag を用いたときの話。もっと強い還元剤を用いると，変化先が異なります

　あくまで，"<u>とくに断りがなければ次のように変化するとしてよい</u>"という気持ちで記憶してください。

| $O_2$ (酸素) | $O_2 \longrightarrow 2O^{2-}$ ← ふつうは酸化数 −2 になる |
|---|---|
| $X_2$ (ハロゲン単体) | $X_2 \longrightarrow 2X^-$ ← $F_2 > Cl_2 > Br_2 > I_2$ の順で変化しやすい |
| $O_3$ (オゾン) | $\underline{O_3}_{(0)} \longrightarrow O_2 + \underline{H_2O}_{(-2)}$ ← 酸性溶液中では$O_3$の3つのO原子のうち 1つが$H_2O$になり，残りは$O_2$ |
| $\underline{K}\underline{MnO_4}_{(+7)}$ $\begin{pmatrix}過マンガン\\酸カリウム\end{pmatrix}$ | (酸性溶液で) $\underline{MnO_4}^-_{(+7)}$ (赤紫) $\longrightarrow \underline{Mn}^{2+}_{(+2)}$ (ほぼ無色) <br> $\begin{pmatrix}中～塩基性\\溶液で\end{pmatrix}$ $\underline{MnO_4}^-_{(+7)}$ (赤紫) $\longrightarrow \underline{MnO_2}_{(+4)}$ (黒) ← 液性によって 変化先がちがう |
| $\underline{MnO_2}_{(+4)}$ (酸化マンガン(Ⅳ)) | (酸性溶液で) $\underline{MnO_2}_{(+4)}$ (黒) $\longrightarrow \underline{Mn}^{2+}_{(+2)}$ (ほぼ無色) |
| $K_2\underline{Cr_2O_7}_{(+6)}$ $\begin{pmatrix}ニクロム\\酸カリウム\end{pmatrix}$ | (酸性溶液で) $\underline{Cr_2O_7}^{2-}_{(+6)}$ (橙赤) $\longrightarrow 2\underline{Cr}^{3+}_{(+3)}$ (緑) ← 共存する陰イオンに よって色は異なる |
| $\underline{HNO_3}_{(+5)}$ | (濃硝酸) $\underline{HNO_3}_{(+5)} \longrightarrow \underline{NO_2}_{(+4)}$ (赤褐) |
| | (希硝酸) $\underline{HNO_3}_{(+5)} \longrightarrow \underline{NO}_{(+2)}$ ← $HNO_3$は濃度のちがいによって 変化先がちがう |
| $H_2\underline{SO_4}_{(+6)}$ (熱濃硫酸) | $H_2\underline{SO_4}_{(+6)} \longrightarrow \underline{SO_2}_{(+4)}$ ← $H_2SO_4$は高濃度，かつ高温で分解しやすくな り，酸化剤として強くなる |

$\underline{Mn}O_4{}^-$，$\underline{Cr_2}O_7{}^{2-}$ $_{(+7)}$ $_{(+6)}$ といった高酸化数の原子（X とする）からなる $\underline{X}O_n{}^{m-}$ 型のイオンは，酸性条件下で酸化力が強くなります。

水素イオン濃度が高いときに，$O^{2-} + 2H^+ \longrightarrow H_2O$ という形で $XO_n{}^{m-}$ から $O^{2-}$ が引き抜かれて分解しやすくなるからです。

過マンガン酸イオン ぼくたちと水遊びしに行こうよ

$HNO_3$ の酸化力が強いのも同じ理由です。ただし，$H_2SO_4$ は安定な酸で，$_{(+5)}$ $_{(+6)}$ 濃度を高くして加熱することで分解しやすくなり，強い酸化力を示します。

### (3) どちらとしても働きうるグループ

### (i) $H_2O_2$

過酸化水素は，−O−O− 結合が切れやすいので不安定な物質です。非常に強い酸化剤として知られ，O の酸化数は −1 から安定酸化数である −2 に変化します。ただし，$MnO_4{}^-$，$Cr_2O_7{}^{2-}$，$HNO_3$ などの酸化剤に対しては還元剤として働いて，酸素分子 O=O に変化します。−O−O− よりは O=O の方が強い結合なのでマシというわけです。

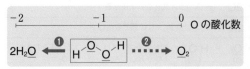

基本的には酸化剤として働き，❶のように変化します。$MnO_4^-$ などの酸化剤に対しては還元剤として働き，❷のように変化します

(ii) $SO_2$

S の酸化数が +4 の二酸化硫黄 $SO_2$ や亜硫酸イオン $SO_3^{2-}$ は，主として**水溶液中で還元剤として働いて**，S の酸化数が +6 で水中で安定な硫酸イオン $SO_4^{2-}$ に変化します。ただし，S の酸化数が -2 の硫化水素 $H_2S$ などに対しては**酸化剤として働いて**，ともに S–S 結合でつながって，硫黄の単体が生じます。

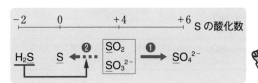

基本的には還元剤として働き，❶のように変化します。$H_2S$ に対しては酸化剤として働き，❷のように変化します

1つの酸化還元反応を，酸化反応と還元反応の2つの半反応の和として取り
　　　　　　　　　電子を失う反応　電子を得る反応
扱うことで，化学反応式をつくります。

(1) **まず半反応式をつくる**

濃硝酸 $HNO_3$ が銅 Cu や銀 Ag などに対して酸化剤として働くと，二酸化窒
　　　　　（+5）
素 $NO_2$ が発生します。このときの半反応式をつくってみましょう。代表的な
　（+4）
方法を2つ紹介します。

| 方法1 | 方法2 |
|---|---|
| ❶ $\underset{(+5)}{H N O_3} \longrightarrow \underset{(+4)}{N O_2}$ | ❶ $HNO_3 \longrightarrow NO_2$ |
| ❷ $HNO_3 + e^- \longrightarrow NO_2$ | ❷ $HNO_3 \longrightarrow NO_2 + H_2O$ |
| ❸ $HNO_3 + e^- + H^+ \longrightarrow NO_2$ | ❸ $HNO_3 + H^+ \longrightarrow NO_2 + H_2O$ |
| ❹ $HNO_3 + e^- + H^+ \longrightarrow NO_2 + H_2O$ | ❹ $HNO_3 + H^+ + e^- \longrightarrow NO_2 + H_2O$ |
| ❶ $NO_2$ に変化することは覚えておく<br>参照 p.163, 165 | ❶ $NO_2$ に変化することは覚えておく<br>参照 p.163, 165 |
| ❷ N の酸化数の変化より $e^-$ の出入りを書く | ❷ 酸化数 $-2$ の O の数を $H_2O$ で合わせる |
| ❸ 両辺の総電荷量を $H^+$ で合わせる | ❸ 酸化数 $+1$ の H の数を $H^+$ で合わせる |
| ❹ 原子数を $H_2O$ で合わせる | ❹ 両辺の総電荷量を $e^-$ で合わせる |

銅 Cu と濃硝酸 $HNO_3$ が反応する場合は，還元剤である銅 Cu の半反応式も書きます。銅（II）イオンに変化することは覚えておく必要があります。

$$\underset{(0)}{Cu} \longrightarrow \underset{(+2)}{Cu^{2+}} + 2e^-$$

(2) **全体の反応式をつくる**

<u>還元剤が出した電子 $e^-$ の数と酸化剤が受けとった電子 $e^-$ の数は等しい</u>ので，電子 $e^-$ の係数が同じになるように半反応式を何倍かした後，和をとって電子 $e^-$ を消すと，全体の反応式の完成です。

❺ ┌ 酸化剤：$HNO_3 + e^- + H^+ \longrightarrow NO_2 + H_2O$ …ⓐ
　└ 還元剤：$Cu \longrightarrow Cu^{2+} + 2e^-$ …ⓑ

❻ ⓐ式×2＋ⓑ式で $e^-$ を消す

**全体の反応式** $Cu + 2HNO_3 + 2H^+ \longrightarrow 2NO_2 + Cu^{2+} + 2H_2O$

### (3) イオンを含まない化学反応式にする

化学反応式で，強電解質も電離前の化学式で書きたいときは，反応には関係ないペアのイオン（この場合，左辺の $H^+$ は $HNO_3$ の電離によるものなので $NO_3^-$ がペアのイオン）を両辺に加えて整えます。

❼ 両辺に $H^+$ のペアである $NO_3^-$ を 2 個ずつ加えて整理する

$$Cu + 2HNO_3 + \underbrace{2H^+ + 2NO_3^-}_{2HNO_3} \longrightarrow 2NO_2 + \underbrace{Cu^{2+} + 2NO_3^-}_{Cu(NO_3)_2} + 2H_2O$$

**化学反応式** $Cu + 4HNO_3 \longrightarrow 2NO_2 + Cu(NO_3)_2 + 2H_2O$

これで化学反応式が完成です。

### 入試突破 のための TIPS!!

酸化剤と還元剤の半反応式を書き，電子 $e^-$ の係数が同じになるようにそれぞれ何倍かずつして足し合わせる。

### 入試攻略 への 必須問題

次の(1)〜(17)の酸化剤と還元剤の半反応式を完成させよ。

| 酸化剤 | 還元剤 |
|---|---|
| (1) $HNO_3 \longrightarrow NO$ （希硝酸中） | (11) $Fe \longrightarrow Fe^{2+}$ |
| (2) $HNO_3 \longrightarrow NO_2$ （濃硝酸） | (12) $Sn^{2+} \longrightarrow Sn^{4+}$ |
| (3) $H_2SO_4 \longrightarrow SO_2$ （熱濃硫酸） | (13) $H_2S \longrightarrow S$ |
| (4) $O_3 \longrightarrow O_2 + H_2O$ （酸性下） | (14) $H_2O_2 \longrightarrow O_2$ |
| (5) $H_2O_2 \longrightarrow 2H_2O$ （酸性下） | (15) $(COOH)_2 \longrightarrow 2CO_2$ |
| (6) $Cl_2 \longrightarrow 2Cl^-$ | (16) $2S_2O_3^{2-} \longrightarrow S_4O_6^{2-}$ |
| (7) $Cr_2O_7^{2-} \longrightarrow 2Cr^{3+}$ （酸性下） | (17) $SO_2 \longrightarrow SO_4^{2-}$ （水溶液中） |
| (8) $MnO_4^- \longrightarrow Mn^{2+}$ （酸性下） | |
| (9) $MnO_2 \longrightarrow Mn^{2+}$ （酸性下） | |
| (10) $SO_2 \longrightarrow S$ （酸性下） | |

**答え**

(1) （希）$HNO_3 + 3e^- + 3H^+ \longrightarrow NO + 2H_2O$

(2) （濃）$HNO_3 + e^- + H^+ \longrightarrow NO_2 + H_2O$

(3) （熱濃）$H_2SO_4 + 2e^- + 2H^+ \longrightarrow SO_2 + 2H_2O$

(4) $O_3 + 2e^- + 2H^+ \longrightarrow O_2 + H_2O$

(5) $H_2O_2 + 2e^- + 2H^+ \longrightarrow 2H_2O$

(6) $Cl_2 + 2e^- \longrightarrow 2Cl^-$

(7) $Cr_2O_7^{2-} + 6e^- + 14H^+ \longrightarrow 2Cr^{3+} + 7H_2O$

(8) $MnO_4^- + 5e^- + 8H^+ \longrightarrow Mn^{2+} + 4H_2O$

(9) $MnO_2 + 2e^- + 4H^+ \longrightarrow Mn^{2+} + 2H_2O$

(10) $SO_2 + 4H^+ + 4e^- \longrightarrow S + 2H_2O$

(11) $Fe \longrightarrow Fe^{2+} + 2e^-$

(12) $Sn^{2+} \longrightarrow Sn^{4+} + 2e^-$

(13) $H_2S \longrightarrow 2H^+ + S + 2e^-$

(14) $H_2O_2 \longrightarrow O_2 + 2e^- + 2H^+$

(15) $(COOH)_2 \longrightarrow 2CO_2 + 2e^- + 2H^+$

(16) $2S_2O_3^{2-} \longrightarrow S_4O_6^{2-} + 2e^-$

(17) $SO_2 + 2H_2O \longrightarrow SO_4^{2-} + 2e^- + 4H^+$

---

## 入試攻略 への 必須問題

次の化学反応式を記せ。

(1) 銀に希硝酸を加える。

(2) ヨウ化カリウム水溶液に過酸化水素水を加える。

(3) 硫化水素の水溶液に二酸化硫黄を通じる。

---

**解説**

(1) 　　（還元剤：$Ag \longrightarrow Ag^+ + e^-$）×3

　　+) 酸化剤：$NO_3^- + 3e^- + 4H^+ \longrightarrow NO + 2H_2O$

　　　　$3Ag + NO_3^- + 4H^+ \longrightarrow 3Ag^+ + NO + 2H_2O$

　　$H^+$ は $HNO_3$ の電離によるものなので，両辺に 3 つ $NO_3^-$ を加えて，
$\underline{H^+, NO_3^-}$ を $HNO_3$，$\underline{Ag^+, NO_3^-}$ を $AgNO_3$ とします。

　　$3Ag + \underline{NO_3^- + 4H^+ + 3NO_3^-} \longrightarrow \underline{3Ag^+ + 3NO_3^-} + NO + 2H_2O$
　　　　　　　　　　　$4HNO_3$　　　　　　　　$3AgNO_3$

(2) 　　　　還元剤：$2I^- \longrightarrow I_2 + 2e^-$

　　+) 酸化剤：$H_2O_2 + 2e^- + 2H^+ \longrightarrow 2H_2O$

　　　　　$2I^- + H_2O_2 + 2H^+ \longrightarrow I_2 + 2H_2O$

$I^-$ は KI, $H^+$ は $H_2O$ の電離によるものなので, 両辺に 2 つの $K^+$ と 2 つの $OH^-$ を加えて, $\underline{K^+,\ I^-}$ を KI, $\underline{H^+,\ OH^-}$ を $H_2O$ とします。

$$\underset{2KI}{\underline{2K^+ + 2I^-}} + H_2O_2 + \underset{2H_2O}{\underline{2H^+ + 2OH^-}} \longrightarrow I_2 + 2H_2O + 2K^+ + 2OH^-$$

$H_2O$ が両辺に存在するので, これを消去し, 残った $\underline{K^+,\ OH^-}$ は KOH とします。

$$2KI + H_2O_2 + 2\cancel{H_2O} \longrightarrow I_2 + 2\cancel{H_2O} + \underset{2KOH}{\underline{2K^+ + 2OH^-}}$$

(3)
$$\begin{array}{l} \quad (還元剤:H_2S \longrightarrow S + 2H^+ + 2e^-)\times 2 \\ +)\ \ 酸化剤:SO_2 + 4e^- + 4H^+ \longrightarrow S + 2H_2O \\ \hline \quad 2H_2S + SO_2 + 4H^+ \longrightarrow 3S + 4H^+ + 2H_2O \end{array}$$

両辺に存在する $H^+$ を消去します。

**答え**
(1) $3Ag + 4HNO_3 \longrightarrow 3AgNO_3 + NO + 2H_2O$
(2) $2KI + H_2O_2 \longrightarrow I_2 + 2KOH$
(3) $2H_2S + SO_2 \longrightarrow 3S + 2H_2O$

---

**入試攻略** への **必須問題**

0.10 mol/L の硫酸鉄(Ⅱ)水溶液 10 mL に純水 10 mL と 3.0 mol/L の硫酸 10 mL を加えた。ここに, 0.10 mol/L のニクロム酸カリウム水溶液を加えるとする。鉄(Ⅱ)イオンを完全に酸化するには最低何 mL 必要か。有効数字 2 桁で求めよ。

- - - - - - - - - - - - - - - - - - - - - - - - - - - - - - - - - - - - - - - - -

**解説** まずは, イオン反応式をつくりましょう。

$$\begin{array}{ll} 還元剤 & :(Fe^{2+} \longrightarrow Fe^{3+} + e^- \qquad\qquad\qquad\quad )\times 6 \\ 酸化剤 & :(Cr_2O_7{}^{2-} + 6e^- + 14H^+ \longrightarrow 2Cr^{3+} + 7H_2O\ )\times 1 \\ \hline イオン反応式: & 6Fe^{2+} + Cr_2O_7{}^{2-} + 14H^+ \longrightarrow 6Fe^{3+} + 2Cr^{3+} + 7H_2O \end{array}$$

**参考** 両辺に $SO_4{}^{2-}$ を 13 個, $K^+$ を 2 個加えて整理して,

$$\underset{}{\underline{6Fe^{2+} + 6SO_4{}^{2-}}} + \underline{2K^+} + Cr_2O_7{}^{2-} + \underline{14H^+ + 7SO_4{}^{2-}}$$

$$\longrightarrow \underline{6Fe^{3+} + 9SO_4{}^{2-}} + \underline{2Cr^{3+} + 3SO_4{}^{2-}} + 7H_2O + \underline{2K^+ + SO_4{}^{2-}}$$

$$\Downarrow$$

$$6FeSO_4 + K_2Cr_2O_7 + 7H_2SO_4$$
$$\qquad\qquad \longrightarrow 3Fe_2(SO_4)_3 + Cr_2(SO_4)_3 + 7H_2O + K_2SO_4$$

とし, 化学反応式が完成します。

はじめに用意した $Fe^{2+}$ と $H^+$ の物質量は，

$$\begin{cases} n_{Fe^{2+}} = n_{FeSO_4} = 0.10 \text{ mol/L} \times \dfrac{10}{1000} \text{ L} = 1.0 \times 10^{-3} \text{ mol} \\ n_{H^+} = n_{H_2SO_4} \times ② = 3.0 \text{ mol/L} \times \dfrac{10}{1000} \text{ L} \times 2 = 6.0 \times 10^{-2} \text{ mol} \end{cases}$$

$H_2SO_4$ 1 mol から $H^+$ が 2 mol 生じる

> **注** 過不足なく反応するときは，$n_{Fe^{2+}}$ の $\dfrac{14}{6}$ 倍すなわち $\dfrac{14}{6} \times 10^{-3}$ mol の $H^+$ が消費されますが，今回 $H^+$ は $6.0 \times 10^{-2}$ mol あるので，$H^+$ は反応途中でなくなりません。なくなったら実験失敗です…

$Fe^{2+}$ 6 mol に対し，$Cr_2O_7{}^{2-}$ は 1 mol 必要なので，求める量を $V$〔mL〕とすると，

$$\underbrace{1.0 \times 10^{-3}}_{\text{mol (Fe}^{2+})} \times \frac{1 \text{ mol } (Cr_2O_7{}^{2-})}{6 \text{ mol } (Fe^{2+})} = 0.10 \text{ mol/L} \times \underbrace{\frac{V}{1000}}_{} \text{ L}$$

mol $(K_2Cr_2O_7)$ = mol $(Cr_2O_7{}^{2-})$

よって，$V = 1.66\overset{7}{\cdots}$ mL

> **別解** イオン反応式を書かず，半反応式だけで処理するなら，過不足なく反応した場合は還元剤の出した $e^-$ の物質量と酸化剤の受けとった $e^-$ の物質量が等しいことから等式をつくります。
>
> $$\begin{cases} \text{還元剤：} 1Fe^{2+} \longrightarrow Fe^{3+} + 1e^- \\ \text{酸化剤：} 1Cr_2O_7{}^{2-} + 6e^- + 14H^+ \longrightarrow 2Cr^{3+} + 7H_2O \end{cases}$$
>
> $$\underbrace{1.0 \times 10^{-3}}_{\text{mol (Fe}^{2+})} \times \underbrace{\frac{1 \text{ mol } (e^-)}{1 \text{ mol } (Fe^{2+})}}_{\oplus \text{ mol } (e^-)} = \underbrace{0.10 \times \frac{V}{1000}}_{\text{mol }(Cr_2O_7{}^{2-})} \times \underbrace{\frac{6 \text{ mol } (e^-)}{1 \text{ mol } (Cr_2O_7{}^{2-})}}_{\text{図 mol } (e^-)}$$
>
> よって，$V = 1.66\overset{7}{\cdots}$ mL

**答え** 1.7 mL

---

**入試突破のための** **TIPS!!** 酸化剤と還元剤が過不足なく反応する場合

（酸化剤の受けとった電子の物質量） ＝ （還元剤の出した電子の物質量）

である。

## ⑴ 過マンガン酸カリウム滴定

　強い酸化剤である過マンガン酸カリウム $KMnO_4$ を滴定剤として用い，還元剤の濃度を求めることができます。

　$MnO_4^-$ は濃い赤紫色のイオンであり，pH2 以下の強酸性下では，還元剤と反応して，ほぼ無色の $Mn^{2+}$ に変化します。

$$MnO_4^- + 5e^- + 8H^+ \longrightarrow Mn^{2+} + 4H_2O$$
（赤紫色）　　　　　　　　　　　　　　（ほぼ無色）

　今回，中和滴定のときのような指示薬は不要です。滴下した $KMnO_4$ 溶液の赤紫色が消えなくなった点を滴定の終点とします。

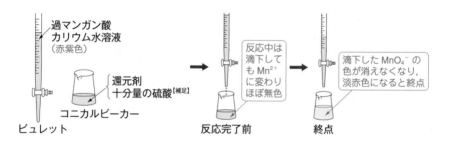

過マンガン酸
カリウム水溶液
（赤紫色）

還元剤
十分量の硫酸[補足]

コニカルビーカー

ビュレット

反応中は滴下しても $Mn^{2+}$ に変わりほぼ無色

反応完了前

滴下した $MnO_4^-$ の色が消えなくなり，淡赤色になると終点

終点

---

**補足**　コニカルビーカー内の溶液は硫酸を十分に入れることで強酸性にします。これを硫酸酸性溶液といいます。硫酸の代わりに塩酸や硝酸を用いると滴定がうまくいきません。
　塩酸を用いると $Cl^-$ が $MnO_4^-$ によって酸化され，滴定値が実際の値より高くなってしまいます。
　硝酸を用いると，滴定対象の還元剤が酸化され，滴定値が実際の値より低くなってしまいます。

市販の過酸化水素水（オキシドール）の濃度を求めるため，次の実験を行った。解答の数値は有効数字 2 桁で求めよ。

**[実験 1]** $5.0 \times 10^{-2}$ mol/L のシュウ酸標準溶液 10 mL をコニカルビーカーにとり，希硫酸を十分に加えた。この溶液を約 70℃ に温めた後，正確な濃度のわからない過マンガン酸カリウム水溶液をビュレットから滴下すると，9.8 mL 滴下したところで赤紫色が消えなくなった。

**[実験 2]** オキシドール 1.00 mL をコニカルビーカーにとり，**[実験 1]** と同様に希硫酸を加えた後，**[実験 1]** で用いた過マンガン酸カリウム水溶液を滴下すると，17.3 mL 滴下したところで，赤紫色が消えなくなった。

**問 1** 過マンガン酸カリウム水溶液のモル濃度〔mol/L〕を求めよ。

**問 2** オキシドール中の過酸化水素のモル濃度〔mol/L〕を求めよ。

(神戸大)

---

**解説** **問 1** **[実験 1]** では，シュウ酸 $(COOH)_2$ 標準溶液を用いて過マンガン酸カリウム $KMnO_4$ 水溶液の濃度を求めています。約 70℃ に温めているのは反応の速度を上げるためです。

還元剤：$((COOH)_2 \longrightarrow 2CO_2 + 2e^- + 2H^+$ $) \times 5$

酸化剤：$(MnO_4^- + 5e^- + 8H^+ \longrightarrow Mn^{2+} + 4H_2O$ $) \times 2$

全　体：$\underbrace{5}(COOH)_2 + \underbrace{2}MnO_4^- + 6H^+ \longrightarrow 10CO_2 + 2Mn^{2+} + 8H_2O$

$KMnO_4$ のモル濃度を $x$〔mol/L〕とすると，

$$5.0 \times 10^{-2} \times \underbrace{\frac{10}{1000}}_{mol ((COOH)_2)} \times \underbrace{\frac{2}{5} \frac{mol (MnO_4^-)}{mol ((COOH)_2)}} = x \times \underbrace{\frac{9.8}{1000}}_{mol (KMnO_4) = mol (MnO_4^-)}$$

よって，$x = 2.04 \times 10^{-2}$ mol/L

> **注** 還元剤の出した $e^-$ の数＝酸化剤の受けとった $e^-$ の数　なので，次のように立式することもできます。
>
> $$5.0 \times 10^{-2} \times \underbrace{\frac{10}{1000}}_{mol ((COOH)_2)} \times \underset{\oplus mol (e^-)}{2} = x \times \underbrace{\frac{9.8}{1000}}_{mol (KMnO_4)} \times \underset{\circledast mol (e^-)}{5}$$
>
> よって，$x = 2.04 \times 10^{-2}$ mol/L

**問2** 過酸化水素 $H_2O_2$ は過マンガン酸カリウム $KMnO_4$ に対しては還元剤として働きます。

還元剤：$(H_2O_2 \longrightarrow O_2 + 2H^+ + 2e^-$ $)\times 5$

酸化剤：$(MnO_4^- + 5e^- + 8H^+ \longrightarrow Mn^{2+} + 4H_2O)\times 2$

全　体：$⑤H_2O_2 + ②MnO_4^- + 6H^+ \longrightarrow 5O_2 + 2Mn^{2+} + 8H_2O$

過酸化水素 $H_2O_2$ のモル濃度を $y$〔mol/L〕とすると，

$$y \times \underbrace{\frac{1.0}{1000}}_{\text{mol}(H_2O_2)} \times \underbrace{\frac{②}{⑤}}_{}\frac{\text{mol}(MnO_4^-)}{\text{mol}(H_2O_2)} = 2.04 \times 10^{-2} \times \underbrace{\frac{17.3}{1000}}_{\text{mol}(KMnO_4)=\text{mol}(MnO_4^-)}$$

よって，$y \fallingdotseq 8.82 \times 10^{-1}$ mol/L

[ **注**　もちろん**問1**の**注**と同じように立式しても結果は同じです。 ]

答え　**問1**　$2.0 \times 10^{-2}$ mol/L　　**問2**　$8.8 \times 10^{-1}$ mol/L

---

(2) **ヨウ素滴定**　参照　別冊 p.15

**方法1**　ヨウ素 $I_2$ が $H_2S$ のような還元剤に対し，酸化剤として働くことを利用します。

$I_2 + 2e^- \longrightarrow 2I^-$

十分量の $I_2$ を用意して還元剤と反応させ，未反応の $I_2$ の量を調べます。

**方法2**　ヨウ化物イオン $I^-$ が $KMnO_4$ のような酸化剤に対し，還元剤として働くことを利用します。

$2I^- \longrightarrow I_2 + 2e^-$

十分量の $I^-$ を用意して酸化剤と反応させ，生成した $I_2$ の量を調べます。

$I_2$ の量を滴定で求めるために，<u>チオ硫酸ナトリウム $Na_2S_2O_3$ 水溶液を還元剤</u>としてよく用います。$S_2O_3^{2-}$ は常温で空気酸化を受けにくく，$I_2$ と速やかに反応するからです。

$I_2 + 2Na_2S_2O_3 \longrightarrow 2NaI + Na_2S_4O_6$

また，この滴定では<u>指示薬にデンプン</u>を用います。

デンプンはグルコースが多数つながった高分子化合物で，らせん構造をしています。このらせん構造にヨウ素分子が入り込んでヨウ素デンプン複合体を形成すると，青（紫）色に呈色します。これを**ヨウ素デンプン反応**といいます。

色を帯びること

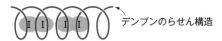

デンプンのらせん構造

　この反応は $I_2$ の濃度が $10^{-5}$ mol/L 程度でも，青（紫）色に呈色する，鋭敏な反応です。溶液が青色から無色に変わると，ほぼ $I_2$ がなくなったと判断できるので，この滴定の終点とします。

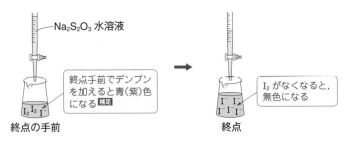

$Na_2S_2O_3$ 水溶液

終点手前でデンプンを加えると青（紫）色になる 補足

$I_2$ がなくなると，無色になる

終点の手前　　　　　　　　　　　　　　終点

**補足**　デンプンは滴定の終点直前に加えます。最初からデンプンを入れると，ヨウ素濃度が高いので，デンプンが分解する可能性があります。またヨウ素デンプン複合体は $Na_2S_2O_3$ による還元速度が遅いため，終点が判断しにくくなってしまいます。

## 入試攻略 への 必須問題

〔Ⅰ〕　ヨウ化カリウムを十分含む水溶液に，塩素を完全に吸収させた。反応後の水溶液を，デンプンを指示薬として 0.10 mol/L チオ硫酸ナトリウム $Na_2S_2O_3$ 水溶液で滴定したところ 20.0 mL を要した。塩素の物質量を有効数字 2 桁で答えよ。なお，この滴定では次式の反応が起こった。

$$I_2 + 2Na_2S_2O_3 \longrightarrow Na_2S_4O_6 + 2NaI$$

〔Ⅱ〕　$H_2S$ $x$〔mol〕を，$I_2$ $y$〔mol〕を溶かしたヨウ化カリウム水溶液に完全に吸収させた。この水溶液を〔Ⅰ〕と同じようにチオ硫酸ナトリウム $Na_2S_2O_3$ 水溶液で滴定した。滴定に必要な $Na_2S_2O_3$ の物質量を $x$ と $y$ で表せ。なお $y$ は $x$ より十分に大きいものとする。

**解説** 〔Ⅰ〕 酸化剤の定量

還元剤：$2I^- \longrightarrow I_2 + 2e^-$

酸化剤：$Cl_2 + 2e^- \longrightarrow 2Cl^-$

全　体：$2I^- + Cl_2 \longrightarrow I_2 + 2Cl^-$ …①

　ここで生じた $I_2$ を $Na_2S_2O_3$ と反応させています。

$$I_2 + 2Na_2S_2O_3$$
$$\longrightarrow Na_2S_4O_6 + 2NaI \cdots ②$$

物質量の関係を数直線で表すと次のようになります。

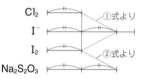

$Cl_2$ 1 mol に対し，最終的に 2 mol の $Na_2S_2O_3$ が必要ですね。

$$0.10 \times \underbrace{\frac{20.0}{1000} \times \frac{1\,\text{mol}\,(I_2)}{2\,\text{mol}\,(Na_2S_2O_3)}}_{\text{mol}\,(Na_2S_2O_3)}$$

$$= 1.0 \times 10^{-3}\,\text{mol}$$

〔Ⅱ〕 還元剤の定量

還元剤：$H_2S \longrightarrow S + 2H^+ + 2e^-$

酸化剤：$I_2 + 2e^- \longrightarrow 2I^-$

全　体：$H_2S + I_2 \longrightarrow S + 2H^+ + 2I^-$

…③

　反応後に残った $I_2$ を $Na_2S_2O_3$ と反応させます。

$$I_2 + 2Na_2S_2O_3$$
$$\longrightarrow Na_2S_4O_6 + 2NaI \cdots ④$$

物質量の関係は次のようになります。

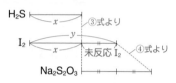

$H_2S$ を吸収させた後に残る $I_2$ の物質量の②倍の $Na_2S_2O_3$ が必要なので，必要な $Na_2S_2O_3$ の物質量は，

$$(y - x) \times ②$$

となります。

**答え** 〔Ⅰ〕 $1.0 \times 10^{-3}\,\text{mol}$ 　〔Ⅱ〕 $2(y - x)$

---

**さらに演習！** 『鎌田の化学問題集 理論・無機・有機 改訂版』「第3章 基本的な化学反応と物質量計算 07 酸化還元反応と物質量の計算」

# 第4章

## 化学反応と エネルギー

# 化学反応とエンタルピー変化

学習
項目
❶ 熱とは　❷ エンタルピー変化と反応で出入りする熱　❸ 反応エンタルピー
❹ 状態変化とエンタルピー変化　❺ 結合エネルギーとエンタルピー変化
❻ 熱量の測定によって反応エンタルピーを求める　❼ ヘスの法則

エネルギーとは，**仕事をする能力**です。物体を動かすときに，動かす方向と逆らう向きに力が働いていても，エネルギーがあれば，一定の距離だけ動かすことができます。

一般にエネルギーや仕事の単位には，〔 J 〕を用います。〔J〕という単位は，力の大きさ〔 N 〕×動かした距離〔m〕，すなわち〔N・m〕に相当します。

エネルギーには，動きに伴う**運動エネルギー**と，放出されずに蓄えられている**位置エネルギー**（ポテンシャルエネルギー）があります。これらを踏まえたうえで，本編の説明に入りましょう。

STAGE

## 熱とは

**熱**とは，**温度差がある物質の間を移動するエネルギーの形態**です。物質を構成する粒子は常に**熱運動**（粒子の無秩序な運動のこと）をしていますが，その熱運動は温度が高いほど激しく，低いほど穏やかになっています。

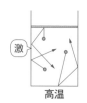

高温

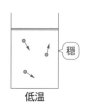

低温

温度差がある物質どうしが接触すると，粒子の衝突を通じて，温度が高い方から低い方へとエネルギーが移動し，やがて同じ温度になります。このような形で移動したエネルギー量を**熱量**といいます。

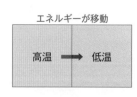

エネルギーが移動

高温　➡　低温

化学反応が起こると熱が出入りします。体感したことはありますか？

　例えば，コンロを点火して燃料ガスを燃やします。手をかざすと熱いですね。冷却パックを手に取って，水が入った中の袋を叩いて破ると，尿素や硝酸アンモニウムと混ざり，パックがどんどん冷たくなっていきますね。

> 反応に関わる物質から観測者の手に熱が移動すると "熱い"，逆に手から熱が移動すると "冷たい" と脳が感じるわけです

　では次の STAGE❷ で，このような化学反応と出入りする熱量の関係について学習しましょう。

STAGE
# ❷ エンタルピー変化と反応で出入りする熱 　❍別冊 p.31

## ❰1❱　系と外界

　まず，言葉を紹介させてください。自然科学では，宇宙全体のうち，私たちが注目している部分を**系**，それ以外を**外界**とよんでいます。

system

　ここからは「反応に関わる物質」を系，「観測者がいる場所」を外界とします。反応が起こって結合の組み換えが進むと，系がもつエネルギーが変化して熱が出入りします。系から外界に熱が移動する反応は**発熱反応**，外界から系に熱が移動する反応は**吸熱反応**とよびます。

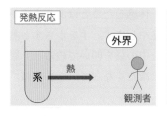

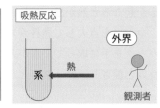

## 2 エンタルピー

　化学反応の多くは，一定の圧力のもとで起こります。定圧条件で進む変化では，出入りした熱量を知るのに便利な量があります。**エンタルピー**（記号で $H$ と表す）というエネルギーの次元をもつ量です。
enthalpy

> エンタルピーという用語は，
> ギリシャ語で "内部に含まれる熱" という意味の語に由来します。
> 熱は英語で heat だから，記号 $H$ で表すと覚えてください。
> "内部に熱を含んでいる" という表現は厳密にはおかしいですが，
> イメージは伝わるかと思います

　エンタルピーは，絶対量よりも**変化量**（**エンタルピー変化**といい，$\Delta H$ で表します）に次のような大きな意味があります。

> **一定の圧力のもとで起こる反応では，エンタルピー変化がやりとりされる熱量に相当する**

　エンタルピーの定義については p.183 からの ◀Extra Stage▶ で説明します。まずはこの STAGE2 を読み進めてください。

> ロールプレイングゲームなどでキャラクターがもつステータスの一つに MP（マジックポイント）という数値があります。
> 「強力な火の魔法を使ったら MP が 28 減って，敵がブワッと燃えた！」とか，「敵の火の魔法をくらったら，吸収して MP が 6 増えたぞ！」とか。
> 系がもつエンタルピーとは，キャラが示す MP と同じような系のステータス値の一種ととらえてください

| ステータス | |
|---|---|
| HP | MP |
| 120 | 80 |
| 120 | 80 |

## ⟨3⟩ エンタルピー変化

系のエンタルピー変化 $\Delta H$ は次のように約束します。

$$\Delta H = H_{生成物}(反応後の系のエンタルピー) - H_{反応物}(反応前の系のエンタルピー)$$

$\Delta H$ の値は，正になるときと負になるときがあります。それぞれ何を意味しているのかを考えてみましょう。

系のエンタルピーを水面の高さのように表してみると，エネルギーの保存則から次の二つのことが直感的にわかると思います。

### (1) $\Delta H$ が負の変化

系のエンタルピーが減少する（$\Delta H < 0$ で負の値）変化では，エンタルピーが減った分は外界へ熱として移動するため，発熱反応です。

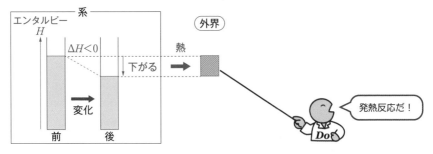

### (2) $\Delta H$ が正の変化

系のエンタルピーが増加する（$\Delta H > 0$ で正の値）変化では，エンタルピーが増えた分は外界から奪った熱なので，吸熱反応です。

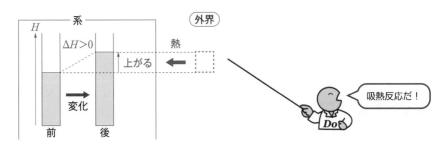

なお，化学反応が起こったときに，外界の観測者から見たときの熱を**反応熱**とよぶことがあります。反応熱は，一般に発熱量を正の値，吸熱量を負の値で示します。

| 反応 | エンタルピー変化 $\Delta H = H_{生成物} - H_{反応物}$ | 反応熱の値 |
|---|---|---|
| 発熱反応 | 減少（$\Delta H < 0$） | 正 |
| 吸熱反応 | 増加（$\Delta H > 0$） | 負 |

古い入試問題では，エンタルピー変化ではなく，反応熱で熱の出入りが表現されているので，解くときは注意してください

系のエンタルピー変化　　　　　　　系のエンタルピー変化

$\Delta H < 0 \implies$ **発熱反応**　　$\Delta H > 0 \implies$ **吸熱反応**

　　負の値　　　　　　　　　　　　　　正の値

 エンタルピーの定義

　系にあるすべての物質がもつ**位置エネルギーと運動エネルギーの総和**を**内部エネルギー**（記号で $U$ と表す）といいます。化学結合や分子間力，原子や分子が行うあらゆる運動に関係する全エネルギーの和に相当します。

　次図のような滑らかに動くピストンつき円筒容器に物質が入った系を想像してください。ピストンの断面積を $S$，外からかかる圧力を $P$ とし，中と外の圧力がつり合うところまでピストンが動くとします。

> ピストンは往復運動ができるフタです。圧力については p. 238 を参照してから読んでください

　この系に熱 $Q\,(>0)$ を加えると，体積が増え，ピストンがもち上がるため，系は外に仕事をしたといえます。この仕事量を $W$ とします。このとき系の内部エネルギーも増加し，その増加分を $\Delta U$ とします。

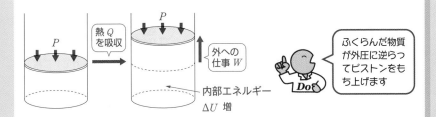

> ふくらんだ物質が外圧に逆らってピストンをもち上げます

　熱の形で系に加えられたエネルギー $Q$ が外にする仕事 $W$ に使われて，残った分が系の内部エネルギーの増加 $\Delta U$ にまわるので，①で表されるエネルギー保存則が成り立ちます。

$$Q = \Delta U + W \quad \cdots ①$$

　例えば系が 100 J の熱を受けとって，外へ 20 J の仕事をすると，内部エネルギーは 80 J 増加するという関係です。

仕事 $W$ は，"逆らう力と移動距離の積"で表しましたね。<u>圧力は単位面積あたりにかかる力なので</u>，ピストン全体にかかる力は $P \times S$ です。ピストンの移動距離を $\Delta x$ とすると，

$$W = P \times S \times \Delta x \quad \cdots ②$$

　ここで $S \times \Delta x$ は系の体積増加量に等しいので，これを $\Delta V$ とおくと②式は次のようになります。

$$W = P \times \Delta V \quad \cdots ③$$

③を①に代入すると，

$$Q = \Delta U + P \times \Delta V \quad \cdots ④$$

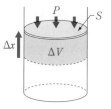

　さて，いよいよエンタルピーの出番です。系のエンタルピーを⑤のように定義します。

エンタルピー　内部エネルギー　圧力と体積の積
$$H \quad = \quad U \quad + \quad PV \quad \cdots ⑤$$

⑤を使って，エンタルピー変化を考えます。

　次図のように，熱を吸収する前に添え字 1，吸収後に添え字 2 を文字に付けて区別することにしましょう。

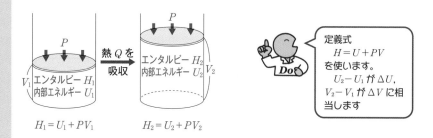

定義式
$H = U + PV$
を使います。
$U_2 - U_1$ が $\Delta U$，
$V_2 - V_1$ が $\Delta V$ に相当します

$H_1 = U_1 + PV_1$　　$H_2 = U_2 + PV_2$

　そこで，系のエンタルピー変化 $\Delta H$ は次のように表せます。

$$\Delta H = H_2 - H_1$$
$$= (U_2 + PV_2) - (U_1 + PV_1)$$
$$= (U_2 - U_1) + P(V_2 - V_1)$$
$$= \Delta U + P\Delta V \quad \cdots\cdots ⑥$$

それでは，④と⑥の式を比べてください。右辺がまったく同じですね。つまり，

**吸収した熱 $Q$＝系のエンタルピー増加量 $\Delta H$**

となるのです。

　系から熱が放出される場合は，負の値をもつ熱を吸収すると考えればよいので，$Q<0$ となるだけです。

　エンタルピーは，<u>系の内部エネルギーだけでなく，体積変化（膨張とか収縮）による仕事も含めたエネルギー変化を教えてくれる量</u>です。一定の圧力下での変化は，**系のエンタルピー変化に注目すれば，出入りした熱が求められる。**エンタルピーはそういう便利な量として定義されたのです。

> 化学反応は大気圧下のような定圧のもとで行うことが多いですよね。それなら，化学反応にともなって出入りする熱は，反応前後のエンタルピー変化から求められるのです

# ③ 反応エンタルピー

▶別冊 p.31

## ▶1 反応エンタルピー

化学反応が起こるときのエンタルピー変化を**反応エンタルピー**とよびます。化学反応式にエンタルピー変化を添えて書く場合は，**化学式の前の係数が物質量〔mol〕を表す**ことに注意してください。なお，$\Delta H < 0$ なら発熱反応，$\Delta H > 0$ なら吸熱反応です。

例 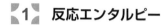 係数は物質量（単位は mol）を表す。1のときは省略。小数ではなく分数を使います

$$H_2\,(気) + \frac{1}{2}O_2\,(気) \longrightarrow H_2O\,(液) \quad \Delta H = -286\,kJ$$

$H_2$（気）1mol と $O_2$（気）0.5mol が反応して $H_2O$（液）1mol が生成するとき，系のエンタルピーは 286kJ 減少することを表しています

 反応エンタルピーは，一般に $25℃$，$1.013 \times 10^5\,Pa$ での値を使います。温度が高くなるとエンタルピーは大きくなりますが，反応物，生成物ともにエンタルピーが大きくなるので，反応物と生成物のエンタルピーの差は，ある程度温度が変わっても一定としてかまいません

反応エンタルピーを付した式は，次のような使い方ができます。

**使い方1** $n$ 倍の物質量が反応するときは，方程式のように $n$ 倍できる。

上の例が2倍量のとき（$n=2$）なら×2

$$2H_2\,(気) + O_2\,(気) \longrightarrow 2H_2O\,(液) \quad \Delta H = -286 \times 2 = -572\,kJ$$

**使い方2** 逆反応の反応エンタルピーは→の左右を入れ替えて，$\Delta H$ の符号を逆にする。

使い方1 で $n=-1$ に相当します ＋は省略することも多い

$$H_2O\,(液) \longrightarrow H_2\,(気) + \frac{1}{2}O_2\,(気) \quad \Delta H = -286 \times (-1) = +286\,kJ$$

## ▶2 エンタルピー変化とエネルギー図

反応物と生成物のもつエンタルピーの関係は次ページのような図に表すことができます。縦軸の上ほど，エンタルピーが大きな系を表しています。これを

**エネルギー図**とよびます。

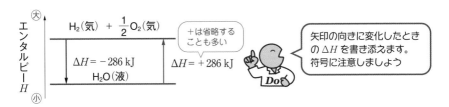

H₂(気) + $\frac{1}{2}$O₂(気)

＋は省略する
ことも多い

$\Delta H = -286\,\text{kJ}$　　$\Delta H = +286\,\text{kJ}$

H₂O(液)

矢印の向きに変化したとき
の $\Delta H$ を書き添えます。
符号に注意しましょう

| 補足 | 以前の高校課程では，熱の出入りを次のような**熱化学方程式**で表していました。熱化学方程式では，化学反応式の矢印→を等号＝に変えて，エンタルピー変化の符号を逆にして右辺に書き込んだ形で熱の出入りを表します。等号は系と外界を含めて左辺と右辺のエネルギーが等しいことを表しています。古い問題を解くときは注意してください。

$$\underbrace{\text{H}_2(\text{気}) + \frac{1}{2}\text{O}_2(\text{気})}_{(\text{反応物のエンタルピー})} = \underbrace{\text{H}_2\text{O}(\text{液})}_{\binom{\text{生成物の}}{\text{エンタルピー}}} + \underbrace{286\,\text{kJ}}_{+(\text{外界で観測される熱})}$$

## ┣3┫ いろいろな反応エンタルピー

　反応エンタルピーの中には，特別な名称をもつものがあります。4つ紹介しましょう。単位は〔kJ/mol〕です。何が 1 mol あたりの変化なのかに注意して定義を記憶してください。

### ⑴ 生成エンタルピー

　注目する化合物 1 mol が構成する元素の単体から生成するときのエンタルピー変化を**生成エンタルピー**といいます。

| 例 | 二酸化炭素の生成エンタルピーは $-394\,\text{kJ/mol}$ である。

$$\text{C}(黒鉛) + \text{O}_2(気) \longrightarrow \text{CO}_2(気) \quad \Delta H = -394\,\text{kJ}$$

単体から

C(黒鉛) + O₂(気)

$\Delta H = -394\,\text{kJ}$

CO₂(気)

エンタルピー

$O_2$（気）$\rightarrow O_2$（気）のように，単体が同じ単体から生成してもエンタルピーは変化しません。つまり単体の生成エンタルピーは 0 （ゼロ）です。ただし，同素体が存在する炭素はダイヤモンドではなく<u>黒鉛</u>，酸素ではオゾン $O_3$（気）ではなく <u>$O_2$（気）</u>の生成エンタルピーを 0 にします。

## (2) 燃焼エンタルピー

注目する物質 1 mol が<u>完全燃焼するとき</u>のエンタルピー変化を**燃焼エンタルピー**といいます。

**例** エタンの燃焼エンタルピーは $-1561$ kJ/mol である。

$$C_2H_6\text{（気）} + \frac{7}{2}O_2\text{（気）} \longrightarrow 2CO_2\text{（気）} + 3H_2O\text{（液）} \quad \Delta H = -1561 \text{ kJ}$$

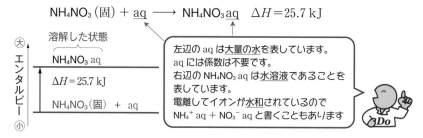

## (3) 溶解エンタルピー

注目する物質 1 mol が<u>多量の溶媒に溶解するとき</u>のエンタルピー変化を**溶解エンタルピー**といいます。

**例** 硝酸アンモニウムを多量の水に溶かしたときの溶解エンタルピーは 25.7 kJ/mol である。

$$NH_4NO_3\text{（固）} + \underline{aq} \longrightarrow NH_4NO_3\,aq \quad \Delta H = 25.7 \text{ kJ}$$

> 左辺の aq は<u>大量の水</u>を表しています。
> aq には係数は不要です。
> 右辺の $NH_4NO_3$ aq は<u>水溶液</u>であることを表しています。
> 電離してイオンが<u>水和</u>されているので $NH_4^+$ aq $+ NO_3^-$ aq と書くこともあります

## (4) 中和エンタルピー

水溶液中で酸と塩基が中和して<u>水が 1 mol 生じるとき</u>のエンタルピー変化を**中和エンタルピー**といいます。

**例** 希塩酸と水酸化ナトリウム水溶液を混合したときの中和エンタルピーは $-56.5\,\text{kJ/mol}$ である。

$$\text{HCl aq} + \text{NaOH aq} \longrightarrow \text{NaCl aq} + \text{H}_2\text{O}\,(液) \quad \Delta H = -56.5\,\text{kJ}$$

HCl や NaOH は強酸と強塩基で，生じる NaCl も含めて水溶液中ではほぼ完全に電離しているので，次のように書いても同じです。

$$\text{H}^+\text{aq} + \text{OH}^-\text{aq} \longrightarrow \text{H}_2\text{O}\,(液) \quad \Delta H = -56.5\,\text{kJ}$$

> $\text{H}^+\text{aq} + \cancel{\text{Cl}^-}\text{aq} + \cancel{\text{Na}^+}\text{aq} + \text{OH}^-\text{aq} \longrightarrow \cancel{\text{Na}^+}\text{aq} + \cancel{\text{Cl}^-}\text{aq} + \text{H}_2\text{O}$
> 反応に関係ないイオンを左辺と右辺から消去すると上の式になる

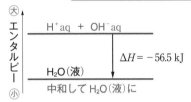

中和によって右辺の $\text{H}_2\text{O}\,(液)$ が 1 mol 生じるときの値なので注意しましょう

---

STAGE **4** 状態変化とエンタルピー変化 　◉別冊 p.32

同じ物質の場合，エンタルピーは **固体＜液体＜気体** となります。外から熱を加えて，固体を融解して液体に，液体を蒸発させて気体にすることからもわかるでしょう。

蒸発，融解，昇華は吸熱変化なので $\Delta H > 0$，凝縮，凝固，凝華は発熱変化なので $\Delta H < 0$ です。

**例1** 水の蒸発エンタルピーは $44\,\text{kJ/mol}$ である。
$$\text{H}_2\text{O}\,(液) \longrightarrow \text{H}_2\text{O}\,(気) \quad \Delta H = 44\,\text{kJ}$$

**例2** 水蒸気の凝縮エンタルピーは $-44\,\text{kJ/mol}$ である。
$$\text{H}_2\text{O}\,(気) \longrightarrow \text{H}_2\text{O}\,(液) \quad \Delta H = -44\,\text{kJ}$$

**例3** 氷の融解エンタルピーは $6.0\,\text{kJ/mol}$ である。
$$\text{H}_2\text{O}\,(固) \longrightarrow \text{H}_2\text{O}\,(液) \quad \Delta H = 6.0\,\text{kJ}$$

**例4** 水の凝固エンタルピーは $-6.0\,\text{kJ/mol}$ である。
$$\text{H}_2\text{O}\,(液) \longrightarrow \text{H}_2\text{O}\,(固) \quad \Delta H = -6.0\,\text{kJ}$$

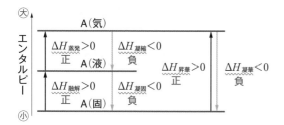

なお，蒸発熱，融解熱などのように「〜熱」と表現するときは，発熱・吸熱問わず，絶対値で表すのが一般的です。

状態変化名

二つの状態間における逆向きの変化では $\Delta H$ の絶対値は同じですが，符号は逆になる点に注意しておきましょう

## STAGE 5 結合エネルギーとエンタルピー変化 ▶別冊 p.32

共有結合を切断して原子にするのに必要なエネルギーを**結合エネルギー**といいます。くっついているのをバラバラにするので必ず吸熱変化，$\underline{\Delta H > 0}$ です。

一般に**気体**分子の共有結合 1 mol あたりのエンタルピー変化〔kJ/mol〕で表し，**結合エンタルピー**ともよびます。

**例** H–H（気）の結合エネルギー＝436 kJ/mol

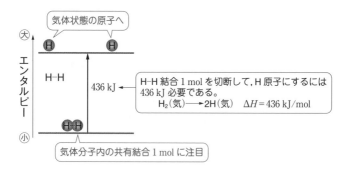

H–H 結合 1 mol を切断して，H 原子にするには 436 kJ 必要である。
$$H_2(\text{気}) \longrightarrow 2H(\text{気}) \quad \Delta H = 436 \text{ kJ/mol}$$

気体分子内の共有結合 1 mol に注目

結合エネルギーが大きな共有結合ほど，切断して原子間を引き離すのに大きなエネルギーを必要とするので，強い結合といえます

# 6 熱量の測定によって反応エンタルピーを求める ▶別冊 p.34

比熱 (比熱容量) と温度変化から, 反応エンタルピーを求める実験を紹介します。

例えば, 水酸化ナトリウム NaOH (固) の溶解エンタルピー $\Delta H$ 〔kJ/mol〕を求めたいとしましょう。NaOH 2.0 g (0.050 mol) を水 50 mL に溶かし, 次のような装置を用いて, 一定時間ごとに溶液の温度変化を測定します。
（式量 40）

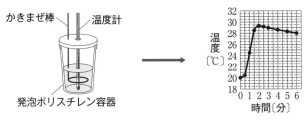

かきまぜ棒　温度計

発泡ポリスチレン容器

水の密度を 1.0 g/mL, 水溶液の比熱を 4.2 J/(g·K) とすると, 次の❶❷❸❹
1 g あたり 1 K 温度を上げるのに必要な熱量
の手順で NaOH の溶解エンタルピー $\Delta H$ 〔kJ/mol〕が求まります。

❶ グラフを次のように延長して外に逃げた熱を補正する。

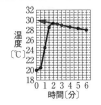

補正によって理想的には 30℃ まで温度が上がったとし, 温度変化 $\Delta T$ は 30－20＝10℃ と求まる。
1℃ 上がるのと, 1 K 上がるのは
同じことなので, 10 K だけ上昇

絶対温度は p.239

❷ 比熱と溶液の質量から発生した熱量 ($Q$) を求める。

$$Q = \underset{\text{J/g·K}}{4.2} \times \underset{\text{g}}{(50+2.0)} \times \underset{\text{K}}{10} = 2184 \text{ J}$$

NaOH 2.0 g と
水 50 mL×1.0 g/mL＝50 g
を混ぜると, 50 g＋2.0 g＝52 g
の溶液になります。これを
10℃ (10 K) だけ温度を上げる
のに必要な熱量を求めましょう

❸ 1 mol あたりの熱量 ($Q_0$) に換算する。

kJ に直す

$$Q_0 = \frac{Q}{n} = \frac{2184 \times 10^{-3} \text{ kJ}}{0.050 \text{ mol}} = 43.68 \text{ kJ/mol}$$

❹ エンタルピー変化は, 発熱変化では $\Delta H < 0$ である点に注意する。

$$\Delta H = \ominus Q_0 = -43.68 \text{ kJ/mol}$$
負の値にするためにマイナスをつける

# 7 ヘスの法則

◯別冊 p.35

　系のエンタルピーは，そこにどうやってたどり着いたのかは関係なく，同じ系なら同じ値です。すると，反応の最初と最後の状態さえわかれば，全体の反応エンタルピーは途中経路に関係なく一定になります。これを**ヘスの法則**といいます。

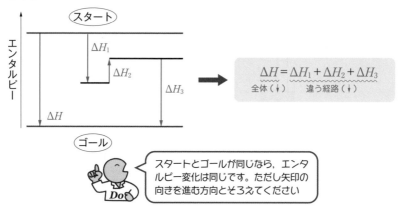

$$\Delta H = \Delta H_1 + \Delta H_2 + \Delta H_3$$
全体（↕）　　違う経路（↕）

スタートとゴールが同じなら，エンタルピー変化は同じです。ただし矢印の向きを進む方向とそろえてください

　ヘスの法則を用いると，実験では求められない反応エンタルピーを計算で求めることができます。

## 入試突破 のための **TIPS!!**

**ヘスの法則を使うときは，エンタルピー変化の向きに注意！**

## 入試攻略 への **必須問題**

　次のデータを利用してメタン（気体）の生成エンタルピー〔kJ/mol〕を整数値で求めよ。

- 二酸化炭素（気体）の生成エンタルピー：$-394$ kJ/mol
- 水（液体）の生成エンタルピー：$-286$ kJ/mol
- メタン（気体）の燃焼エンタルピー：$-891$ kJ/mol　　※生成する $H_2O$ は液体とする

**解説** メタンの生成エンタルピーを $x$〔kJ/mol〕とします。

$$C（黒鉛）+ 2H_2（気）\longrightarrow CH_4（気）\quad \Delta H = x〔kJ〕\quad \cdots(*)$$

❶ （＊）の変化をエネルギー図に書き込み
ます。

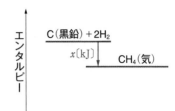

❷ メタンの燃焼エン
タルピーのデータを
利用するために，メ
タン $1\,mol$ が完全燃
焼した系を考えます。

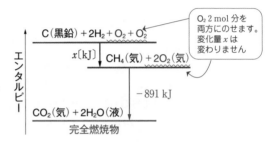

O₂ 2 mol 分を
両方にのせます。
変化量 $x$ は
変わりません

❸ 次に $CO_2$ と $H_2O$ の生成エンタルピーのデータを利用して，すべて単体と
した系から，完全燃焼物とした系へのエンタルピー変化を求めます。

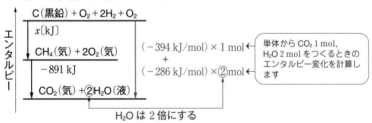

$(-394\ kJ/mol) \times 1\ mol$
$+$
$(-286\ kJ/mol) \times ②mol$

単体から $CO_2$ 1 mol,
$H_2O$ 2 mol をつくるときの
エンタルピー変化を計算し
ます

$H_2O$ は 2 倍にする

❹ 矢印の始点と終点がつながってい
ることを確認してヘスの法則を使っ
て方程式をつくり，$x$ を求めます。

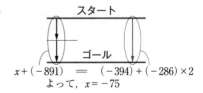

$$x + (-891) = (-394) + (-286) \times 2$$
よって，$x = -75$

次のように，エンタルピーを付した化学反応式をすべて書いて，代数計算で求めてもかまいません。

$$
\begin{cases}
\underline{C\,(黒鉛)} + O_2 \longrightarrow CO_2 & \Delta H = -394\,kJ \quad \cdots\cdots① \\[2mm]
\underline{H_2} + \dfrac{1}{2}\,O_2 \longrightarrow H_2O\,(液) & \Delta H = -286\,kJ \quad \cdots\cdots② \\[2mm]
\underline{CH_4} + 2O_2 \longrightarrow CO_2 + 2H_2O\,(液) & \Delta H = -891\,kJ \quad \cdots\cdots③
\end{cases}
$$

㉄ $\underline{C\,(黒鉛)} + 2\underline{H_2} \longrightarrow \underline{CH_4} \quad \Delta H = x$

＿＿を引いた物質の係数に注意しましょう。求めたい式では左辺に $H_2$ が 2 mol あります。$CH_4$ は③では左辺にありますが，求めたい式では右辺にありますね。

そこで②を 2 倍，③を $(-1)$ 倍した式を考えて ①×1＋②×2＋③×$(-1)$ を計算してみましょう。③の左辺と右辺を入れかえた式と同じ

$$
\begin{array}{ll}
C\,(黒鉛) + O_2 \longrightarrow CO_2 & \Delta H = -394\,kJ \\[1mm]
2H_2 + O_2 \longrightarrow 2H_2O\,(液) & \Delta H = -286\times 2\,kJ \\[1mm]
+)\ \ CO_2 + 2H_2O\,(液) \longrightarrow CH_4 + 2O_2 & \Delta H = +891\,kJ \\[1mm]
\hline
C\,(黒鉛) + 2H_2 \longrightarrow CH_4 & \Delta H = (-394)+(-286)\times 2+891 \\[1mm]
& \qquad\quad = -75\,kJ
\end{array}
$$

となります。

㊰ $-75\,kJ/mol$

---

## 入試攻略 への 必須問題

次の値を利用してアンモニア（気体）の生成エンタルピー〔kJ/mol〕を有効数字 3 桁で求めよ。

$$
\begin{cases}
\text{N–H の結合エネルギー}：391\,kJ/mol \\
\text{N≡N の結合エネルギー}：945\,kJ/mol \\
\text{H–H の結合エネルギー}：436\,kJ/mol
\end{cases}
$$

**解説** 　求める値を $x$〔kJ/mol〕とおくと，

$$\frac{1}{2}N_2(気) + \frac{3}{2}H_2(気) \longrightarrow NH_3(気) \quad \Delta H = x〔kJ〕$$

与えられた結合エネルギーの値を利用するために，$NH_3$ 1 mol のすべてが原子にバラされた系を考えます。

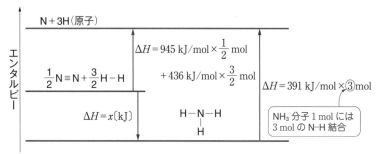

→のルートに注目して，ヘスの法則より

$$x + 391 \times 3 = 945 \times \frac{1}{2} + 436 \times \frac{3}{2}$$

よって　$x = -46.5$ kJ

**答え** 　$-46.5$ kJ/mol

---

**入試突破 のための TIPS!!**

使いたいデータをもとに，系を設定します。
ヘスの法則は，変化の方向を表す矢印の向き
を確認して使いましょう。

# イオン結晶とボルン・ハーバーサイクル

塩化ナトリウム NaCl のようなイオン結晶を考えてください。構成する陽イオンと陰イオンを完全にバラバラにして気体状態のイオンにするのに必要なエネルギーをイオン結晶の**格子エネルギー**（あるいは格子エンタルピー）といいます。

格子エネルギーは，次のようなエネルギー図からヘスの法則を用いて計算で求められます。

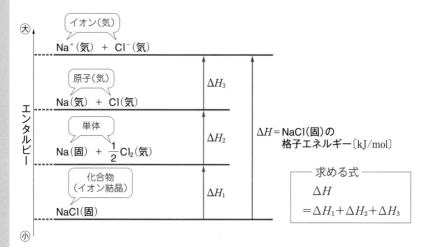

このように格子エネルギーを求めるために描く循環過程を**ボルン・ハーバーサイクル**とよんでいます。

では次のデータを使って NaCl（固）の格子エネルギー〔kJ/mol〕を求めてみましょう。

$$\begin{cases} \text{NaCl（固）の生成エンタルピー} -411\,\text{kJ/mol} \\ \text{Na（固）の昇華エンタルピー} 92\,\text{kJ/mol} \\ \text{Cl–Cl（気）の結合エネルギー} 244\,\text{kJ/mol} \end{cases}$$

$$\begin{cases} \text{Na（気）のイオン化エネルギー} 496\,\text{kJ/mol} \\ \text{Cl（気）の電子親和力} 349\,\text{kJ/mol} \end{cases}$$

まず求める格子エネルギーを $x$〔kJ/mol〕とおきます。

NaCl（固）$\longrightarrow$ Na$^+$（気）＋ Cl$^-$（気）　$\Delta H = x$〔kJ〕

次の手順で左ページの図の $\Delta H_1$，$\Delta H_2$，$\Delta H_3$ を求めます。

❶ **イオン結晶から単体へ**

NaCl（固）の生成エンタルピーの値より，

$$\text{Na（固）} + \frac{1}{2}\text{Cl}_2\text{（気）} \longrightarrow \text{NaCl（固）} \quad \Delta H = -411 \text{ kJ} \quad \cdots ①$$

$\Delta H_1$ は NaCl（固）を単体にするときのエンタルピー変化を表しているので，①を逆向きにして，

$$\text{NaCl（固）} \longrightarrow \text{Na（固）} + \frac{1}{2}\text{Cl}_2\text{（気）} \quad \Delta H_1 = 411 \text{ kJ}$$

矢印の向きに気をつけましょう

❷ **単体から原子へ**

$\Delta H_2$ は単体の Na（固）1 mol と Cl$_2$（気）$\frac{1}{2}$ mol を原子の Na（気）と Cl（気）にするときのエンタルピー変化です。このとき，Na が固体から気体に変化していることに注意しましょう。

$$\begin{cases} \text{Na（固）} \longrightarrow \text{Na（気）} & \Delta H_{昇華} = 92 \text{ kJ} \\ \text{Cl}_2\text{（気）} \longrightarrow 2\text{Cl（気）} & \Delta H_{結合切断} = 244 \text{ kJ} \end{cases}$$

よって，$\Delta H_2 = 92 + 244 \times \dfrac{1}{2} = 214 \text{ kJ}$

❸ **原子から気体状イオンへ**

$\Delta H_3$ は Na（気）を Na$^+$（気），Cl（気）を Cl$^-$（気）にするときのエンタルピー変化です。Na（気）のイオン化エネルギーと Cl（気）の電子親和力を利用しますが，電子親和力（p.47）の扱いには注意してください。

$$\begin{cases} \text{Na（気）} \longrightarrow \text{Na}^+\text{（気）} + \text{e}^- & \Delta H_{陽イオン} = 496 \text{ kJ} \\ \text{Cl（気）} + \text{e}^- \longrightarrow \text{Cl}^-\text{（気）} & \Delta H_{陰イオン} = -349 \text{ kJ} \end{cases}$$

よって，$\Delta H_3 = 496 + (-349) = 147 \text{ kJ}$

電子親和力は原子が電子を1個受けとって，陰イオンになるときに放出されるエネルギーでした。外界に放出されたエネルギーなので，系のエンタルピー変化は－をつけて符号を逆にします

ヘスの法則より

$$x - \Delta H_1 + \Delta H_2 + \Delta H_3 = 411 + 214 + 147 = 772 \text{ kJ}$$

したがって，NaCl（固）の格子エネルギーは 772 kJ/mol と求められます。

**21** 化学反応と光エネルギー

| 学習項目 | ① 光エネルギー |
| --- | --- |
| | ② 化学反応と光 |

STAGE

# ① 光エネルギー

◯別冊 p.35

　波長の違いを色の違いとして認識できる**波長約 400～800 nm の電磁波を可視光**といいます。より外側の波長領域の紫外線と赤外線を含めて，私たちは一般に光とよんでいます。

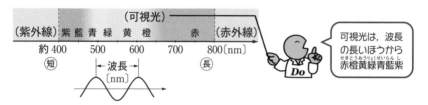

可視光は，波長の長いほうから赤橙黄緑青藍紫

　光は波としてだけでなく粒子のようにも扱えます。質量をもたないエネルギーの塊の粒が光速で動いていると見なせるのです。この粒を**光子**といいます。
光子 1 個がもつエネルギー $E$ は，次式で表されることが知られています。

光子 1 個のもつ
エネルギー〔J〕

$$E = h \cdot \frac{c}{\lambda} \qquad \begin{cases} \lambda \,(\text{波長〔m〕}) \\ h\,(\text{プランク定数})=6.626 \times 10^{-34}\,\text{〔J·s〕} \\ c\,(\text{光の速度})=2.998 \times 10^{8}\,\text{〔m/s〕} \end{cases}$$

　物理で学習する内容なので，くわしくは触れません。<u>波長が短いほど大きなエネルギーをもつ光子</u>であることだけ式で確認してください。

### 光の波長とエネルギー

| | 紫外線 | (紫) | 可視光線 | (赤) | 赤外線 |
| --- | --- | --- | --- | --- | --- |
| 波長 | 短 | | | | 長 |
| エネルギー | 大 | | | | 小 |

　ある物質が光を吸収したとします。光のエネルギーは物質を構成する電子が受けとり，電子の配置がエネルギーの低い安定な状態（基底状態）から高い不安定な状態（励起状態）へと変化し，たいていは次の 3 つのいずれかの過程をたどります。

①熱が放出される。

②光が放出される。

③化学反応が起こる。

光照射による臭化銀の分解と
塩素分子の解離は高校でも学
習する反応です

$$2AgBr \xrightarrow{光} 2Ag+Br_2$$

$$Cl_2 \xrightarrow{光} 2Cl$$

## 2 化学反応と光

### 1 化学発光

　ある化学反応が起こったとします。生成物質を構成する電子が，エネルギー
の高い不安定状態からエネルギーが低い安定状態に移るときに，エネルギーを
光として放出する現象を**化学発光**といいます。
chemiluminescence

$$X + Y \xrightarrow{反応} Z^* (エネルギーの高い状態)$$

光エネルギーに変化　光が放出

$$Z (エネルギーの低い状態)$$

リアカー　無キ　K村
Li (赤) Na (黄) K (紫)…
でおなじみの炎色反応
も同じ原理です

　化学発光の例としてルミノール反応を紹介しましょう。

　**ルミノール**という有機化合物は，塩基性条件下で，鉄などの金属イオンや錯
体を触媒として，過酸化水素で酸化すると 3-アミノフタル酸となります。生じ
た 3-アミノフタル酸が，高いエネルギー状態から低い状態に移るときに，差分
のエネルギーが波長 460 nm 付近の光として放出され，観測者には青く光って
見えます。

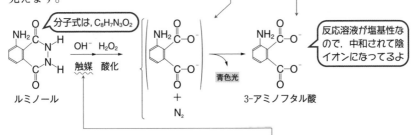

分子式は，$C_8H_7N_3O_2$

ルミノール

OH⁻　$H_2O_2$
触媒　酸化

青色光

$+$
$N_2$

3-アミノフタル酸

反応溶液が塩基性な
ので，中和されて陰
イオンになってるよ

　この**ルミノール反応**は，血液中のヘモグロビンに含まれる鉄が触媒になるの
で，目視だけでわからない血痕の分析に利用されています。ルミノール反応を

用いて捜査したときに，青く光った場所は血液がついている可能性が高いというわけですね。

　もう一つ例を紹介します。**ケミカルライト**が光を発する原理は化学発光によるものです。シュウ酸ジフェニルという有機化合物が過酸化水素で酸化されたときに放出されるエネルギーの一部を蛍光物質に与えます。蛍光物質が高いエネルギー状態から低い状態にもどるとき，光を放出するのですね。

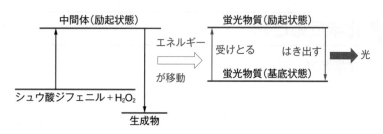

**入試攻略** への **必須問題**

　光とは電磁波の一種であり，人間の目で感じることができる光を可視光といい，その波長範囲はおよそ 380 nm から 780 nm である。光の色は波長によって異なり，物質による光の吸収や発光を見ることによって，人間は物質の色を見分けることができる。可視光を吸収する化合物は，他の物質を着色する色素材料として使われることもある。物質を燃やすと熱だけでなく光も放出され，元素に特有の色を示すことがある。この現象を炎色反応といい，花火などに応用されている。化学発光では，反応物と生成物の化学エネルギーの差の一部が光として放出される。ホタルやオワンクラゲなどの出す光が生物発光の例であり，科学捜査における血痕の鑑識法である　あ　反応などが化学発光の例である。　あ　は，血液中の成分などを触媒として，塩基性溶液中で過酸化水素などによって酸化されると青く発光する。

**問1**　文章中の下線部について，次の中から(1)最も短波長および(2)最も長波長にあてはまる色を選べ。

　① 黄　　② 緑　　③ 紫　　④ 赤　　⑤ 青

**問2**　文章中の　あ　にあてはまる最も適当な語句を記せ。　　　　（立命館大）

**問1** 選択肢の中では，最も短波長が③の紫，最も長波長が④の赤です。

**問2** p.199 参照。

 **問1** (1) ③ (2) ④ **問2** ルミノール

## 入試攻略 への 必須問題

オゾンは一酸化窒素と反応して，酸素と二酸化窒素になる。この反応でのオゾン1 mol あたりの反応エンタルピーは −200 kJ/mol である。

オゾンと一酸化窒素が反応する際には，生じたエネルギーの一部は光として放出される。光のエネルギーは波長に応じて異なるが，1 mol の光子のエネルギー$E$は，$E$〔J/mol〕$=0.120$ J・m/mol$÷$光の波長〔m〕として計算できる。反応物各1分子が反応して生じるエネルギーが，1個の光子として放出されるとした場合に，放出される光の波長を答えよ。ただし，有効数字は3桁，単位は nm とせよ。

(早稲田大)

 $O_3$（気）$+ NO$（気）$\longrightarrow O_2$（気）$+ NO_2$（気） $\Delta H = -200$ kJ

この反応は発熱反応であり，$O_3$ 1 mol から 200 kJ のエネルギーが放出されます。

1分子ずつ反応して1個の光子が放出されると問題に指示があるので，1 mol ずつ反応した場合には1 mol の光子が放出されます。

問題文に与えられた式より，200 kJ$=200×10^3$ J のエネルギーが1 mol の光子のエネルギーになるときに放出される光の波長は，

$$光の波長〔m〕=\frac{0.120 \text{ J・m/mol}}{E \text{〔J/mol〕}}=\frac{0.120 \text{ J・m/mol}}{200×10^3 \text{ J/mol}}$$
$$=6.00×10^{-7} \text{ m}$$

1 nm$=1×10^{-9}$ m なので単位を変換すると，

$$6.00×10^{-7} \text{ m}×\frac{1 \text{ nm}}{1×10^{-9} \text{ m}}=6.00×10^2 \text{ nm}$$

 $6.00×10^2$ nm

## 2 光触媒

**光を吸収して触媒の働きを示すもの**を**光触媒**といいます。チタンホワイトという白色顔料として有名な酸化チタン（Ⅳ）$TiO_2$ は代表的な光触媒です。建物の外壁や窓ガラスのコーティングなどに最近よく使われています。

TiO₂ が光を吸収すると，内部で電子が移動して，正に帯電した部分（正孔という）が生じます。ここが，直接的もしくは間接的に汚れの原因となる物質を分解したり，微生物を攻撃したりすると考えられています

## 3 光合成

緑色植物などの葉緑体に含まれるクロロフィルという色素が太陽光のエネルギーを吸収し，水を酸化して酸素が発生します。このとき生じた電子が利用され，複雑な反応が連続して起こり，二酸化炭素が還元されてグルコースなどの糖類が生成します。このような反応を**光合成**といいます。くわしい仕組みは生物で学ぶ内容なので，化学では次の問題で問われている程度のことだけできるようにしておいてください。

---

**入試攻略**への**必須問題**

植物は光エネルギーを使って，二酸化炭素と水から糖類を合成し，酸素を発生させる。これを光合成という。必要ならば，次の原子量を用いよ。
H：1.0，C：12.0，O：16.0

(1) 二酸化炭素と水からグルコースができる場合，次のような吸熱反応となる。

$$\boxed{ア}\ CO_2\ (気)\ +\ \boxed{イ}\ H_2O\ (液)$$
$$\longrightarrow\ C_6H_{12}O_6\ (固)\ +\ \boxed{ウ}\ O_2\ (気)\quad \Delta H = 2807\ kJ\quad \cdots\cdots(i)$$

(i)式の $\boxed{ア}$ ～ $\boxed{ウ}$ に係数を入れて式を完成させよ。

(2) 光合成では，(i)式のエンタルピー変化を光エネルギーを用いて行う。光合成における(i)式は，光の吸収にともなって進行する第一段階と，光が関与しない第二段階からなる。光の吸収にともなって $H_2O$ が酸化さ

---

れる第一段階を反応式で

$$2H_2O \xrightarrow{\text{光}} O_2 + 4H^+ + 4e^- \quad \cdots\cdots\text{(ii)}$$

と表すとき，光の関与なくグルコースが生じる第二段階の反応式は，

$$\boxed{\text{エ}}\ CO_2 + \boxed{\text{オ}}\ H^+ + \boxed{\text{カ}}\ e^-$$
$$\longrightarrow C_6H_{12}O_6 + \boxed{\text{キ}}\ H_2O \quad \cdots\cdots\text{(iii)}$$

と表せる。(iii)式の $\boxed{\text{エ}}$ ～ $\boxed{\text{キ}}$ に係数を入れて式を完成させよ。

(3) (i)式の吸熱反応は，光エネルギーが 2807 kJ のエンタルピー変化に変換されることを意味する。光合成で酸素 1 mol 当たり 1407 kJ の光エネルギーが必要とすると，この光エネルギーの何％がエンタルピー変化に変換されるか。有効数字 3 桁で答えよ。　　　　　　　　　(日本女子大)

----

**解説** (1), (2)　まず反応式の両辺の <u>C 原子</u>の数を合わせ，次に O 原子，H 原子の数を合わせるとよいでしょう。

$$\begin{cases} \text{(i)} & 6\underline{C}O_2\,(\text{気}) + 6H_2O\,(\text{液}) \longrightarrow \underline{C}_6H_{12}O_6\,(\text{固}) + 6O_2\,(\text{気}) \\ \text{(iii)} & 6\underline{C}O_2 + 24H^+ + 24e^- \longrightarrow \underline{C}_6H_{12}O_6 + 6H_2O \end{cases}$$

(3)　(i)より，$O_2$ が 6 mol 発生すると，系のエンタルピーが 2807 kJ 増加しています。光合成で $O_2$ 1 mol あたり 1407 kJ の光エネルギーが必要とすると，$O_2$ 6 mol 発生するには，$1407\ \text{kJ} \times \dfrac{6\ \text{mol}}{1\ \text{mol}} = 8442\ \text{kJ}$ の光エネルギーが必要です。よってエネルギー変換率は，

$$\frac{2807\ \text{kJ}\,(\text{エンタルピー変化})}{8442\ \text{kJ}\,(\text{光エネルギー})} \times 100 = 33.\overset{3}{2}5\cdots\%$$

**答え** (1)　**ア**：6　　**イ**：6　　**ウ**：6

(2)　**エ**：6　　**オ**：24　　**カ**：24　　**キ**：6

(3)　33.3 ％

学習
項目
1 自発的に変化が進む方向    2 エントロピー
3 ギブスエネルギー

　この項では，エネルギーの観点から変化が起こる向きを判断する方法を紹介します。外からエネルギーを加えなくても進む変化を**自発的な変化**といいます。ただし，変化の速度は問題にしません。あくまで向きだけです。急激に進む変化から，遅すぎて進んでいないように見える変化まで含めます。

## STAGE 1 自発的に変化が進む方向

### (1) エンタルピー減少方向

　前項で紹介したエンタルピーの観点から考えてみましょう。**エンタルピーが減少する方向（$\Delta H < 0$），すなわち発熱変化**は，系から外界にエネルギーが逃げてしまうため，一度起こると変化する前の状態にもどりにくくなります。

　例えば，マグネシウムの小片を空気中に放置しておくと，何もしなくても徐々に酸化マグネシウムに変わっていきます。

$$Mg（固） + \frac{1}{2}O_2（気） \longrightarrow MgO（固） \qquad \Delta H = -602\,kJ$$

　右向きが発熱変化（$\Delta H < 0$）で，自発的に進むのですね。

### (2) 乱雑さが大きくなる方向

　では，吸熱変化は自発的に進まないのでしょうか？　実はもう一つ，自発的に変化が進む方向があります。

　例えば部屋の片隅にドライアイスを置いてみます。放っておくと，ドライアイスから昇華（吸熱変化）した気体の二酸化炭素が部屋全体に広がっていきます。さらに窓を開ければ，二酸化炭素は外へとどんどん拡散していきますね。

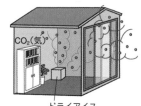

CO₂(気)

ドライアイス

　このとき，出ていった二酸化炭素が再び部屋の片隅のドライアイスにもどることはありません。分子の空間配置の場合の数が，より多様になって増えていくと，最初の全分子が集まった状態にもどる確率はほぼ0だからです。

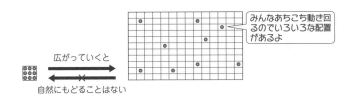

みんなあちこち動き回るのでいろいろな配置があるよ

広がっていくと

自然にもどることはない

　このような変化の方向を**"乱雑さが大きくなる方向"**と表現します。乱雑さが大きくなる方向もまた，自発的に進む向きなのです。

少量のインクを水に垂らしたときに勝手に混ざって広がりますね。
勉強をしていたら，机の上は書類，本，文具の配置がどんどん乱れていきます。
これらも乱雑さが大きくなる方向です

STAGE

## 2 エントロピー

　乱雑さの尺度として**エントロピー**(記号では $S$ と表す)という量を導入します。
entropy

　エントロピーの定義は，学問領域の違いで複数の表現があります。いずれも同じことを指しているのですが，これ1つで明快かつすべて見渡せるという定義がありません。

　とりあえず，高校化学では，

**「系のエントロピー($S$)が増加する方向」＝「系の乱雑さが大きくなる方向」**

とだけ，頭に留めておいてください。

　ちなみに，絶対零度($0\,K＝-273.15℃$)のときのエントロピーを0とします。

エントロピーとは，ギリシャ語で"内にある方向"を意味する言葉からつくられた用語です。
記号 $S$ で表すのは，フランスの物理学者サディ・カルノー($\underline{S}adi$ $\underline{C}arnot$)にちなみます

　エントロピーが増加する変化には，「融解・蒸発・昇華，混合，固体の溶解，気体が発生する反応，気体反応で気体分子の数や種類が増える反応」などがあります。

**エントロピーは"エネルギーの質"を語り，変化する方向を教えてくれる量。**

## エントロピーとその定義

エントロピーとは **"エネルギーの質"** を反映した概念です。エントロピーが小さい系は，構成粒子の行動範囲が狭く秩序の高い配置で，エネルギーがコンパクトにまとまった質が高い状態。これに対して，エントロピーが大きい系は，構成粒子の行動範囲が広く秩序の低い配置で，エネルギーが広がった質の低い状態です。

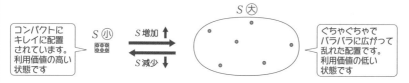

乱雑さが大きくなる方向は，このエネルギーの質が高い状態から**低い状態へと変わる方向**と表現することができます。

逆に，質の低い状態から高い状態にはもどすには，何らかの仕事を必要とします。エネルギーがいるというわけです。

例えば均一な食塩水を，食塩と水に分離するには蒸留などの操作が必要です。ぐちゃぐちゃの本棚を，整理整頓された本棚にもどすには，本を片付けるという仕事をしなければなりません。

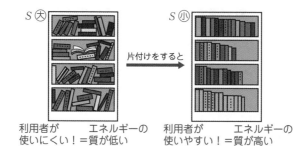

こう考えると，"エントロピーの変化量"は"移動するエネルギーの量"で表現できそうなことがわかります。

例えば，標準大気圧の下で 0℃ (273 K) の氷があるとします。0℃ で氷は 1 mol あたり 6.0 kJ の熱を吸収すると，融解してすべて 0℃ (273 K) の水になります。温度 0℃ で変わらないのに，固体から液体へと水分子の配列が乱れて，エントロピーは増加しています。

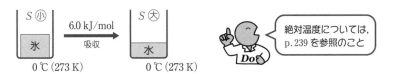

ここで，ドイツの物理学者クラウジウスが発表したエントロピーの定義を紹介しましょう。

絶対温度 $T$（単位はK）のある系が熱 $\Delta Q$（単位は J）をゆっくり吸収して，温度 $T$ で一定のまま，系のエントロピーが $\Delta S$ だけ増加したとします。

エントロピー変化 $\Delta S$ を，熱の形でジワジワと移動するエネルギー $\Delta Q$ を系の絶対温度 $T$ で割った値として定義します。このように定義すると，同じ熱量を受けとっても，温度が高いときほど系のエントロピー変化は小さくなります。

高温で構成粒子が激しく動いている系に熱を与えても，低温時より粒子配列の乱れ具合への影響は小さくなります。例えるならば，にぎやかな場所ほど声を出しても目立ちにくいのと同じです

例えば，25℃（298 K）の物体に，温度が変わらないように 100 J の熱をジワジワと吸収させたときのエントロピー変化 $\Delta S$ は，100 J÷298 K≒0.336 J/K です。系のエントロピー $S$〔J/K〕×絶対温度 $T$〔K〕で，単位は〔J〕になります。

$\Delta Q = \Delta S \times T$ ですね。
エントロピーには他にも，学問領域によって異なる定義があります

# ③ ギブスエネルギー

▶別冊 p.35

それでは STAGE② までで学んだことをまとめます。自発的な変化が進む方向は，エンタルピー $H$ が減少する方向（$\Delta H < 0$）あるいはエントロピー $S$ が増加する方向（$\Delta S > 0$）でした。

アメリカの化学者ギブス（あるいはギブズ）（Gibbs）は，圧力と温度が一定のとき，ある変化が自発的に進むかどうかを判断する指標として，系がもつ**ギブスエネルギー**あるいは**ギブスの自由エネルギー**（記号 $G$）という量を次のように定義しました。

$$\underset{\text{ギブスエネルギー}}{G} = \underset{\text{エンタルピー}}{H} - \underset{\text{エントロピー}}{S} \times \underset{\text{絶対温度}}{T}$$

$S \times T$ で〔J〕単位をもつので，これを系のエンタルピー $H$ から引いた量を $G$ としています。
$S \times T$ は，人間がとり出せない乱雑さにまつわるエネルギーに相当するので，これを $H$ から引いた残量 $G$ が，人が自由に利用できるエネルギーというわけです

自発的な変化は，$H$ が減少するか，$S$ が増加する，つまり $H$ が小さく，$S \times T$ が大きくなる方向に進みます。

"$H - S \times T$" を $G$ としているので，できるだけ $G$ が小さくなる方向に自発的に進むといえます。

つまり，ある変化が自発的に進むかどうかは，

**ギブスエネルギー変化 $\Delta G = G$（生成物）$- G$（反応物）**

で判断できます。

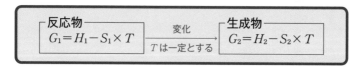

反応物
$G_1 = H_1 - S_1 \times T$
$\xrightarrow[\substack{T \text{は一定とする}}]{\text{変化}}$
生成物
$G_2 = H_2 - S_2 \times T$

温度 $T$ が一定とすると，

$$\Delta G = G_2 - G_1 = (\underline{H_2 - H_1}) - (\underline{S_2 - S_1})T = \underline{\Delta H} - \underline{\Delta S} \times T$$

となります。

$\Delta G = \Delta H - \Delta S \times T$ の値によって，反応は次の 3 つに分けられます。

| $\Delta G < 0$（負） | $\Delta G = 0$ | $\Delta G > 0$（正） |
|---|---|---|
| 自発的に進む | 平衡状態 | 自発的には進まない |
| $G$（ギブスエネルギー）<br>反応物<br>速いか遅いかは別にして，ともかく自発的に進むよ<br>$\Delta G < 0$<br>生成物 | $G$<br>$\Delta G = 0$<br>反応物 生成物<br>どちらにも進まないよ | $G$<br>生成物<br>進まない $\Delta G > 0$<br>反応物 むしろ逆方向が $\Delta G < 0$ なので自発的に進むよ |

　ギブスエネルギー変化 $\Delta G = \Delta H - \Delta S \times T$ の式は，絶対温度 $T$ のときに定圧下で進む変化が自発的に進むかどうかを教えてくれます。$\Delta G$ の値は<u>エンタルピー変化 $\Delta H$ の項</u>と<u>エントロピー変化 $\Delta S \times$ 絶対温度 $T$ の項</u>の大小関係が影響します。そこで次表のようにまとめることができます。

| ギブスエネルギー変化 | エンタルピー変化 | エントロピー変化 | 自発的に進むかどうか？ |
|---|---|---|---|
| $\Delta G < 0$ | $\Delta H < 0$（発熱方向） | $\Delta S > 0$（乱雑さ増） | 自発的に進む |
| $\Delta G > 0$ | $\Delta H > 0$（吸熱方向） | $\Delta S < 0$（乱雑さ減） | 自発的に進まない |
| $\begin{cases} \Delta G < 0 \\ \Delta G = 0 \\ \Delta G > 0 \end{cases}$ | $\Delta H < 0$（発熱方向） | $\Delta S < 0$（乱雑さ減） | $\Delta H$ と $\Delta S \times T$ のどちらの影響が大きいかで変わる。温度が高くなるほど $\Delta S \times T$ の影響が大きくなる。 |
| | $\Delta H > 0$（吸熱方向） | $\Delta S > 0$（乱雑さ増） | |

$\Delta G = \Delta H - \Delta S \times T = 0$，すなわち $\Delta H = \Delta S \times T$ が成り立った時点で，双方の影響を打ち消し合います。観測者にはどちら向きにも進んでいないように見える点です。p.322 で学ぶ化学平衡の状態にあたります

p.322 で学ぶ

**入試突破のための TIPS!!** 　ギブスエネルギー $G$ が小さい系ほど，使えるエネルギー残量が少ない。$G$ が小さい系に向かって自発的に変化していくと判断しよう。

次の反応が定圧・定温下で自発的に進むかどうかを考察せよ。

(1) $2H_2O_2(液) \longrightarrow O_2(気) + 2H_2O(液)$　　$\Delta H = -196.4\ kJ$

(2) $3O_2(気) \longrightarrow 2O_3(気)$　　$\Delta H = 285\ kJ$

(3) $NH_3(気) + HCl(気) \longrightarrow NH_4Cl(固)$　　$\Delta H = -176\ kJ$

解説　エントロピー変化 $\Delta S$ や具体的な温度の指定がない部分は定性的に考えましょう。

(1) 液体から気体が発生し，分子の種類や数が増えています。乱雑さが大きくなる方向，つまりエントロピー変化 $\Delta S > 0$ です。$\Delta H < 0$ で発熱方向でもあるので，

$\Delta G = \Delta H - \Delta S \times T < 0$　となり，**自発的に進む変化**です。

(2) 気体が 3 分子から 2 分子に減少しています。よって，乱雑さが小さくなる方向，エントロピー変化 $\Delta S < 0$，さらに $\Delta H > 0$ で吸熱方向でもあるので，$\Delta G = \Delta H - \Delta S \times T > 0$ だから，**自発的には進まない変化**です。

(3) 気体分子が減って固体になり，種類も少なくなっています。乱雑さが小さくなる方向，つまりエントロピー変化 $\Delta S < 0$ です。$\Delta S \times T$ が負の値なので，$\underset{\text{─をつけると正の値}}{-\Delta S \times T} > 0$ となります。しかし $\Delta H < 0$ で発熱方向なので，$\Delta G = \Delta H - \Delta S \times T$ の正負がわかりませんから，**判断できません**。

　　**低温では** $-\Delta S \times T$ の $T$ の値が小さいので，$\Delta H < 0$ の影響が大きく $\Delta G < 0$ となり，**自発的に進む**と考えられます。温度を上げていくと，$-\Delta S \times T$ の項が大きくなるため，**どこかで** $\Delta G = 0$ となり，**平衡状態**になります。さらに**高温では** $-\Delta S \times T$ が大きくなり，$\Delta G > 0$ となると，**自発的に進まず**，むしろ逆向きの変化が自発的に進みます。

　　「室温で塩化水素とアンモニアを混合すると塩化アンモニウムの白煙が生じる」と高校化学で学びますね。常温・常圧では $\Delta G < 0$ なのです。

答え　(1) **自発的に進む**　　(2) **自発的には進まない**

(3) **与えられた条件では判断できない**

さらに演習！　『**鎌田の化学問題集 理論・無機・有機 改訂版**』「第 4 章 化学反応とエネルギー 08 化学反応とエンタルピー変化・化学反応と光エネルギー・エントロピーとギブスエネルギー」

# 23 電池

## STAGE 1 電池の構成

　自発的に進む酸化還元反応によって生じるエネルギーを電気エネルギーに変換する装置を化学電池または単に電池といいます。

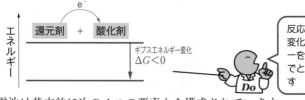

反応のギブスエネルギー変化に相当するエネルギーを電気エネルギーの形でとり出す装置が電池です

　電池は基本的に次の4つの要素から構成されています。

### 電池の基本要素

❶ **正極活物質**（電子を受けとる酸化剤）
❷ **負極活物質**（電子を出す還元剤）
❸ **電解質**（イオンが動くことで導電性を示す）
❹ **セパレーター**（酸化剤と還元剤が混合しないようにする隔壁）

　電位の低い電極である<u>負極では負極活物質（還元剤）が電子 $e^-$ を出し</u>，電子 $e^-$ は電位の高い電極である正極に自発的に移動します。<u>正極では正極活物質（酸化剤）が電子 $e^-$ を受けとります</u>。電池内部の電位差は，溶液中や塩橋に含まれるイオンの移動によって解消されます。

塩の水溶液を寒天などで固めたもの

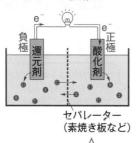

セパレーター（素焼き板など）

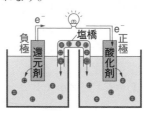

⊕陽イオン
⊖陰イオン

セパレーターを隔てて電位差がある場合は，内部をイオンが移動します

# 2 電気化学で登場する定数や単位

## (1) ファラデー定数

**電子または陽子1 mol がもつ電気量〔C〕をファラデー定数といいます。**

$$F = 9.65 \times 10^4 \ \text{C/mol}$$

**補足** ファラデーはイギリスの化学者です。彼は1833年に「電気分解を行ったときに極で変化する物質の量は，流した電気量に比例する」という法則を見い出しました。これはファラデーの法則とよばれています。

電気素量 (p.12参照)　アボガドロ定数
$$\frac{1.602 \times 10^{-19} \ \text{C}}{1 \text{個}} \times \frac{6.022 \times 10^{23} \text{個}}{1 \text{mol}} \fallingdotseq 9.65 \times 10^4 \ \text{C/mol}$$
のように，電子 (陽子) 1個の電気量にアボガドロ定数をかけると求まります

## (2) 電気量と電流

電流を表す単位である〔A〕は〔C/s〕のことで，1秒（〔s〕と記す）あたりに流れた電気量〔C〕を表しています。そこで$i$〔A〕で$t$〔s〕だけ電流を流したときの電気量$Q$〔C〕は次のように計算できます。

$$Q \text{〔C〕} = i \text{〔A〕} \times t \text{〔s〕}$$
$$\| \qquad\qquad$$
$$\text{〔C/s〕}$$

時間の単位を秒〔s〕に直すのを忘れないように

## (3) 電気量と電位差

電位差を表す単位である〔V〕は〔J/C〕のことです。**電池の正極と負極の電位差を起電力といいます。**起電力$E$〔V〕の電池で，$q$〔C〕の電子が移動したときにとり出せるエネルギー量$E_0$〔J〕は次のように計算できます。

$$E_0 \text{〔J〕} = E \text{〔V〕} \times q \text{〔C〕}$$
$$\| \qquad\qquad$$
$$\text{〔J/C〕}$$

起電力が 1.5 V の電池からは 1 C あたり 1.5 J のエネルギーが理論上とり出せることになります

# 3 金属のイオン化傾向

　具体的な電池の説明に入る前に，金属の**イオン化傾向**について説明しましょう。

　イオン化傾向とは，**単体が水溶液中で電子を放出して陽イオンになろうとする性質**のことです。ある金属の単体Mが水溶液中で水和イオン $M^{n+}aq$ になる変化を可逆変化として考えます。ただし，金属と水の反応は考えません。

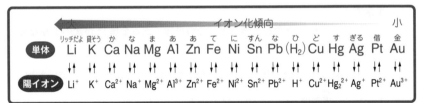

$$\underset{\text{金属の単体}}{M} + \underset{\text{多量の水}}{aq} \rightleftarrows M^{n+}aq + ne^-$$

　この可逆変化が相対的に<u>右へ進み</u>やすい単体Mほど<u>イオン化傾向が大きい</u>と表現します。イオン化傾向の大きな金属のイオン $M^{n+}$ は単体にもどりにくいともいえますね。では，適当に金属を選んで序列をつけた**イオン化列**と，覚え方のゴロ合わせを紹介します。

| | 大 ←──── イオン化傾向 ────→ 小 |
|---|---|
| 単体 | Li K Ca Na Mg Al Zn Fe Ni Sn Pb (H₂) Cu Hg Ag Pt Au |
| | リッチだよ 貸そう か な ま あ あて に すん な ひ ど すぎる 借 金 |
| 陽イオン | Li⁺ K⁺ Ca²⁺ Na⁺ Mg²⁺ Al³⁺ Zn²⁺ Fe²⁺ Ni²⁺ Sn²⁺ Pb²⁺ H⁺ Cu²⁺ Hg₂²⁺ Ag⁺ Pt²⁺ Au³⁺ |

左の単体ほど，水中で陽イオンになりやすく，逆に陽イオンは単体にもどりにくいのです

　イオン化傾向は，仮想的な環境での標準電極電位という値をもとにしているので，現実では序列が入れ替わったり，そのままでは当てはまらない場合もあります。

標準電極電位について知りたい人は，次ページからの Extra Stage の説明を読んでください

## Extra Stage　標準電極電位

　**電位**とは，地上における**"高さ"**と同じような概念です。ペンを持ち上げて手を離すと，ペンは自発的に下に落っこちます。このとき失った位置エネルギーは運動エネルギーなどに変換されます。

　電位に差がある世界で，電荷をもつ粒子が自発的に移動するとしましょう。電子は負電荷をもつ粒子でした。互いに反発する**電子が密に集まって高エネルギー状態にある**ほど，その場所の**"電位は負（マイナス）"**です。そこを相対的に電位が高い場所（**電位が"正（プラス）"**）と電気的に接続すると，電子は電位が低い方から高い方へと自発的に移動して，エネルギーが放出

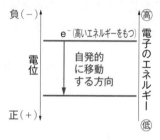

されます。このエネルギーを利用する装置が電池です。この点を確認してから，読み進めてください。

### ⑴　半電池

　ある金属イオン $M^{n+}$ を含む水溶液と，その単体である金属 M が次のような可逆的な変化で結ばれている半反応を考えましょう。

$$M^{n+} + ne^- \rightleftarrows M（金属）\quad \cdots①\quad （水溶液の話ですが，aq は省略しています）$$

このような系を**半電池**といい，$M^{n+}/M$ と書くことにします。

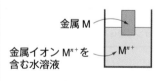

金属 M

金属イオン $M^{n+}$ を含む水溶液

$M^{n+}$

温度 25℃ で，金属 M は水と反応せず，$[M^{n+}]=1\,mol/L$ とします。$M^{n+}$ どうしの相互作用を無視した仮想的な溶液を想定しています

　**イオン化傾向が大きな金属 M** は，①の可逆変化が左に進みやすく，水溶液中へと $M^{n+}$ が出ていきやすいので，電子が集まった M の**電位は**相対的に**負**になって平衡状態となると考えられます。

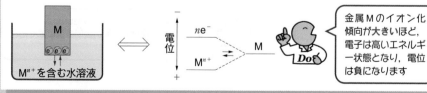

金属 M のイオン化傾向が大きいほど，電子は高いエネルギー状態となり，電位は負になります

## (2) 標準電極電位

　高さで海抜(近くの海面)を基準にするように,電位に基準となるゼロ地点を設けましょう。今回は**標準水素電極**とよばれる次のような $H^+/H_2$ 半電池を基準にし,図中の白金板の電位を $0\ V$ とします。

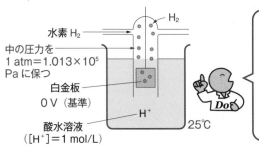

水素 $H_2$ →

中の圧力を 1 atm＝$1.013×10^5$ Pa に保つ

白金板

0 V(基準)

酸水溶液 ([$H^+$]＝1 mol/L)

$H^+$

25℃

> ここでは
> 25℃,1 atm＝$1.013×10^5$ Pa を標準状態とします。
> [$H^+$]＝1 mol/L の仮想溶液です。
> 白金板の表面に吸着した $H_2$ 分子は解離しやすく,電極の白金は $H_2 \longrightarrow 2H^+ + 2e^-$ の触媒でもあります。
> 白金も含めて水素電極といいます

　例えば $Zn^{2+}/Zn$ を,この $H^+/H_2$ と下図のように電気的に接触し,両者の電位差を測定するとしましょう。$Zn + 2H^+ \longrightarrow Zn^{2+} + H_2$ が自発的に進む変化なので,$Zn^{2+}/Zn$ は $H^+/H_2$ より電位は低いはずです。

　電位差は,実際に測定できなくても反応のギブスエネルギー変化などの熱力学的データから算出でき,今回の電位差は $0.76\ V$ となります。

　そこで,$H^+/H_2$ の電位を $0\ V$ とすると,$Zn^{2+}/Zn$ の電位は $-0.76\ V$ と決まります。

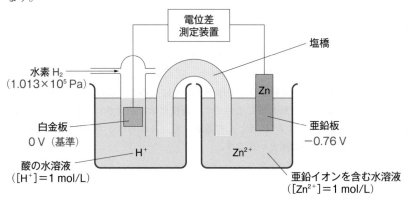

電位差測定装置

塩橋

水素 $H_2$ ($1.013×10^5$ Pa)

白金板

0 V(基準)

酸の水溶液 ([$H^+$]＝1 mol/L)

$H^+$

Zn

亜鉛板 $-0.76\ V$

$Zn^{2+}$

亜鉛イオンを含む水溶液 ([$Zn^{2+}$]＝1 mol/L)

　このように決めた電位を**標準電極電位**($E^0$ と記す)といい,$Zn^{2+}/Zn$ の $E^0$ の値は $-0.76\ V$ となりますね。

$E^0$ は仮想的な条件で熱力学データから算出できる理論値なので，$Zn^{2+}/Zn$ 以外でも [電子を受けとる形/電子を与える形] のセットであれば決められます。いくつか紹介しましょう。

| $M^{n+} + ne^- \rightleftharpoons M$ | 標準電極電位 $E^0$〔V〕 |
|---|---|
| $Li^+ + e^- \rightleftharpoons Li$ | $-3.05$ |
| $K^+ + e^- \rightleftharpoons K$ | $-2.93$ |
| $Ca^{2+} + 2e^- \rightleftharpoons Ca$ | $-2.84$ |
| $Na^+ + e^- \rightleftharpoons Na$ | $-2.71$ |
| $Mg^{2+} + 2e^- \rightleftharpoons Mg$ | $-2.36$ |
| $Al^{3+} + 3e^- \rightleftharpoons Al$ | $-1.68$ |
| $Zn^{2+} + 2e^- \rightleftharpoons Zn$ | $-0.76$ |
| $Fe^{2+} + 2e^- \rightleftharpoons Fe$ | $-0.44$ |
| $Ni^{2+} + 2e^- \rightleftharpoons Ni$ | $-0.26$ |
| $Sn^{2+} + 2e^- \rightleftharpoons Sn$ | $-0.14$ |
| $Pb^{2+} + 2e^- \rightleftharpoons Pb$ | $-0.13$ |
| $2H^+ + 2e^- \rightleftharpoons H_2$ | $0$（基準） |
| $Cu^{2+} + 2e^- \rightleftharpoons Cu$ | $+0.34$ |
| $Hg_2^{2+} + 2e^- \rightleftharpoons 2Hg$ | $+0.796$ |
| $Ag^+ + e^- \rightleftharpoons Ag$ | $+0.799$ |
| $Pt^{2+} + 2e^- \rightleftharpoons Pt$ | $+1.19$ |
| $Au^{3+} + 3e^- \rightleftharpoons Au$ | $+1.52$ |

> $E^0$ が低いほど半反応は左へ進みやすく，M が還元剤として強いと判断できます

イオン化列は，この標準電極電位 $E^0$ の値をもとにした序列です。$E^0$ が小さい方から適当に選んで並べただけなのです。$E^0$ は細かく条件を設定した仮想的な系の値なので，現実の実験や反応で序列どおりになるとも限らず，$E^0$ の差が小さい箇所は条件次第で逆転してしまいます。高校化学で紹介されるイオン化列では，Sn と Pb，Hg と Ag は $E^0$ にほとんど差がなく，これらはイオン化列での序列を気にしなくてもよい箇所といえます。

# 4 いろいろな電池

別冊 p.36, 37

## 1 ダニエル電池

1836 年にイギリスのダニエルがつくったダニエル電池を紹介しましょう。

ダニエル電池は<u>銅 Cu と亜鉛 Zn の半電池を組み合わせた構造</u>をしています。いま，素焼き板の左側と右側で金属イオンの濃度は同じ 1 mol/L とします。

ちなみに，p.216 の標準電極電位 $E^0$ の値を用いると，起電力 (正極と負極の電位差) は，$E^0_{Cu^{2+}/Cu} - E^0_{Zn^{2+}/Zn} = +0.34 - (-0.76) = 1.10\ V$ です。

ここでスイッチを入れると，電子 $e^-$ は電位の低い Zn から Cu 側へ自発的に移動し，次の①式の可逆変化は右へ，②式は左へ移動します。

$$\begin{cases} Zn \underset{}{\overset{右へ}{\rightleftarrows}} Zn^{2+} + 2e^- & \cdots ① \\ Cu \underset{左へ}{\rightleftarrows} Cu^{2+} + 2e^- & \cdots ② \end{cases}$$

↓移動

途中につないだ電気抵抗で，電子がもつエネルギーは消費されます。電球をつないだら点灯し，モーターなら回ります。<u>Zn 板が負極，Cu 板が正極</u>の電池となり，エネルギーをとり出せるのです。

$$\begin{cases} \boxed{負極}\ Zn \longrightarrow Zn^{2+} + 2e^- & \cdots ③ \\ \boxed{正極}\ Cu^{2+} + 2e^- \longrightarrow Cu & \cdots ④ \end{cases}$$

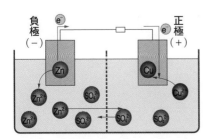

放電にともなって溶液中では，$ZnSO_4$ aq 側で $Zn^{2+}$ が過剰になり，$CuSO_4$ aq 側で $Cu^{2+}$ が不足します。この電位差を解消するように，$SO_4^{2-}$ や $Zn^{2+}$ が素焼き板を通過して，これが電流となります。

ダニエル電池の構成は，負極，電解質，正極の順に化学式で，

$$(-)\,Zn\,|\,ZnSO_4\,aq\,|\,CuSO_4\,aq\,|\,Cu\,(+)$$

のように書きます。これを電池式といいます。全体で ③＋④ より，

$$Zn\ +\ Cu^{2+}\ \longrightarrow\ Zn^{2+}\ +\ Cu$$

と表される，酸化還元反応が自発的に進むことで得られるエネルギーを電気エネルギーとしてとり出す電池です。

---

**入試攻略 への 必須問題**

図に示す4つの電池は，それぞれの金属イオン 1 mol/L の水溶液中にそれぞれの金属の電極を浸してつくられたダニエル型の電池である。また，電池(iv)では両電極に同じ金属Aを用いているが，両側の $A^{2+}$ イオン濃度が図中に示したように異なっている。それぞれの電池の起電力測定の結果は図の上に示されている。

(1) 金属A～Dをイオン化傾向の大きいものから順に示せ。

(2) 電池(iv)で正極であるのはXかYか答えよ。

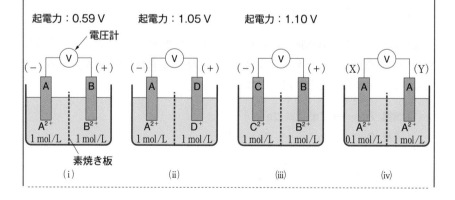

**解説** (1) イオン化傾向の大きな金属ほど，電位が低いので，イオン化傾向は

$$\begin{cases} \text{(i)} & A>B \\ \text{(ii)} & A>D \\ \text{(iii)} & C>B \end{cases} \text{です。}$$

さらに，それぞれの起電力（正極と負極の電位差）から，次のように序列が決まります。

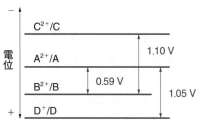

よって，イオン化傾向の大きなものから

$\underline{C>A>B>D}$

(2) (iv)のような電池を**濃淡電池**といいます。

$A^{2+}$ の濃度に差があると，エントロピー $S$ が大きくなる方向に自発的に進むので，$\underline{A^{2+}}$ の濃度が同じになるまで，$e^-$ が移動するから，

0.1 mol/L（うすい）

$\begin{cases} \text{(X)} & A^{2+} + 2e^- \rightleftarrows A \quad \text{(左向きに進む)} \\ \text{(Y)} & A^{2+} + 2e^- \rightleftarrows A \quad \text{(右向きに進む)} \end{cases}$

1 mol/L（濃い）

$\Downarrow$

$\boxed{\begin{cases} \text{(X)} & A \longrightarrow A^{2+} + 2e^- \\ \text{(Y)} & A^{2+} + 2e^- \longrightarrow A \end{cases}}$ が起こる

よって，$e^-$ は (X) から (Y) へと移動するので，電位の高い電極（正極）は$\underline{Y}$です。

**答え** (1) $C>A>B>D$　　(2) Y

## 2 鉛蓄電池

鉛蓄電池は正極活物質に酸化鉛（Ⅳ）PbO₂，負極活物質に鉛 Pb を極板として使います。電解質溶液（電解液）には希硫酸 H₂SO₄ を使います。起電力は約 2.0 V と比較的大きく，自動車のバッテリーなどに利用されています。

<small>電極に用いる板状の導体</small>

### (1) 鉛蓄電池の構造

<u>放電時は，負極の Pb が還元剤として働いて Pb²⁺に，正極の PbO₂ が酸化剤として働いて Pb²⁺となります。</u>ただし，硫酸鉛（Ⅱ）が水に難溶なので，Pb²⁺は硫酸イオン SO₄²⁻ と結合し，<u>硫酸鉛（Ⅱ）PbSO₄ として付着するように極板が加工されています。</u>

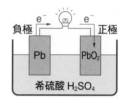

$$(-)\ \mathrm{Pb}\,|\,\mathrm{H_2SO_4\ aq}\,|\,\mathrm{PbO_2}\ (+)$$

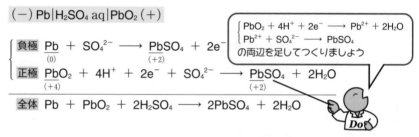

$$\begin{cases}\mathrm{PbO_2 + 4H^+ + 2e^- \longrightarrow Pb^{2+} + 2H_2O}\\ \mathrm{Pb^{2+} + SO_4^{2-} \longrightarrow PbSO_4}\end{cases}$$
の両辺を足してつくりましょう

負極 $\underset{(0)}{\mathrm{Pb}}$ + SO₄²⁻ ⟶ $\underset{(+2)}{\mathrm{PbSO_4}}$ + 2e⁻

正極 $\underset{(+4)}{\mathrm{PbO_2}}$ + 4H⁺ + 2e⁻ + SO₄²⁻ ⟶ $\underset{(+2)}{\mathrm{PbSO_4}}$ + 2H₂O

全体 Pb + PbO₂ + 2H₂SO₄ ⟶ 2PbSO₄ + 2H₂O

### (2) 二次電池

一般に，**くり返し使用できない電池を一次電池**，充電することで**くり返し使用できる電池を二次電池**とよびます。

鉛蓄電池は二次電池の代表例です。外部直流電源によって充電すると，極板の材質の関係で希硫酸の電気分解が起こりにくいため，放電時の逆反応が起こります。

<small>電解液の希硫酸の電気分解は水を電気分解することになる 参照p.231</small>

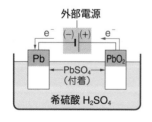

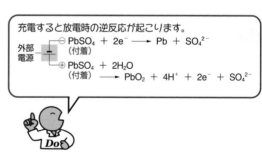

充電すると放電時の逆反応が起こります。

外部電源 ⊖ PbSO₄ + 2e⁻ ⟶ Pb + SO₄²⁻
（付着）

⊕ PbSO₄ + 2H₂O
（付着） ⟶ PbO₂ + 4H⁺ + 2e⁻ + SO₄²⁻

鉛蓄電池で放電時に $e^-$ 1 mol が流れると，電解質水溶液に含まれる硫酸 $H_2SO_4$ および水 $H_2O$ の物質量はどのように変化するか。

**解説** 放電時は次のような反応が極板で進みます。

$\begin{cases} \boxed{\text{負極}} \ Pb + SO_4^{2-} \longrightarrow PbSO_4 + 2e^- \\ \boxed{\text{正極}} \ PbO_2 + 4H^+ + 2e^- + SO_4^{2-} \longrightarrow PbSO_4 + 2H_2O \end{cases}$

$\boxed{\text{全体}} \ Pb + PbO_2 + \underline{2}H_2SO_4 \longrightarrow 2PbSO_4 + \underline{2}H_2O$

$\underbrace{\phantom{Pb + PbO}}_{2e^-}$

放電で $e^-$ が 2 mol 移動すると，電極と電解質水溶液で起こる量的変化をまとめておきます。

放電によって $e^-$ が 2 mol 移動すると

$\boxed{\text{正極}}$ 1 mol $PbO_2 \longrightarrow$ 1 mol $PbSO_4$

$\qquad\qquad\quad \overset{+SO_2}{\frown}$

$\boxed{\text{負極}}$ 1 mol $Pb \longrightarrow$ 1 mol $PbSO_4$

$\qquad\qquad\quad \overset{+SO_4}{\frown}$

と変化し，質量が増加する。

$\boxed{\text{電解質水溶液}}$ 2 mol $H_2SO_4 \longrightarrow$ 2 mol $H_2O$

溶質の $H_2SO_4$ が減り，溶媒の $H_2O$ が増えるので，硫酸の濃度が減少する。

そこで，$e^-$ が 1 mol 移動すると，$H_2SO_4$ は 1 mol 減少し，$H_2O$ は 1 mol 増加します。

> $e^- : H_2SO_4 : H_2O$
> $= 2 : (-2) : (+2)$
> $= 1 : (-1) : (+1)$ です

**答え** 硫酸 $H_2SO_4$ が 1 mol 消費され，水 $H_2O$ が 1 mol 生成する。

## ⟨3⟩ マンガン乾電池

　マンガン乾電池は，<u>亜鉛 Zn が負極活物質，酸化マンガン（Ⅳ）MnO₂ が正極活物質</u>として働きます。起電力は約 1.5 V です。電解質は塩化亜鉛 ZnCl₂ や塩化アンモニウム NH₄Cl の水溶液をのりで固めたものを用いています。極板で起こる反応は単純ではないので記憶する必要はありません。また，電解液に水酸化カリウム KOH を用いたものはアルカリマンガン乾電池とよばれています。

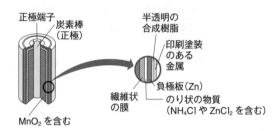

$$(-)\ Zn\,|\,ZnCl_2\ aq\cdot NH_4Cl\ aq\,|\,MnO_2\cdot C\ (+)$$

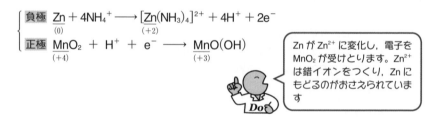

負極　$\underset{(0)}{Zn} + 4NH_4^+ \longrightarrow \underset{(+2)}{[Zn(NH_3)_4]^{2+}} + 4H^+ + 2e^-$

正極　$\underset{(+4)}{MnO_2} + H^+ + e^- \longrightarrow \underset{(+3)}{MnO(OH)}$

> Zn が Zn²⁺ に変化し，電子を MnO₂ が受けとります。Zn²⁺ は錯イオンをつくり，Zn にもどるのがおさえられています

**注**　アルカリマンガン乾電池　$(-)\ Zn\,|\,KOH\ aq\,|\,MnO_2\cdot C\ (+)$　の場合に電極で進む反応は次のように表せます。こちらも覚える必要はありません。

負極　$\underset{(0)}{Zn} + 4OH^- \longrightarrow \underset{(+2)}{[Zn(OH)_4]^{2-}} + 2e^-$

正極　$\underset{(+4)}{MnO_2} + H_2O + e^- \longrightarrow \underset{(+3)}{MnO(OH)} + OH^-$

　なお，マンガン乾電池は一次電池です。他にも一次電池の例を紹介しておきます。

| 名称 | 負極活物質 | 正極活物質 | 電解質 | 用途 |
|---|---|---|---|---|
| リチウム電池 | Li | MnO₂ | Li塩を含む有機溶媒 | 家電 |
| 酸化銀電池 | Zn | Ag₂O | KOH | 電子体温計 |
| 空気電池 | Zn | O₂ | KOH | 補聴器 |

## 4 燃料電池

　自動車や家庭用の電源などに利用されています。よく利用されている燃料電池は，水素 $H_2$ を負極活物質，酸素 $O_2$ を正極活物質に用いています。電極には白金触媒をつけた多孔質の黒鉛などを用います。電解質にはリン酸 $H_3PO_4$ や
（穴が多数あいたような構造）
$H^+$ のみを通す固体高分子化合物などが使われています。

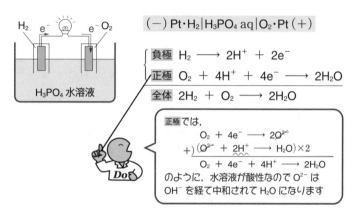

$(-)\ Pt\cdot H_2\,|\,H_3PO_4\ aq\,|\,O_2\cdot Pt\ (+)$

負極　$H_2 \longrightarrow 2H^+ + 2e^-$

正極　$O_2 + 4H^+ + 4e^- \longrightarrow 2H_2O$

全体　$2H_2 + O_2 \longrightarrow 2H_2O$

正極 では，
$$O_2 + 4e^- \longrightarrow 2O^{2-}$$
$$+)\ (O^{2-} + 2H^+ \longrightarrow H_2O)\times 2$$
$$O_2 + 4e^- + 4H^+ \longrightarrow 2H_2O$$
のように，水溶液が酸性なので $O^{2-}$ は $OH^-$ を経て中和されて $H_2O$ になります

　$H_2$ や $O_2$ といった気体活物質を外から連続供給することで，長時間作動させることができます。

<br>

**入試突破のための TIPS!!　電池**

### 次の電池の負極活物質（還元剤）と正極活物質（酸化剤）をおさえよ！

| | | 負極活物質（還元剤） | 正極活物質（酸化剤） |
|---|---|---|---|
| 二次電池 → | ダニエル電池 | Zn | $Cu^{2+}$ |
| | 鉛蓄電池 | Pb | $PbO_2$ |
| | マンガン乾電池 | Zn | $MnO_2$ |
| | 燃料電池 | $H_2$ | $O_2$ |

# Extra Stage　その他の二次電池

## (1)　ニッケル水素電池

　充電できるエコ電池として近年普及しています。負極活物質として水素を吸蔵させた合金（MH と表します），正極活物質にはオキシ水酸化ニッケル（Ⅲ）NiO(OH)，電解質に水酸化カリウム KOH 水溶液を用いています。

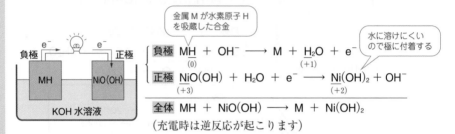

## (2)　ニッケルカドミウム電池

　負極活物質にカドミウム Cd を用いている以外は，(1)に似ています。電動工具のバッテリーなどに用いられています。

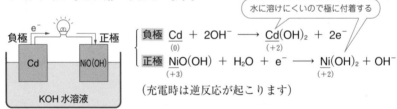

## (3)　リチウムイオン電池

　起電力が約 4.0 V と大きく，小型で軽量なのでスマートフォンやノートパソコンなど幅広く使われています。

　負極活物質に黒鉛の層間にリチウムをとり込んだ化合物，正極活物質にコバルト酸リチウムを用います。電解質は，リチウム塩を有機溶媒に溶かしたものを使います。

※ コバルト酸リチウム { CoO₂⁻ (一部 CoO₂) / Li⁺

※ $Li_{1-x}CoO_2$ で、$x$ の値が 1〜0 の間で変化している

正極　負極
電解液

上から見ると

炭素 C 原子　リチウム Li 原子

完全に充電したときは Li : C = 1 : 6 なので組成式で $LiC_6$ と表すことにします

黒鉛 C
Li

正極活物質で使うコバルト酸リチウムは，コバルト酸イオン $CoO_2^-$ と $Li^+$ が層をなした構造をしていて，$CoO_2^-$ の一部は酸化コバルト（Ⅳ）$CoO_2$ になっています。$Li_{1-x}CoO_2$ $(0 < x < 1)$ と表すのが一般的です。完全に充電した状態で $x = 0.5$ くらいになるようにつくられています

負極　$LiC_6 \longrightarrow Li^+ + e^- + 6C$（黒鉛）

正極　$Li_{1-x}CoO_2 + xe^- + Li^+ \longrightarrow LiCoO_2$

放電時は，Co（Ⅳ）が Co（Ⅲ）へと還元されています

（充電時は逆反応が起こる）

このリチウムイオン電池に関する研究で 2019 年に吉野彰さんがノーベル化学賞を受賞しました

◆**参考◆ ボルタ電池**

　1800 年，イタリアのボルタによって発明された電池は，化学電池の原点です。希硫酸に亜鉛板と銅板を浸しただけの単純な構造をしています。

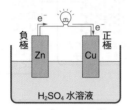

$$(-)\ Zn\,|\,H_2SO_4\ aq\,|\,Cu\ (+)$$

| | |
|---|---|
| 負極 | $Zn \longrightarrow Zn^{2+} + 2e^-$ |
| 正極 | $2H^+ + 2e^- \longrightarrow H_2$ |
| 全体 | $Zn + 2H^+ \longrightarrow Zn^{2+} + H_2$ |

水素の発生反応は，亜鉛板よりも銅板の方が，より少ないエネルギーで進むことが知られています。そこで，銅板が正極となっています

　ボルタ電池は起電力がすぐに低下し，実用的ではありません。起電力が低下する理由を説明するには高校の範囲外の専門的な電気化学の知識が必要になります。歴史的に重要な電池として名前と構成を知っておく程度で十分です。

# 電気分解

**STAGE 1　電気分解とは**

　**自発的には進まない酸化還元反応を，電気エネルギーを利用して進ませる操作**を**電気分解**といいます。

　電気分解をするときは，電解質溶液や融解した塩のような自由に動けるイオンを多く含む導体に，金属や炭素 (黒鉛) の極板を入れて，電池などの直流電源につなぎます。
溶融塩ともいう

　このとき電源の**負極につないだ極板**を**陰極**といいます。電源から負電荷をもつ電子が流れ込み電位が低くなった電極です。**正極につないだ極板**は**陽極**といいます。電源に電子が移動して電位が高くなった電極です。

　電気分解では，陰極で流れ込んだ電子を用いて還元反応が，陽極で失った電子を奪い返す酸化反応が起こります。それぞれの反応を **STAGE②** で説明します。

正極(+)　(−)負極

陽極　　陰極

e⁻　　e⁻

酸化　　還元

⊕ 陽イオン
⊖ 陰イオン

電解質溶液や融解した塩

**｜** の記号は電池のような直流電源を表しています。

電源の **｜** (−) の負極は電子供給極，
**｜** (+) の正極は電子吸引極です

*Do!*

**入試突破**のための **TIPS!!**

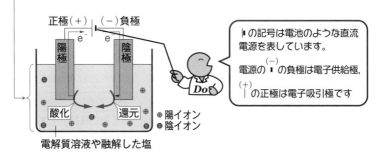

e⁻ ─ **陽極** 吸い出されて電子不足　➡ **酸化反応を起こす**

─ **陰極** 流れ込んできて電子過剰　➡ **還元反応を起こす**
e

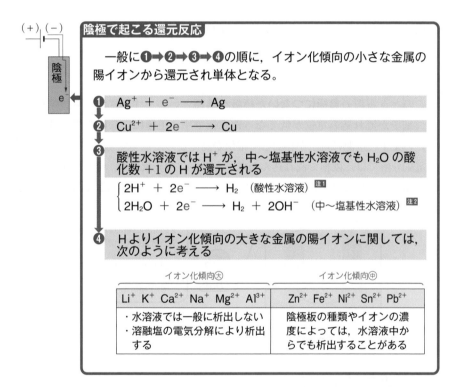

STAGE

## ② 極板で起こる化学反応

◯別冊 p.38

⑴ 陰極で起こる還元反応

　陰極は，溶媒，溶質，極板の中で最も還元されやすいものから電子を押しつけられます。何から反応するかは物質の種類だけでなく，濃度や極板の材質にも左右されるので単純に判断できません。ただし，問題文に指示がなければ，イオン化傾向の大小を判断基準にしてよいでしょう。“イオン化傾向の小さな金属の陽イオンから単体にもどる”と判断してください。

（＋）（－）

陰極

e⁻

**陰極で起こる還元反応**

　　一般に❶➡❷➡❸➡❹の順に，イオン化傾向の小さな金属の陽イオンから還元され単体となる。

❶ $Ag^+ + e^- \longrightarrow Ag$

❷ $Cu^{2+} + 2e^- \longrightarrow Cu$

❸ 酸性水溶液では $H^+$ が，中〜塩基性水溶液でも $H_2O$ の酸化数 +1 の H が還元される

$$\begin{cases} 2H^+ + 2e^- \longrightarrow H_2 & （酸性水溶液）\text{注1} \\ 2H_2O + 2e^- \longrightarrow H_2 + 2OH^- & （中〜塩基性水溶液）\text{注2} \end{cases}$$

❹ H よりイオン化傾向の大きな金属の陽イオンに関しては，次のように考える

| イオン化傾向⊗ | イオン化傾向⊕ |
|---|---|
| $Li^+$ $K^+$ $Ca^{2+}$ $Na^+$ $Mg^{2+}$ $Al^{3+}$ | $Zn^{2+}$ $Fe^{2+}$ $Ni^{2+}$ $Sn^{2+}$ $Pb^{2+}$ |
| ・水溶液では一般に析出しない<br>・溶融塩の電気分解により析出する | 陰極板の種類やイオンの濃度によっては，水溶液中からでも析出することがある |

**注1**　希硫酸のような酸性水溶液は $H^+$ を多く含むので，

　　　$2H^+ + 2e^- \longrightarrow H_2$

　と表します。

注2 硫酸ナトリウム水溶液や水酸化ナトリウム水溶液のような中性や塩基性の水溶液では $H^+$ は少なく，実際は水分子の酸化数 +1 の H が還元されるので，

$$
\begin{cases}
\overset{\delta-}{H}-\overset{\delta+}{O} \cdot\cdot \overset{}{H} + e^- \xrightarrow{\text{還元}} H-O \cdot\cdot^{\ominus} + \underset{(0)}{H} \cdots ① \\[4pt]
\underset{\text{水酸化物}\atop\text{イオン}}{} \quad \underset{\text{水素原子}}{} \\[4pt]
H + H \xrightarrow{\text{共有結合}} \underset{\text{水素分子}}{H_2} \cdots ②
\end{cases}
$$

①×2＋② で H を消去して，次式のように表してください。

$$2H_2O + 2e^- \longrightarrow H_2 + 2OH^-$$

## (2) 陽極で起こる酸化反応

陽極は，溶媒，溶質，極板の中で最も酸化されやすいものから電子を奪います。何から反応するかは化学式だけで単純に判断できませんが，問題文でとくに指示がなければ，次のように判断してください。

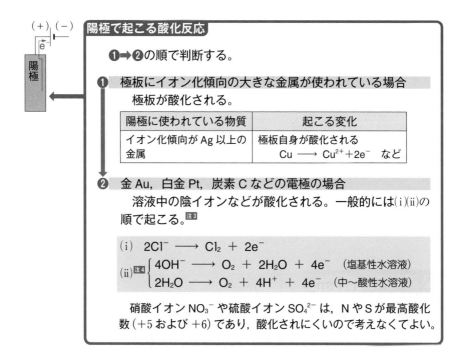

**陽極で起こる酸化反応**

❶➡❷の順で判断する。

❶ 極板にイオン化傾向の大きな金属が使われている場合
　極板が酸化される。

| 陽極に使われている物質 | 起こる変化 |
|---|---|
| イオン化傾向が Ag 以上の金属 | 極板自身が酸化される $Cu \longrightarrow Cu^{2+} + 2e^-$ 　など |

❷ 金 Au，白金 Pt，炭素 C などの電極の場合
　溶液中の陰イオンなどが酸化される。一般的には(i)(ii)の順で起こる。注3

(i)　$2Cl^- \longrightarrow Cl_2 + 2e^-$

(ii)注4 $\begin{cases} 4OH^- \longrightarrow O_2 + 2H_2O + 4e^- \quad \text{（塩基性水溶液）} \\ 2H_2O \longrightarrow O_2 + 4H^+ + 4e^- \quad \text{（中～酸性水溶液）} \end{cases}$

硝酸イオン $NO_3^-$ や硫酸イオン $SO_4^{2-}$ は，N や S が最高酸化数(+5 および +6)であり，酸化されにくいので考えなくてよい。

極板自身がそのまま酸化される可能性もあるので注意しましょう。

**注3** 塩化物イオンから塩素分子が生じる過程は比較的シンプルです。

$$\begin{cases} Cl^- \xrightarrow{\text{酸化}} Cl + e^- \\ 2Cl \xrightarrow{\text{結合}} Cl\text{-}Cl \end{cases}$$

これに対し，$OH^-$ や $H_2O$ を酸化して酸素分子が生じる場合は $O\text{-}H$ 結合の切断，酸素原子から $O{=}O$ の二重結合の形成といった複雑で大きなエネルギーを必要とする過程を経なくてはなりません。このため，酸素 $O_2$ は塩素 $Cl_2$ よりも発生させるのに大きなエネルギーが必要となり，$Cl^-$ の酸化が優先的に起こるのが一般的です。ただし，陽極板の材質や溶液の濃度によって変わる場合もあります。その場合は問題に指示があるので，柔軟に対応してください。

**注4** 塩基性の水溶液では，水酸化物イオンの酸化数 $-2$ の $O$ が酸化され，$O_2$ となります。このとき，生じる $H^+$ は水溶液中で余剰の $OH^-$ によって中和され $H_2O$ になります。

$$\begin{array}{l} 2OH^- \longrightarrow O_2 + 2H^+ + 4e^- \\ \phantom{_{(-2)(+1)}}\!\!\!{\scriptstyle(-2)(+1)}\phantom{xxx}{\scriptstyle(0)}\phantom{xx}{\scriptstyle(+1)} \\ +)\ \ 2H^+ + 2OH^- \xrightarrow{\text{中和}} 2H_2O \\ \hline 4OH^- \longrightarrow O_2 + 2H_2O + 4e^- \end{array}$$

中〜酸性の水溶液では，$H_2O$ 分子の酸化数 $-2$ の $O$ が酸化されて $O_2$ となります。このとき，酸化数 $+1$ の $H$ は $H^+$ として水溶液中に出ていきます。

$$2H_2O \longrightarrow O_2 + 4H^+ + 4e^-$$
$$\phantom{xx}{\scriptstyle(+1)(-2)}\phantom{xxx}{\scriptstyle(0)}\phantom{xxx}{\scriptstyle(+1)}$$

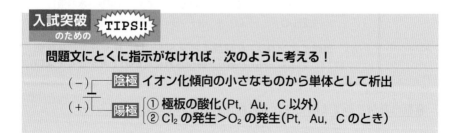

**入試突破** のための **TIPS!!**

**問題文にとくに指示がなければ，次のように考える！**

$(-)$ ┬ 陰極 イオン化傾向の小さなものから単体として析出

$(+)$ ┴ 陽極 { ① 極板の酸化($Pt$，$Au$，$C$ 以外)
② $Cl_2$ の発生＞$O_2$ の発生($Pt$，$Au$，$C$ のとき) }

次の(1)〜(6)の電気分解の各電極の反応式を書け。

(1)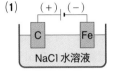

(2)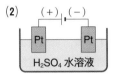

(3)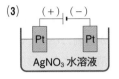

(4)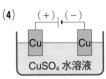

(5)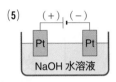

(6)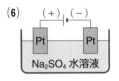

**解説** 　陽極(左側)では，白金 Pt や炭素 C は酸化されにくいですが，(4)の場合は Cu なので電極が酸化されます。それ以外では，$Cl^- \rightarrow OH^-(H_2O)$ の順に酸化されます。$NO_3^-$ や $SO_4^{2-}$ は酸化されにくいです。

　陰極(右側)では，$Ag^+ \rightarrow Cu^{2+} \rightarrow H^+(H_2O)$ の順に還元されます。$Na^+$ は水溶液中では還元されにくいです。

(1)　陽極では $Cl^-$ が酸化され，陰極では $Na^+$ ではなく $H_2O$ が還元されます。

(2)　陽極では $SO_4^{2-}$ ではなく $H_2O$ が酸化され，陰極では $H^+$ が還元されます。

(3)　陽極では $NO_3^-$ ではなく $H_2O$ が酸化され，陰極では $Ag^+$ が還元されます。

(4)　陽極が Cu なので，極板が酸化されます。陰極では $Cu^{2+}$ が還元されます。

(5)　陽極では $OH^-$ が酸化され，陰極では $H_2O$ が還元されます。

(6)　陽極では $SO_4^{2-}$ ではなく $H_2O$ が酸化され，陰極では $Na^+$ ではなく $H_2O$ が還元されます。

**答え**

(1)　陽極 $2Cl^- \longrightarrow Cl_2 + 2e^-$
　　陰極 $2H_2O + 2e^- \longrightarrow H_2 + 2OH^-$

(2)　陽極 $2H_2O \longrightarrow O_2 + 4H^+ + 4e^-$
　　陰極 $2H^+ + 2e^- \longrightarrow H_2$

(3)　陽極 $2H_2O \longrightarrow O_2 + 4H^+ + 4e^-$
　　陰極 $Ag^+ + e^- \longrightarrow Ag$

(4)　陽極 $Cu \longrightarrow Cu^{2+} + 2e^-$
　　陰極 $Cu^{2+} + 2e^- \longrightarrow Cu$

(5)　陽極 $4OH^- \longrightarrow O_2 + 2H_2O + 4e^-$
　　陰極 $2H_2O + 2e^- \longrightarrow H_2 + 2OH^-$

(6)　陽極 $2H_2O \longrightarrow O_2 + 4H^+ + 4e^-$
　　陰極 $2H_2O + 2e^- \longrightarrow H_2 + 2OH^-$

# 3 電解槽と電流の流れ方

　電気分解では，陰極で電子を与える反応が進むと，陰極付近では陰イオンが過剰となります。同時に陽極では電子を奪う反応が起こり，陽極付近には陽イオンが過剰になっていきます。すると，電解質溶液内部の余剰なイオンが電位差を解消するように移動します。結果として，電解槽全体に電流が流れるわけです。

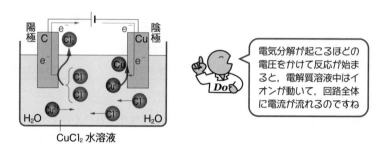

CuCl₂ 水溶液

> 電気分解が起こるほどの電圧をかけて反応が始まると，電解質溶液中はイオンが動いて，回路全体に電流が流れるのですね

　それでは電解槽を直列につないだときと並列につないだときの電気量の関係を見てみましょう。e⁻ の流れ（図中の→）を書き込むと理解しやすくなります。

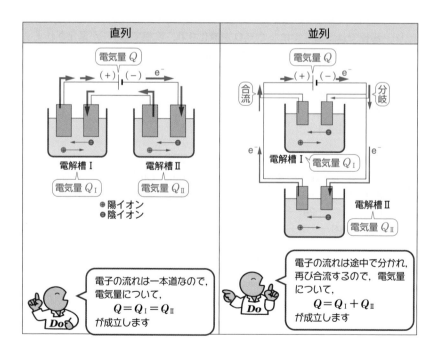

> 電子の流れは一本道なので，電気量について，
> $$Q = Q_{\mathrm{I}} = Q_{\mathrm{II}}$$
> が成立します

> 電子の流れは途中で分かれ，再び合流するので，電気量について，
> $$Q = Q_{\mathrm{I}} + Q_{\mathrm{II}}$$
> が成立します

Cu 電極 A，B を入れた電解槽Ⅰと Pt 電極 C，D を入れた電解槽Ⅱを用いて，図のような回路を組み立てた。電解槽Ⅰには CuSO₄ 水溶液を，電解槽Ⅱには AgNO₃ 水溶液を入れ，一定の電流を流して電気分解の実験を行った。この回路に 5.00 A の電流を 25 分間流したところ，Cu が 2.45 g 析出した。次の問いに答えよ。

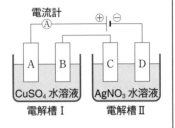

原子量は，Cu＝63.5 とし，有効数字 3 桁で答えよ。

**問1** この実験から求められるファラデー定数〔C/mol〕はいくらか。

**問2** この実験で発生した気体の物質量〔mol〕はいくらか。

解説　ケアレスミスを防ぐために，電子の流れを図に書き込んでから，各電極で起こる反応を考えましょう。

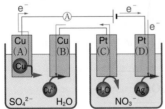

$$\begin{cases} A & \text{陽極} \quad Cu \longrightarrow Cu^{2+} + 2e^- \\ B & \text{陰極} \quad Cu^{2+} + 2e^- \longrightarrow Cu \end{cases}$$
$$\begin{cases} C & \text{陽極} \quad 2H_2O \longrightarrow O_2 + 4H^+ + 4e^- \\ D & \text{陰極} \quad Ag^+ + e^- \longrightarrow Ag \end{cases}$$

**問1**　反応式より $e^-$ 2 mol から Cu は 1 mol 析出します。5.00 A の電流を 25 分間流すことで Cu が 2.45 g 析出したことから，ファラデー定数を $F$〔C/mol〕とすると，

$$\underbrace{5.00 \times \left(25\,\text{分} \times \frac{60\,\text{秒}}{1\,\text{分}}\right)}_{A = \frac{C}{\text{秒}} \qquad \text{秒}} = \frac{2.45\,\text{g}}{63.5\,\text{g/mol}} \times \underbrace{\frac{2\,\text{mol}\,(e^-)}{1\,\text{mol}\,(Cu)}}_{\text{mol}\,(Cu)} \times \underbrace{\frac{F}{\frac{C}{\text{mol}\,(e^-)}}}_{\text{mol}\,(e^-)}$$

よって，$F ≒ 9.72 \times 10^4$ C/mol

**問2**　直列なので，電極に流れた電子の物質量〔mol〕は等しくなります。B で $e^-$ 2 mol から Cu が 1 mol 析出し，C で $e^-$ 4 mol から $O_2$ が 1 mol 発生するので，

$$\underbrace{\frac{2.45\,\text{g}}{63.5\,\text{g/mol}}}_{\text{mol}\,(Cu)} \times \underbrace{\frac{2\,\text{mol}\,(e^-)}{1\,\text{mol}\,(Cu)}}_{\substack{\text{mol}\,(e^-) \\ (B=C)}} \times \underbrace{\frac{1\,\text{mol}\,(O_2)}{4\,\text{mol}\,(e^-)}}_{\text{mol}\,(O_2)} ≒ 1.93 \times 10^{-2}\,\text{mol}$$

答え　**問1**　$9.72 \times 10^4$ C/mol　　**問2**　$1.93 \times 10^{-2}$ mol

# 4 電気分解を利用した工業的製法

▶別冊 p.39

高校化学で学習する工業的製法のうち電気分解を利用するものを紹介します。

## (1) 水酸化ナトリウム NaOH

陽極に黒鉛 C，陽極室の電解液に塩化ナトリウム NaCl 水溶液，陰極に鉄 Fe，陰極室の電解液にうすい水酸化ナトリウム NaOH 水溶液を用いて電気分解を行います。両室の間は $Na^+$ のような陽イオンのみが通過できる陽イオン交換膜で仕切ってあります。

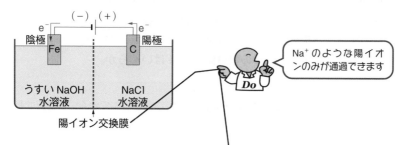

陽極で $Cl_2$，陰極で $H_2$ が発生し，両極室の電荷のバランスを整えるように，陽極室の $Na^+$ が陽イオン交換膜を通過して陰極室へと移動します。

$$陽極 \quad 2Cl^- \longrightarrow Cl_2 + 2e^-$$
$$陰極 \quad 2H_2O + 2e^- \longrightarrow H_2 + 2OH^-$$

2Na$^+$ 通過

2Na$^+$

$\underbrace{\phantom{2NaOH}}_{2NaOH}$

その結果，陰極室に NaOH が増加し，NaOH の濃度が高くなります。陰極室の溶液から水を蒸発させて，固体の NaOH を得ます。

注　陽イオン交換膜ではなく素焼きの隔壁で仕切ると，$Na^+$ だけでなく $OH^-$ も隔壁を通過できるので，陽極で発生した $Cl_2$ と生成した NaOH が反応し，次亜塩素酸ナトリウム NaClO が生じてしまいます。

$$Cl_2 + 2NaOH \longrightarrow NaClO + NaCl + H_2O$$

## (2) アルミニウム Al

原料鉱石のボーキサイトを精製して得られるアルミナ（$Al_2O_3$）の溶融塩電解
　　　　　　　　　　　　　　　　　ほぼ純粋な酸化アルミニウム
を行います。$Al_2O_3$ は非常に融点が高いので，より低い温度で電気分解するた
　　　　　　　　約2000℃
めに，氷晶石（$Na_3AlF_6$）を用います。氷晶石は約1000℃で融解し，溶融した氷晶石に $Al_2O_3$ を少しずつ加えると，$Al^{3+}$ と $O^{2-}$ に電離して溶けます。

炭素電極を用いて溶融液を電気分解すると，陰極に Al が生成し，陽極では CO や $CO_2$ が発生します。

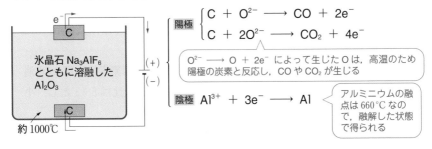

陽極 $\begin{cases} C + O^{2-} \longrightarrow CO + 2e^- \\ C + 2O^{2-} \longrightarrow CO_2 + 4e^- \end{cases}$

$O^{2-} \longrightarrow O + 2e^-$ によって生じた O は，高温のため陽極の炭素と反応し，CO や $CO_2$ が生じる

陰極 $Al^{3+} + 3e^- \longrightarrow Al$

アルミニウムの融点は 660℃ なので，融解した状態で得られる

### (3) 銅 Cu

原料鉱石となる黄銅鉱（主成分 $CuFeS_2$）を製錬し粗銅（Cu 含有率約 99 %）を得ます。この<u>粗銅板を陽極</u>，<u>純銅板を陰極</u>にして，0.3 V〜0.4 V 程度の低電圧で硫酸酸性硫酸銅（Ⅱ）水溶液の電気分解を行います。陰極の純銅（Cu 含有率 99.99 % 以上）には水溶液中の $Cu^{2+}$ が Cu となって析出してきます。このように電気分解で金属の純度を高める操作を**電解精錬**といいます。

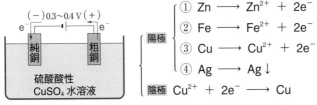

陽極 $\begin{cases} ① Zn \longrightarrow Zn^{2+} + 2e^- \\ ② Fe \longrightarrow Fe^{2+} + 2e^- \\ ③ Cu \longrightarrow Cu^{2+} + 2e^- \\ ④ Ag \longrightarrow Ag\downarrow \end{cases}$

陰極 $Cu^{2+} + 2e^- \longrightarrow Cu$

粗銅に Zn，Fe，Ag が不純物として含まれているとします

### ［陽極の粗銅板の変化］

① ，② イオン化傾向が Cu より大きな Zn や Fe から酸化され，$Zn^{2+}$ や $Fe^{2+}$ となり，粗銅板から溶出して，陽イオンのまま水溶液中に<u>存在します</u>。

水溶液中には $Cu^{2+}$ や $H^+$ が存在するので，低電圧の電気分解でこれらのイオンが還元されて，陰極に単体が析出することはない。

③ 粗銅に含まれる <u>Cu は，酸化されて $Cu^{2+}$ として溶出</u>します。$Cu^{2+}$ は水溶液中で最も還元されやすいので，<u>陰極で還元されて再び Cu となり</u>純銅板のまわりに析出してくるのです。

④ Cu よりイオン化傾向の小さな Ag は，Cu より酸化されにくい金属です。低電圧で電気分解すると，③が起こるときに Ag は単体のまま粗銅からはがれ落ちて，粗銅板の下に沈殿します。これを**陽極泥**とよんでいます。

p.234, 235 の工業的製法について，次の問いに答えよ。

**問1** NaOH の製法で，$e^-$ が $2\,mol$ 流れると陰極側で新たに何 mol の NaOH が生じるか。

**問2** Al の製法で，Al が $1\,mol$ 生じるとき，陽極の炭素電極は何 mol 消費されるか。ただし，発生した CO と $CO_2$ の物質量比は $5:1$ とし，小数第 1 位まで求めよ。

**問3** Cu の電解精錬で，粗銅に鉛 Pb が含まれる場合，どうなるか説明せよ。

**解説**

**問1**
$$\begin{cases} \text{陽極} & 2Cl^- \longrightarrow Cl_2 + 2e^- & \cdots① \\ \text{陰極} & 2H_2O + 2e^- \longrightarrow H_2 + 2OH^- & \cdots② \end{cases}$$

①＋② より，
$$2Cl^- + 2H_2O \longrightarrow H_2 + Cl_2 + 2OH^-$$

両辺に $Na^+$ を 2 つ加えて整理すると，
$$\underset{2e^-}{2NaCl} + 2H_2O \longrightarrow H_2 + Cl_2 + 2NaOH \quad \cdots③$$

③より，$e^-$ が $2\,mol$ 流れると，NaOH が $2\,mol$ 生じます。

**問2**
$$\begin{cases} \text{陽極} \begin{cases} C + O^{2-} \longrightarrow CO + 2e^- & \cdots④ \\ C + 2O^{2-} \longrightarrow CO_2 + 4e^- & \cdots⑤ \end{cases} \\ \text{陰極} \quad Al^{3+} + 3e^- \longrightarrow Al & \cdots⑥ \end{cases}$$

$CO_2$ が $x\,[mol]$ 生じるとき，CO は $5x\,[mol]$ 生じます。このとき流れた電子の物質量は $\underset{④より}{5x\times2}+\underset{⑤より}{x\times4}=14x\,[mol]$ です。Al を $1\,mol$ つくるには，電子が $3\,mol$ 必要なので，
$$14x=3 \qquad \text{よって，} \quad x=\frac{3}{14}\,mol$$

陽極で消費される炭素は，④，⑤より，$x+5x=6x\,[mol]$ なので，
$$6x=6\times\frac{3}{14}=1.28\cdots \fallingdotseq 1.3\,mol$$

**問3** Pb は Cu よりイオン化傾向が大きく，Cu より酸化されやすいので，
$$Pb \longrightarrow Pb^{2+} + 2e^-$$ が先に起こります。

生じた $Pb^{2+}$ は電解液中の $SO_4^{2-}$ と結びついて，陽極の下に $PbSO_4$ として沈殿し，陽極泥の中に含まれます。

**答え** **問1** $2\,mol$ **問2** $1.3\,mol$ **問3** $PbSO_4$ として陽極泥に含まれる。

さらに演習！ 『鎌田の化学問題集 理論・無機・有機 改訂版』
「第4章 化学反応とエネルギー 09 電池・電気分解」

# 第5章

## 物質の状態

# 25 理想気体の状態方程式

## STAGE 1 圧力と温度

### 1 圧力

**(1) 圧力とは**

**圧力**とは**単位面積あたりにかかる力の大きさ**のことです。気体状態の物質なら容器の壁面などに分子が衝突することで圧力が生じます。

　代表的な圧力の単位である **Pa は N/m² のこと**。N は力の大きさを表す単位です。例えば，$P$ 〔Pa〕の圧力とは 1 m² あたりに $P$〔N〕の力がかかっていることを表しています。

接触面 $S$〔m²〕

$F$〔N〕の力

$$圧力〔Pa〕 = \frac{F〔N〕}{S〔m^2〕}$$

**(2) 大気圧とトリチェリの実験**

　イタリアの物理学者トリチェリは，1643 年に次のように一端を閉じたガラス管を水銀で満たしてから倒立させることで，大気圧を測定しました。

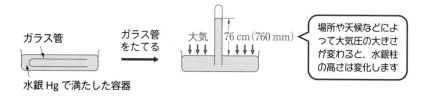

ガラス管

水銀 Hg で満たした容器

ガラス管をたてる

大気　76 cm（760 mm）

場所や天候などによって大気圧の大きさが変わると，水銀柱の高さは変化します

　水銀柱が静止したとき，ガラス管内に残った水銀がおよぼす圧力と，容器の水銀表面を大気が押す圧力がつり合っています。

ほぼ真空

76cmの水銀柱のおよぼす圧力

大気圧

同じ高さのライン

ガラス管内の上部は，少し水銀 Hg の蒸気を含むものの，ほぼ真空です

76 cm（760 mm）の水銀柱のおよぼす圧力を 76 cmHg（760 mmHg）と表記します。平均海面にて 0°C で厳密に高さ 76 cm（760 mm）の水銀柱を支える大気圧を標準大気圧といい，1 気圧（単位は atm）と定義します。なお，1 atm の圧力は Pa 単位に換算すると約 $1.013×10^5$ Pa です。

$$1 \text{ atm } = 76 \text{ cmHg}（760 \text{ mmHg}）≒ 1.013×10^5 \text{ Pa}$$

## 2　温度

私たちが日常生活で最もよく使うセルシウス温度（単位 °C）は，標準大気圧 1 atm のもとでの水の凝固点を 0°C，沸点を 100°C とした温度です。

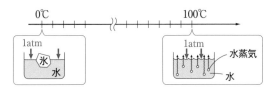

0°C　　　　　　　　　　100°C

1atm　氷　水

1atm　水蒸気　水

第 4 章で学んだように，温度は分子の熱運動の激しさと関係していましたね。ならば，温度には下限があるはずです。下限温度は絶対零度といい，セルシウス温度では −273°C です。**絶対零度を原点にした温度**を**絶対温度（単位 K ）**といい，セルシウス温度とは原点が異なるだけで，0°C＝273 K となります。

正確には −273.15°C

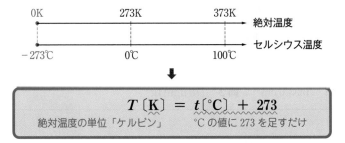

0K　　　　　273K　　　　　373K　　絶対温度

セルシウス温度

−273°C　　　　0°C　　　　100°C

↓

$$T〔\text{K}〕 = t〔°\text{C}〕 + 273$$

絶対温度の単位「ケルビン」　　　°C の値に 273 を足すだけ

## 入試攻略 への 必須問題

**問1** 標準大気圧である 1 atm（$1.013 \times 10^5$ Pa）の圧力は，何 cm の水 $H_2O$ の柱がおよぼす圧力に等しいか。小数点以下第 1 位まで求めよ。ただし，水の密度は $1.0$ g/cm$^3$，水銀の密度は $13.6$ g/cm$^3$ とする。

**問2** 右のような J 字管に，水銀と空気を閉じ込めたとき，J 字管内の空気の圧力は何 mmHg か。整数で求めよ。ただし，大気圧は $1.013 \times 10^5$ Pa＝1 atm とする。

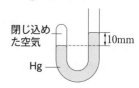

**解説** **問1** 1 atm は 76 cm の水銀柱を支える圧力です。水は水銀の $\dfrac{1.0}{13.6}$ 倍の密度だから，水銀の $\dfrac{13.6}{1.0}$ 倍の高さの水柱を支える圧力が 1 atm となります。よって，

$$76 \text{ cmHg} \times \frac{13.6}{1.0} = \underset{\underset{\text{水柱は約 10 m で 1 atm に相当する}}{}}{1033.6} \text{ cmH}_2\text{O}$$

**問2** J 字管内に閉じ込めた空気の圧力を $p$〔mmHg〕とします。

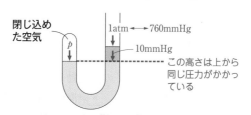

上図の ……… のところでつり合いを考えると，

$$\underset{\substack{\text{左側}}}{} \quad \underset{\substack{\text{右側}}}{}$$

$$\underset{\substack{\text{閉じ込めた}\\\text{空気の圧力}}}{\boxed{p}} = \boxed{\underset{\substack{\text{右側は口が空い}\\\text{ているので大気}\\\text{圧がかかる}}}{760 \text{ mmHg}} + \underset{\substack{\text{10 mm 分の Hg 柱}}}{10 \text{ mmHg}}} = 770 \text{ mmHg}$$

**答え** **問1** 1033.6 cm    **問2** 770 mmHg

# 2 理想気体の状態方程式

○別冊 p.20

## 1 理想気体の状態方程式とは

圧力 $P$, 体積 $V$, 温度 $T$, 物質量 $n$ の関係式を状態方程式といいます。

気体に関する状態方程式は歴史的には次の3つの古典的な法則がもとになっています。

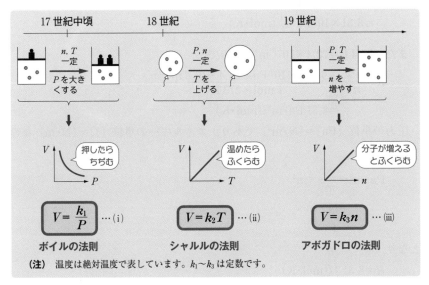

**(注)** 温度は絶対温度で表しています。$k_1$〜$k_3$ は定数です。

そこで、(i)式〜(iii)式より、気体の体積 $V$ は $\dfrac{1}{P}$, $T$, $n$ に比例し、定数を $R$ とすると、次のように表せます。

$$V = R \cdot \frac{1}{P} \cdot T \cdot n$$

よって、

理想気体の状態方程式

$$PV = nRT$$

…①

古典物理学によると前ページの①式は，**分子自身の体積と分子間力を無視した気体**で厳密に成立します。このような観念的な気体を**理想気体**とよび，①式を**理想気体の状態方程式**といいます。

$R$は**気体定数**といい，0℃，1 atm（＝273 K，$1.013 \times 10^5$ Pa）の標準状態で，1 mol の理想気体が 22.4 L の体積を示すことから，次のように求められます。

$$R = \frac{PV}{nT} = \frac{1.013 \times 10^5 \, \text{Pa} \times 22.4 \, \text{L}}{1 \, \text{mol} \times 273 \, \text{K}}$$
$$\fallingdotseq 8.31 \times 10^3 \, \text{Pa} \cdot \text{L}/(\text{mol} \cdot \text{K})$$

また，22.4 L＝$22.4 \times 10^{-3}$ m³ なので，
$$R = \frac{PV}{nT} = \frac{1.013 \times 10^5 \, \text{Pa} \times 22.4 \times 10^{-3} \, \text{m}^3}{1 \, \text{mol} \times 273 \, \text{K}}$$
$$\fallingdotseq 8.31 \, \text{Pa} \cdot \text{m}^3/(\text{mol} \cdot \text{K})$$

圧力の単位〔Pa〕＝〔N/m²〕であり，エネルギーの単位〔J〕＝〔N・m〕なので，

$$\text{Pa} \cdot \text{m}^3 = \frac{\text{N}}{\text{m}^2} \times \text{m}^3$$
$$= \text{N} \times \text{m}$$
$$= \text{J}$$

となり，
$$R = 8.31 \, \text{J}/(\text{mol} \cdot \text{K})$$
と表すこともできます。

このように，単位が変わると$R$の値も変わるので注意してください。

0℃，1 atm で，1 mol の理想気体が 22.4 L の体積を示すことを用いると，
$$R = \frac{1 \, \text{atm} \times 22.4 \, \text{L}}{1 \, \text{mol} \times 273 \, \text{K}}$$
$$\fallingdotseq 0.082 \, \text{atm} \cdot \text{L}/(\text{mol} \cdot \text{K})$$
となります

## 2 理想気体の状態方程式の変形と活用

理想気体の状態方程式を用いれば，圧力 $P$, 体積 $V$, 温度 $T$ の３つの量から，物質量 $n$ を求めることができます。さらに別の活用方法を見ていきましょう。

### (1) 気体の密度と分子量の関係式

理想気体では，気体分子を質量をもった点のような粒子と見なしています。分子量を $M$ とし，$n$〔mol〕の質量が $W$〔g〕とすれば，次式が成立します。

$$n = \frac{W}{M}$$

これを p.241 の①式に代入すると，

$$PV = \frac{W}{M}RT$$

となります。さらに，気体の密度 $d$〔g/L〕が，$d = \frac{W}{V}$ と表せることから，さらに変形すると，

$$M = \frac{W}{V} \cdot \frac{RT}{P}$$

より， $$\boxed{M = d \cdot \frac{RT}{P}} \quad \cdots ②$$

と表せます。②式は気体の密度 $d$〔g/L〕，圧力 $P$, 絶対温度 $T$ から気体の分子量 $M$ を求める式です。

---

**入試突破 のための TIPS!!** 　理想気体なら

**1** $n = \dfrac{PV}{RT}$ 　　←$P$, $T$, $V$ で $n$ が求まる

**2** $M = d \cdot \dfrac{RT}{P}$ 　　←$P$, $T$, $d$ で $M$ が求まる

## (2) 比例式を見つける　参照 別冊 p.21

　ある理想気体で，圧力 $P$，体積 $V$，絶対温度 $T$，物質量 $n$ などを変化させた場合に，よりシンプルな関係式を導くには，一定な量だけ集めて，ひとまとめの定数にするとよいでしょう。

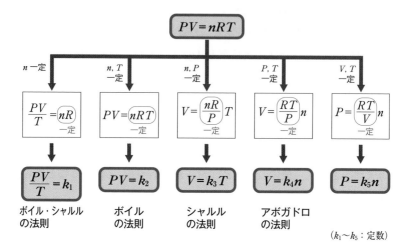

　また，気体の種類が異なっても理想気体と見なせる場合，2つの気体を見比べて関係式を導くこともできますね。

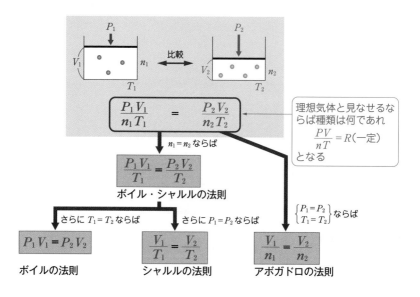

次の問いに有効数字 2 桁で答えよ。ただし，気体は理想気体とし，気体定数 $R$ は $8.3 \times 10^3$ Pa・L/(mol・K) とする。

**問 1** 27℃，$1.0 \times 10^5$ Pa で密度が 1.3 g/L の気体の分子量はいくらか。

**問 2** 0℃，$1.0 \times 10^5$ Pa で 2.0 L の気体は，27℃，$5.0 \times 10^5$ Pa で何 L の体積を占めるか。

**問 3** 127℃，$2.0 \times 10^5$ Pa で 5.0 L の気体は，圧力一定で 327℃ にすると何 L の体積を占めるか。

---

解説

**問 1** $M = d \cdot \dfrac{RT}{P} = 1.3 \times \dfrac{8.3 \times 10^3 \times (27 + 273)}{1.0 \times 10^5}$　←「K」に直すのを忘れないように

$= 32.37 \fallingdotseq 32$

**問 2** いつも $\dfrac{PV}{nT} = \underset{一定}{\textcircled{R}}$ ですが，$n$ は変化しないので，$\dfrac{PV}{T} = \underset{一定}{\textcircled{nR}}$

となります。ボイル・シャルルの法則ですね。

$$\dfrac{1.0 \times 10^5 \text{ Pa} \times 2.0 \text{ L}}{273 \text{ K}} = \dfrac{5.0 \times 10^5 \text{ Pa} \times V \text{ (L)}}{300 \text{ K}}$$

よって，$V = 0.4\overset{4}{3}9 \cdots \fallingdotseq 0.44$ L

別解 または，圧力が 5 倍になったので体積は $\dfrac{1}{5}$ に，絶対温度が $\dfrac{300}{273}$ 倍に

なったので体積は $\dfrac{300}{273}$ 倍になったとして，

$$V = 2.0 \text{ L} \times \dfrac{1}{5} \times \dfrac{300}{273} \fallingdotseq 0.44 \text{ L}$$

と計算してもよいでしょう。

**問 3** $\dfrac{PV}{nT} = \underset{一定}{\textcircled{R}}$ ですが，$n$, $P$ が変化しないので，$\dfrac{V}{T} = \underset{一定}{\textcircled{\dfrac{nR}{P}}}$ となります。シャルルの法則ですね。

$$\dfrac{5.0 \text{ L}}{400 \text{ K}} = \dfrac{V \text{ (L)}}{600 \text{ K}}$$

> $V$ は $T$ に比例するので，
> $V = 5.0 \text{ L} \times \dfrac{600 \text{ K}}{400 \text{ K}}$ ですね

よって，$V = 7.5$ L

答え **問 1** 32　**問 2** 0.44 L　**問 3** 7.5 L

# 26 混合気体

学習
項目
1. 気体の拡散と混合
2. 混合気体を成分に分けて考える➡分圧・成分気体の体積
3. 混合気体の平均分子量

STAGE

## 1 気体の拡散と混合

　**分子が熱運動によって自然に散らばっていく現象**を拡散（かくさん）といいます。エント
ロピー（ 参照 p.205 ）が大きくなる方向（$\Delta S > 0$）へ自発的に進むのですね。次
図は，水素と二酸化炭素を別々の集気びんに捕集し，ガラス板をはさんで口を
重ねた後，ガラス板をとり除いたときのようすです。拡散によって最終的には
均一な混合気体になります。

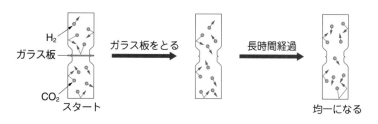

　混合時に反応しないとすれば，気体分子の物質量$n$について，和をとること
ができます。例えば，次の図のように混合した場合は，①式が成立するのはわ
かりますね。

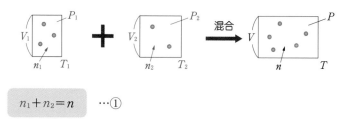

$$n_1 + n_2 = n \quad \cdots ①$$

　理想気体の状態方程式 $PV = nRT$ より，①式は次ページのように変形する
こともできます。

$$\frac{P_1V_1}{RT_1}+\frac{P_2V_2}{RT_2}=\frac{PV}{RT} \iff \frac{P_1V_1}{T_1}+\frac{P_2V_2}{T_2}=\frac{PV}{T} \quad \cdots ②$$

$n$のように，$\dfrac{PV}{T}$ の和をとることもできるのですね。さらに一定な量があると，②式は次のように簡単な式になります。

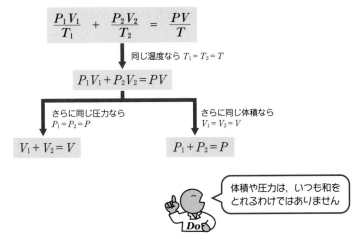

コックでつないだ次図のような2つの容器の場合では，コックを開けると気体の拡散によって最終的に左右の容器の圧力が等しくなります。気体の体積は容積に一致します。

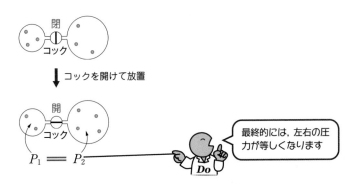

## 1 分圧

混合気体を下図のように**体積 $V$ と温度 $T$ を一定のまま，成分ごとに分けた**とします。**それぞれの成分が示す圧力 $P_A$, $P_B$ をその成分気体の分圧**といいます。

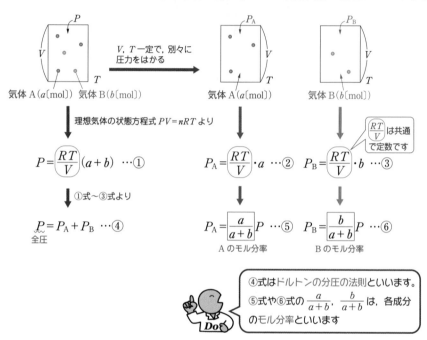

気体 A($a$(mol)) 気体 B($b$(mol))　　気体 A($a$(mol))　　気体 B($b$(mol))

理想気体の状態方程式 $PV = nRT$ より

$$P = \left(\frac{RT}{V}\right)(a+b) \cdots ①$$

$$P_A = \frac{RT}{V}\cdot a \cdots ② \qquad P_B = \frac{RT}{V}\cdot b \cdots ③$$

$\dfrac{RT}{V}$ は共通で定数です

①式～③式より

$$\underset{\text{全圧}}{P} = P_A + P_B \cdots ④$$

$$P_A = \frac{a}{a+b}P \cdots ⑤ \qquad P_B = \frac{b}{a+b}P \cdots ⑥$$

A のモル分率　　　　　B のモル分率

④式はドルトンの分圧の法則といいます。
⑤式や⑥式の $\dfrac{a}{a+b}$, $\dfrac{b}{a+b}$ は，各成分のモル分率といいます

$V$, $T$ 一定で，その気体が単独で示す圧力が分圧。物質量に比例した値です。実際に $V$, $T$ 一定で混合気体を分けられなくても，頭の中で分けて考えてみるという話です。

---

**入試突破 のための TIPS!!**　　混合気体の圧力の関係

$V$, $T$ 一定条件で気体を分けると，

**１** 分圧の和 は 全圧 となる

**２** 分圧 ＝ 全圧 × モル分率

---

## 2 成分気体の体積

混合気体を下図のように**圧力 $P$ と温度 $T$ を一定のまま，それぞれ成分ごとに分けたとします。それぞれの成分が示す体積 $V_A$, $V_B$ を成分気体の体積**といいます。分圧に対して分体積といえる考え方ですね。

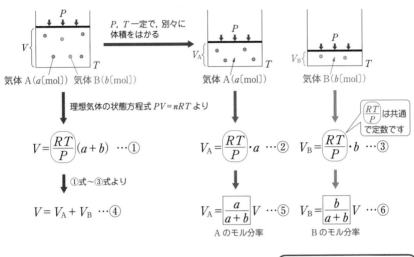

$$V = \left(\frac{RT}{P}\right)(a+b) \quad \cdots ①$$

①式～③式より

$$V = V_A + V_B \quad \cdots ④$$

$$V_A = \frac{RT}{P} \cdot a \quad \cdots ② \qquad V_B = \frac{RT}{P} \cdot b \quad \cdots ③$$

$\dfrac{RT}{P}$ は共通で定数です

$$V_A = \boxed{\frac{a}{a+b}} V \quad \cdots ⑤ \qquad V_B = \boxed{\frac{b}{a+b}} V \quad \cdots ⑥$$

A のモル分率　　　　　　B のモル分率

「空気は体積比で 4：1 の $N_2$ と $O_2$ の混合気体」などと表現するときは $V_{N_2} : V_{O_2} = 4 : 1$，すなわち物質量の比が 4：1 ということです

$P$, $T$ 一定で，その気体が単独で示す体積が成分気体の体積。物質量に比例した値です。分圧とは，成分に分けるときの条件が異なるので注意しましょう。

---

**入試突破**のための **TIPS!!** 混合気体の体積の関係

$P$, $T$ 一定の条件で気体を分けると，

**1** 成分気体の体積の和 は 全体積 となる

**2** 成分気体の体積 ＝ 全体積 × モル分率

27°C において内容積 1.0 L の容器 A と内容積 0.50 L の容器 B がコックで接続されている。容器 A に圧力 $1.0 \times 10^5$ Pa の二酸化炭素を，容器 B に圧力 $2.0 \times 10^5$ Pa の窒素を充填した。その後，コックを開き，両気体を混合した。気体は理想気体とし，接続部の内容積は無視できるものとする。

**問 1** 二酸化炭素と窒素の分圧を有効数字 2 桁で求めよ。

**問 2** 混合気体の全圧を有効数字 2 桁で求めよ。

(法政大)

**解説** コックを開くと，容器 A と容器 B の圧力が等しくなるまで気体が移動し，容器 A と容器 B 全体に気体が均一に広がります。

**問 1** $CO_2$ の分圧を $P_{CO_2}$，$N_2$ の分圧を $P_{N_2}$ とします。

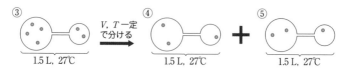

$CO_2$ に注目し，①と④を見比べます。$n$, $T$ 一定なので，$PV = \underbrace{nRT}_{\text{一定}}$，すなわちボイルの法則より，

$$1.0 \times 10^5 \text{ Pa} \times 1.0 \text{ L} = P_{CO_2} \text{ [Pa]} \times 1.5 \text{ L}$$

よって，$P_{CO_2} = \dfrac{2}{3} \times 10^5 \fallingdotseq 6.7 \times 10^4$ Pa

$N_2$ に注目し，②と⑤を見比べます。$n$, $T$ 一定なので，$PV = \underbrace{nRT}_{\text{一定}}$，すなわちボイルの法則より，

$$2.0 \times 10^5 \text{ Pa} \times 0.50 \text{ L} = P_{N_2} \text{ [Pa]} \times 1.5 \text{ L}$$

よって，$P_{N_2} = \dfrac{2}{3} \times 10^5 \fallingdotseq 6.7 \times 10^4$ Pa

**問 2** 分圧の和が全圧なので，全圧を $P_T$ [Pa] とすると，

$$P_T = P_{CO_2} + P_{N_2} = \frac{2}{3} \times 10^5 + \frac{2}{3} \times 10^5 = \frac{4}{3} \times 10^5 \fallingdotseq 1.3 \times 10^5 \text{ Pa}$$

**答え** **問 1** $CO_2 : 6.7 \times 10^4$ Pa　　$N_2 : 6.7 \times 10^4$ Pa　　**問 2** $1.3 \times 10^5$ Pa

容積が一定の容器に，エチレン $C_2H_4$ と水素 $H_2$ を物質量比 $1:2$ の割合で充填すると，全圧は $3.0 \times 10^5$ Pa となった。ここに触媒を加え，エチレン $C_2H_4$ を完全に反応させて，エタン $C_2H_6$ にすると全圧は何 Pa となるか。気体は理想気体とし，触媒の体積は無視してよい。また反応前後で温度は一定とする。有効数字 2 桁で求めよ。

**解説** 分圧は物質量に比例するので，反応すると，化学反応式の係数比に従って分圧が変化します。$V$, $T$ 一定で成分気体を分けて，分圧を求めましょう。

はじめのエチレンの分圧を $P_{C_2H_4}$，水素の分圧を $P_{H_2}$ とすると，混合気体の全圧と成分気体の物質量比が与えられているので，

$$\begin{cases} P_{C_2H_4} = 3.0 \times 10^5 \times \dfrac{1}{1+2} = 1.0 \times 10^5 \text{ Pa} \\ P_{H_2} = 3.0 \times 10^5 \times \dfrac{2}{1+2} = 2.0 \times 10^5 \text{ Pa} \end{cases}$$

全圧　モル分率

と求められます。

反応によって分圧は次のように変化します。

| 係数比 | $C_2H_4$ | $+$ | $H_2$ | $\longrightarrow$ | $C_2H_6$ | |
|---|---|---|---|---|---|---|
| 反応前 | $1.0 \times 10^5$ | | $2.0 \times 10^5$ | | $0$ | Pa |
| 変化量 | $-1.0 \times 10^5$ | | $-1.0 \times 10^5$ | | $+1.0 \times 10^5$ | Pa |
| 反応後 | $0$ | | $1.0 \times 10^5$ | | $1.0 \times 10^5$ | Pa |

全圧は分圧の和なので，反応後の全圧は，

$$\underset{H_2 \text{の分圧}}{1.0 \times 10^5} + \underset{C_2H_6 \text{の分圧}}{1.0 \times 10^5} = 2.0 \times 10^5 \text{ Pa}$$

となります。

**答え** $2.0 \times 10^5$ Pa

0℃, $1.013 \times 10^5$ Pa の標準状態で 44.8 L の空気 (モル分率 0.20 の酸素を含む) に紫外線を照射したところ, オゾンが生成した。反応後の気体の体積は, 反応前と比べて 0℃, $1.013 \times 10^5$ Pa の標準状態で 1.4 L 減少していた。反応後の気体に含まれているオゾンのモル分率を有効数字 2 桁で求めよ。

(東京大)

解説

成分気体の体積は物質量に比例するので, 化学反応式の係数比に従って変化し, さらに成分気体の体積の和は全体積となります。

（求める必要はありませんが, 最初の $O_2$ の成分気体の体積 $V_{O_2}$ はモル分率より, $V_{O_2} = 44.8 \times 0.20 = 8.96$ L となります。）

紫外線によって $O_2$ が成分気体の体積 $V_{O_2}$ のうち $3v$ 〔L〕だけ減少したとすると,

| | $3O_2 \xrightarrow{\text{紫外線}} 2O_3$ | | $N_2$ など $O_2$ 以外の気体 | 全体 |
|---|---|---|---|---|
| 反応前 | $V_{O_2}$ | 0 | $V_{N_2}$ | 44.8　L |
| 変化量 | $-3v$ | $+2v$ | 0 | $-v$ 〔L〕 |
| 反応後 | $V_{O_2}-3v$ | $2v$ | $V_{N_2}$ | $44.8-v$ 〔L〕 |

3v 減って 2v できるので, v だけ減りました

$v$ が減少分の 1.4 L に相当し, 成分気体の体積は物質量に比例するから,

$$O_3 \text{のモル分率} = \frac{O_3 \text{の物質量}}{\text{全気体の物質量}} = \frac{O_3 \text{の成分気体の体積}}{\text{全気体の体積}} = \frac{2v \text{〔L〕}}{44.8-v \text{〔L〕}}$$

$v=1.4$

$V = \frac{RT}{P} \times n = kn$ 一定

$$= \frac{2 \times 1.4}{44.8-1.4} = 0.0645$$

答え　0.065

# 3 混合気体の平均分子量

◉別冊 p.23

右図のような $P$〔Pa〕, $T$〔K〕で $V$〔L〕のAと Bの混合気体があるとしましょう。Aは分子量が $M_A$ の気体, Bは分子量が $M_B$ の気体であり, そ れぞれ $a$〔mol〕, $b$〔mol〕で混ざり合っていると します。

この混合気体に, p.243で出てきた $M = \dfrac{W}{V} \cdot \dfrac{RT}{P}$ を適用し, $M$ を $\overline{M}$ とし て, 分子量 $\overline{M}$ を求めてみます。

分子量 $M_A$, $M_B$ の気体が $a$〔mol〕, $b$〔mol〕だから 気体全体の質量はこうなる

$$\overline{M} = \frac{(aM_A + bM_B)}{V} \times \frac{RT}{P} \quad \cdots ①$$

今回, AとBを区別しませんでした。なので, **混合気体中の気体分子がすべ て同じ分子量ならば $\overline{M}$ である**ということになります。このような $\overline{M}$ を混合 気体の**平均分子量**といいます。

ー は平均を表す記号 としてよく用いる

また, $\overline{M}$ は次のようにも求められます。

$$\overline{M} = \frac{気体分子の全質量〔g〕}{気体分子の全物質量〔mol〕} \longleftarrow 1\,mol\,あたりの質量を 求めればよい$$

$$= \frac{aM_A + bM_B}{a + b}$$

$$= \frac{a}{a+b}M_A + \frac{b}{a+b}M_B \quad \cdots ②$$

Aのモル分率　　Bのモル分率

成分気体の分子量にモル分率をかけて, 和をとるだけですね。

**入試突破** のための **TIPS!!** 混合気体の平均分子量 $\overline{M}$ の求め方

**1** $\overline{M} = d \cdot \dfrac{RT}{P}$ （$d$：混合気体の密度〔g/L〕）

**2** $\overline{M} = \{M_i \times (i\,のモル分率)\}$ の和
成分 $i$ の分子量

次の問いに答えよ。気体は理想気体とし，気体定数は
$8.3 \times 10^3$ Pa·L/(mol·K) とする。

**問1** 空気を体積割合で窒素 $N_2$ 80%，酸素 $O_2$ 20% の混合気体とする。分子量は $N_2 = 28$，$O_2 = 32$ とし，空気の平均分子量を有効数字2桁で求めよ。

**問2** 27 °C，$1.0 \times 10^5$ Pa における空気の密度〔g/L〕を有効数字2桁で求めよ。

---

**解説** **問1** 体積割合とは成分気体の体積の割合で，空気100 L を $P$，$T$ 一定で成分に分けると，$N_2$ 80L，$O_2$ 20 L という意味です。物質量の比が $N_2 : O_2 = 80 : 20 = 4 : 1$ の混合気体であることを表しています。

$$\begin{cases} N_2 \text{ のモル分率} = \dfrac{80}{100} = 0.80 \\ O_2 \text{ のモル分率} = \dfrac{20}{100} = 0.20 \end{cases}$$

空気の平均分子量を $\overline{M}$ とすると，
$$\overline{M} = \underbrace{28}_{N_2 \text{ の分子量}} \times \underbrace{0.80}_{N_2 \text{ のモル分率}} + \underbrace{32}_{O_2 \text{ の分子量}} \times \underbrace{0.20}_{O_2 \text{ のモル分率}}$$

$$= 28.8 \fallingdotseq 29$$

$O_2$ 1 個　　$N_2$ 4 個　　平均　　空気の粒子5個

と考えているのです

**問2** $\overline{M} = d \cdot \dfrac{RT}{P}$ より，求める密度 $d$〔g/L〕は，

$$28.8 = d \times \frac{8.3 \times 10^3 \times (27 + 273)}{1.0 \times 10^5}$$

よって，$d \fallingdotseq 1.2$ g/L

**答え** **問1** 29　　**問2** 1.2 g/L

# 27 実在気体

学習
項目 **1** 実在気体

STAGE
**1** 実在気体 ◗別冊 p.20

## ▶1 理想気体と見なせる条件

理想気体が分子自身の体積と分子間力を無視した観念的な気体であるのに対し，**実際に存在する気体**を**実在気体**といいます。
real gas

| | イメージ図 | 分子自身の体積 | 分子間力 |
|---|---|---|---|
| 実在気体 |  | あり（●） | あり（……） |
| 理想気体 | | なし（・） | なし |

実在気体は理想気体の状態方程式 $PV = nRT$ が厳密には成立しません。ただし，<u>高温，低圧</u>という，分子の熱運動が激しく，単位体積あたりの分子数が少ない条件下では，分子間力や容積に対する分子自身の体積を無視してもかまいません。<u>高温，低圧下では実在気体も理想気体と見なせ，$PV = nRT$ がほぼ成立する</u>のですね。

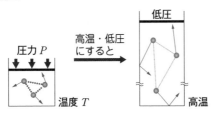

高温・低圧条件では，気体分子はスカスカの空間で元気に飛びまわっています。
分子間力（…）や分子自身の体積を無視してよさそうです

入試突破 **TIPS!!**
のための

（高温・低圧）

**実在気体 ≒ 理想気体**

## 2 実在気体の理想気体からのずれ

　圧力 $P$，絶対温度 $T$ のもとで，物質量 $n$ の実在気体の体積を $V_{実}$ とします。ここで次のように $Z$ という値を決めることにしましょう。

$$Z=\frac{PV_{実}}{nRT} \quad \cdots ①$$

　この気体が理想気体であるとし，体積を $V_{理}$ とすれば，$PV_{理}=nRT$ が成立するので，

$$1=\frac{PV_{理}}{nRT} \quad \cdots ②$$

となります。理想気体では $Z$ は常に1ですね。

　次のグラフは，$Z$ と $P$ の関係を表したものです。

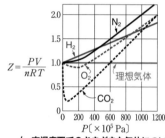

$$Z=\frac{PV}{nRT}$$

〈一定温度下でのさまざまな気体について〉

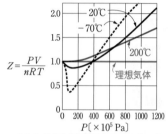

$$Z=\frac{PV}{nRT}$$

〈さまざまな温度下での $CH_4$ について〉

　このグラフの意味を考えてみましょう。

　①式，②式より，$P$，$T$ 一定下では，

$$Z=\frac{Z}{1}=\frac{\dfrac{PV_{実}}{nRT}}{\dfrac{PV_{理}}{nRT}}=\frac{V_{実}}{V_{理}}$$

　実在気体の体積が理想気体の体積の $Z$ 倍であることを意味し，実在気体の体積が $Z>1$ の場合は理想気体より大きく，$Z<1$ では小さくなります。

　このずれは，実在気体の分子自身の体積および分子間力の影響によるものです。<u>分子自身の体積の影響が大きくなると理想気体より体積は大きくなり，分子間力の影響が大きくなると理想気体より体積は小さくなる</u>のですね。

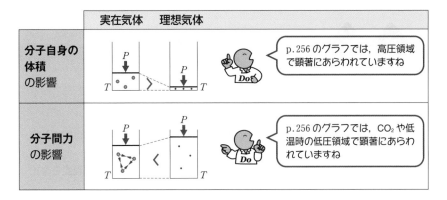

| | 実在気体　理想気体 | |
|---|---|---|
| **分子自身の体積**の影響 | | p.256 のグラフでは，高圧領域で顕著にあらわれていますね |
| **分子間力**の影響 | | p.256 のグラフでは，CO₂ や低温時の低圧領域で顕著にあらわれていますね |

また，高温，低圧条件では，実在気体でも理想気体としたときの $Z=1$ に近づいていることもわかりますね。

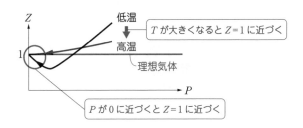

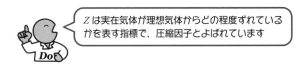

**入試突破**のための **TIPS!!** $Z\left(=\dfrac{PV}{nRT}\right)$ と $P$ のグラフの見方

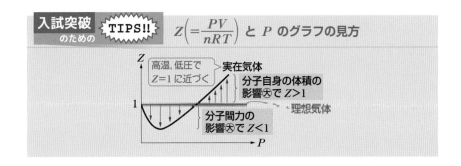

## Extra Stage 実在気体の状態方程式

理想気体では，次の状態方程式が成立しました。

$$P_理 \cdot V_理 = nRT \quad \cdots \textcircled{0}$$

実在気体は，分子間力や分子自身の体積をもつため，厳密には⓪式は成立しませんでした。

では，この2つを考慮して，実在気体に適用できるように，状態方程式を修正してみましょう。

### (1) 圧力の補正

実在気体では，分子間力が存在するため，理想気体に比べると容器内の壁に衝突するときの圧力が低下すると考えて，圧力を補正します。

分子間力（➡）により，圧力が低下しますね

圧力低下分を $\Delta P$ とすると，

$$P_実 = P_理 - \Delta P \quad \cdots \textcircled{1}$$

圧力の低下量 $\Delta P$ は，"2分子の出合う確率"と"分子間力の強さ"に比例すると考えることにします。特定の場所に分子がいる確率は，単位体積あたりの分子数 $\left(\dfrac{n}{V_実}\right)$ に比例するので，2分子が出合う確率は $\left(\dfrac{n}{V_実}\right)^2$ に比例します。分子間力の強さを反映した比例定数を $a$ とすると，

$$\Delta P = a\left(\frac{n}{V_実}\right)^2$$

と表すことができます。そこで①式は，

$$P_実 = P_理 - a\left(\frac{n}{V_実}\right)^2 \quad \cdots \textcircled{1}'$$

となります。

(2) **体積の補正**

　実在気体では，分子自身の体積の分だけ，理想気体より体積が大きくなります。
そこで，体積増加分を $\Delta V$ とすると，

$$V_{実}＝V_{理}＋\Delta V \quad \cdots ②$$

　分子 1 mol 分を集めた空間の体積を定数 $b$ としましょう。物質量が $n$ の場合は，

$$\Delta V＝nb$$

と表せます。

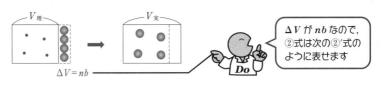

$\Delta V$ が $nb$ なので，
②式は次の②′式の
ように表せます

$$V_{実}＝V_{理}＋nb \quad \cdots ②'$$

　①′式，②′式を整理すると，

$$\begin{cases} P_{理}＝P_{実}＋a\left(\dfrac{n}{V_{実}}\right)^2 & \cdots ①'' \\[2mm] V_{理}＝V_{実}－nb & \cdots ②'' \end{cases}$$

となり，これを⓪式に代入すると，

> **ファンデルワールスの状態方程式**
> $$\left\{ P_{実}＋a\left(\frac{n}{V_{実}}\right)^2 \right\}(V_{実}－nb)＝nRT$$

となります。この式は，1873 年にオランダの物理学者ファンデルワールスが発表
したので，ファンデルワールスの状態方程式とよばれています。$a$ は分子間力，
$b$ は分子自身の体積を反映する定数で，気体の種類によって値は異なります。

# 28 状態変化

学習項目　**1** 物質の三態と状態図　**2** 蒸気圧
　　　　　**3** 蒸気圧の値を用いた状態の判定方法

## STAGE 1 物質の三態と状態図

　物質は一般に**圧力や温度を変化させると，固体・液体・気体の三態**の間で状態
が変化します。そのようすを図にしたものを**状態図**（または相図）といいます。

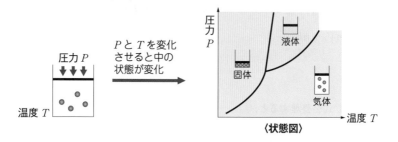

〈状態図〉

　次図は二酸化炭素の状態図です。**各領域の境界線は2つの状態が共存してい
る状態**，点Xは**三重点**という3つの状態が共存している状態です。点Zは**臨界
点**，領域Yは液体とも気体とも区別ができなくなった状態で**超臨界状態**，この
状態にある物質を**超臨界流体**といいます。

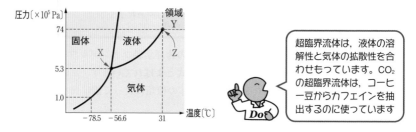

超臨界流体は，液体の溶解性と気体の拡散性を合わせもっています。CO₂の超臨界流体は，コーヒー豆からカフェインを抽出するのに使っています

　次ページの図のように，一定圧力下で固体を加熱すると，液体，気体と変化
します。標準大気圧下　$1\,atm=1.013\times10^5\,Pa$　下で**固体が液体になる温度**が
**融点**，**液体が気体になる温度**が**沸点**です。沸点では**液体の内部からも蒸発が起
こり気体が生じます。この現象が沸騰**ですね。

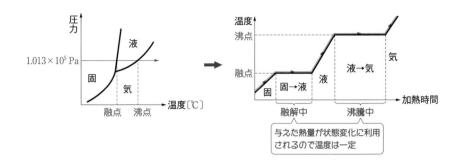

入試攻略 への 必須問題

　物質の状態は温度や圧力によっ
て変化する。さまざまな温度や圧
力で，どのような状態にあるかを
示したものを状態図とよび，右図
は水の場合を示している。

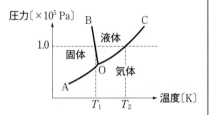

**問**　アイススケートリンクの氷表面は乾いていると滑りにくいが，スケー
　　ト靴を履くと滑りやすくなる。このとき，氷表面ではどのような現象が
　　起きているか，上図を参考にして説明せよ。
　　　　　　　　　　　　　　　　　　　　　　　　　　　　　　（浜松医科大）

**解説**　　氷は水分子が水素結合で配列したすき間の多い構造が長距離にわたって続
　　くため，液体の水より体積が大きいことは p.117 で学習しましたね。水の状
　　態図の OB の境界線が左上がりになっているのは，温度一定で圧力をかけて
　　いくと，どこかで氷のすき間の多い構造が壊され，よりすき間の少ない液体の
　　水に変化するからです。

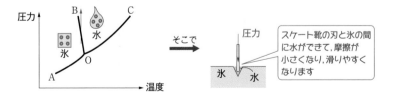

**答え**　スケート靴を履いて氷に体重をかけると，刃の部分の接触面積が小さいた
　　め氷に大きな圧力がかかる。すると，氷が融解し，刃と氷の表面の間に水が
　　できる。

## 2 蒸気圧

▶別冊 p.24, 25

　次の図1のように，十分量の蒸発しやすい液体Aを密閉容器内に入れて放置すると，液面から蒸発が起こります（図1(a)）。吸熱方向ですが，エントロピーが大きくなる方向なので自発的に進むのです。ただし，容器内の空間が蒸気で満たされていくと，今度は凝縮も起こります（図1(b)）。発熱方向ですね。そして，**蒸発量と凝縮量がつり合うと，容器内の空間で蒸発も凝縮も起こらなくったように見えます（図1(c)）。この状態を気液平衡といい，このときの空間内の気体Aの圧力を，この温度でのAの蒸気圧あるいは飽和蒸気圧といいます。**

空間内に別の気体が存在すると気体Aの分圧

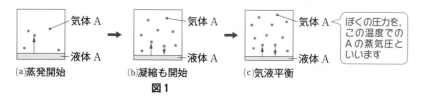

(a)蒸発開始　　　(b)凝縮も開始　　　(c)気液平衡
図1

ぼくの圧力を，この温度でのAの蒸気圧といいます

　蒸気圧の値は温度によって変化し，残存する液体Aの量や容器の大きさとは無関係です。図1(c)では，容器の大きさに関係なく，気相での気体Aの濃度が一定になっているということです。
ひと続きの気体が存在する部分

単位体積あたりのAの物質量は同じ

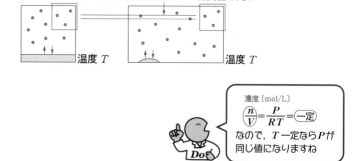

温度 $T$　　　温度 $T$

濃度〔mol/L〕
$$\frac{n}{V} = \frac{P}{RT} = (一定)$$
なので，$T$ 一定なら$P$が同じ値になりますね

　蒸気圧の値は，温度が高くなると蒸発量が増えて大きくなっていきます。**温度と蒸気圧の関係を表したグラフを蒸気圧曲線とよびます（次ページの図）。**

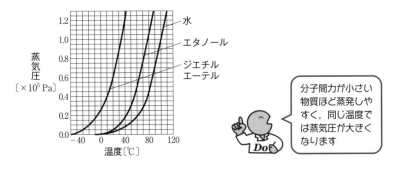

蒸気圧曲線は，気液平衡時の圧力$P$と温度$T$の関係を表していますから，状態図では図の曲線OBに相当します。

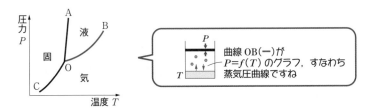

曲線OB（—）が$P=f(T)$のグラフ，すなわち蒸気圧曲線ですね

開放した系で，ある液体の温度を上げていくと，はじめは液面から蒸発が進みます。やがて，液面にかかる外圧と蒸気圧の値が等しくなると，液体の内部からもボコボコと蒸気の泡が生じます。沸騰が起こるのですね。

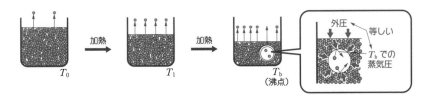

沸点の値は外圧によって変化しますが，

標準大気圧　1 atm＝760mmHg≒$1.013×10^5$ Pa のときの沸点を，一般にはその物質の沸点とします。そこで，蒸気圧曲線から沸点は次ページのように求めることができます。蒸気圧曲線がp.260の曲線XZだということともつながると思います。

ちなみに，上の状態図で曲線OAを融解曲線，曲線OCを昇華圧曲線とよんでいます。

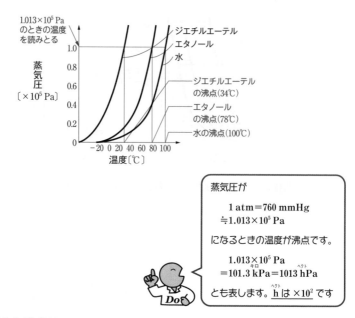

蒸気圧が

$$1\,atm = 760\,mmHg$$
$$\fallingdotseq 1.013 \times 10^5\,Pa$$

になるときの温度が沸点です。

$$1.013 \times 10^5\,Pa$$
$$= 101.3\,kPa = 1013\,hPa$$

とも表します。$\underline{h}$ は ×$10^2$ です

蒸気圧曲線より沸点は，

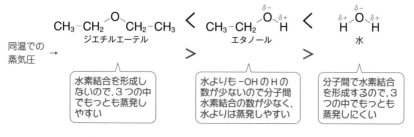

となっていますね。

入試突破 のための TIPS!! 　蒸気圧と沸騰

**1** 蒸気圧は気液平衡時の圧力で，その温度における気体の圧力の最大値。

**2** 沸騰は，大気圧（外圧）と蒸気圧の値が等しくなった温度で起こる。

揮発性の液体Aがなめらかに動くピストンつき密閉容器に $n$〔mol〕入っており，外圧 $P_0$〔Pa〕，温度 $T_0$〔K〕に保たれている。気体状態のAは理想気体の状態方程式 $PV=nRT$ が成立するものとし，A の状態図は次のようになっているものとする。

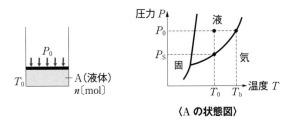

〈A の状態図〉

**問1** 外圧 $P_0$ を一定にしたまま，温度を上げていくと，気相部分の体積 $V$ は温度 $T$ に対してどのように変化するか。グラフの概形を描け。

**問2** 温度 $T_0$ を一定にしたまま，圧力を下げていくと，気相部分の体積 $V$ は圧力 $P$ に対してどのように変化するか。グラフの概形を描け。

----

**解説** **問1** 状態図では次のように変化した（→）ことになります。温度 $T_b$ が沸点ですね。沸騰中は加熱しても蒸発にエネルギーが利用され，温度は一定です。すべて気体になると，$n$, $P$ 一定ですから，

$$V = \boxed{\frac{nR}{P}}_{\text{一定}} T = kT$$

でシャルルの法則が成立します。

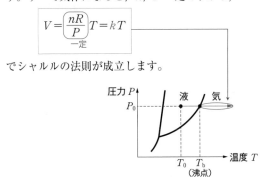

縦軸に気相の体積 $V$，横軸に温度 $T$ をとって，この変化のグラフを描いてみましょう。

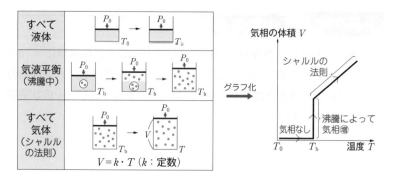

**問2** 状態図では次のように変化した（↓）ことになります。温度 $T_0$ のAの蒸気圧が $P_S$ なので，外圧＝$P_S$ となると沸騰が起こります。このとき圧力は $P_S$ とつり合ったまま気相の体積が増えていきます。すべて気体になると，

$n$，$T$ 一定なので，$$V = \frac{\overbrace{nRT}^{一定}}{P} = \frac{k}{P}$$ で，ボイルの法則が成立します。

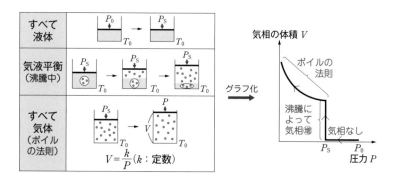

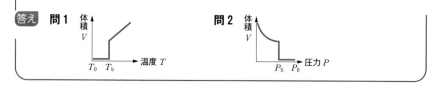

# 3 蒸気圧の値を用いた状態の判定方法 ◐別冊 p.24

揮発性の液体Xを $n$ 〔mol〕用意し，容積 $V$ 〔L〕の密閉容器内で温度 $T$ 〔K〕
<sub>蒸発しやすい性質</sub>
で放置したとしましょう。容器内のXはすべて蒸発するのか，それとも気液平
衡になるのか，蒸気圧を用いて，判定する方法を紹介しましょう。

まず，気体のXについては理想気体の状態方程式を適用できるとします。

**手順1** まず，液体Xが容器内ですべて気体になったときの圧力 $P_{仮}$ を計算
する。

$$P_{仮}=\frac{nRT}{V}$$

別の気体が容器内に存在するときは，$P_{仮}$ は分圧となります。
気体を理想気体とする限り，別の気体が存在していても，何
もないときと同じように蒸発するとしてかまいません

**手順2** $P_{仮}$ の値を，この温度 $T$ におけるXの蒸気圧 $P_v$ と比べる。
<sub>└─vapor（蒸気）</sub>

| 判定結果 | | 実際の圧力 $P_{実}$ |
|---|---|---|
| $P_{仮}>P_v$ | 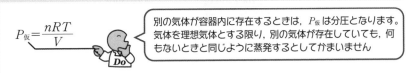 うわっ！蒸気多すぎ　気液平衡 | $P_{実}=P_v$ （気液平衡） |
| $P_{仮}=P_v$ | ギリギリです | 凝縮寸前だが すべて気体 $\qquad P_{実}=P_v=P_{仮}$ |
| $P_{仮}<P_v$ | もっと液体 があればね | すべて気体 $\qquad P_{実}=P_{仮}$ |

蒸気圧の値は，
気体が示す圧
力の上限値で
す

あらかじめ真空にした体積 10 L の容器に 1.0 g の水を入れた。右図は水の蒸気圧曲線である。気体は理想気体とし，水の分子量＝18，気体定数 $R=8.3\times10^3$ Pa·L/(mol·K)，1 atm＝760 mmHg＝$1.0\times10^5$ Pa とし，解答は整数値で答えよ。

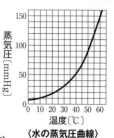
〈水の蒸気圧曲線〉

(1) 温度が 30℃ のときの容器内の圧力は何 mmHg か。
(2) 温度が 60℃ のときの容器内の圧力は何 mmHg か。

(福岡大)

**解説**   $t$〔℃〕で 1.0 g の水がすべて気体であると仮定したときの水蒸気の圧力を $P_仮$〔mmHg〕とします。理想気体の状態方程式 $PV=nRT$ より，

1.0×10⁵ Pa＝760 mmHg を使って，Pa 単位に直す    mol (H₂O)

よって，$P_仮 ≒ 0.35(t+273)$  …①

適当な $t$ の値を代入すると，$P_仮$ は次のようになります。

| $t$〔℃〕 | 0 | 10 | 20 | 30 | 40 | 50 | 60 |
|---|---|---|---|---|---|---|---|
| $P_仮$〔mmHg〕 | 96 | 99 | 103 | 106 | 110 | 113 | 117 |

$P_仮$＞蒸気圧 ならば，一部凝縮し，水は気液平衡となるので，容器内の圧力は蒸気圧と一致します。$P_仮$≦蒸気圧 ならば，水はすべて蒸発し，容器内の圧力は $P_仮$ に一致します。問題文の図に①式の直線を書き込み，蒸気圧曲線と比較すると，実際の圧力は次のように変化することがわかります。

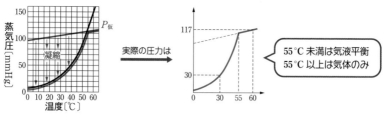

55℃ 未満は気液平衡
55℃ 以上は気体のみ

(1) $t=30℃$ では，容器内の圧力＝蒸気圧 (30℃)＝30 mmHg
(2) $t=60℃$ では，容器内の圧力＝$P_仮$ (60℃)＝117 mmHg

**答え** (1) 30 mmHg    (2) 117 mmHg

メタン $0.032\,g$，酸素 $0.16\,g$ を容積 $1.0\,L$ の密閉容器に入れて $27℃$ に保った。この混合気体を完全燃焼し，再び容器を $27℃$ に保った。このとき容器内の圧力は何 Pa になるか。ただし，気体はすべて理想気体とし，気体定数 $R = 8.3×10^3\,Pa·L/(mol·K)$ とする。また，分子量は $CH_4 = 16$，$O_2 = 32$ として有効数字 2 桁で答えよ。なお，液体の体積および液体に対する気体の溶解は無視できるものとし，$27℃$ における水の蒸気圧は $3.5×10^3\,Pa$ とする。

**解説** 反応前の $CH_4$ と $O_2$ の物質量は，

$$\begin{cases} CH_4 : \dfrac{0.032\,g}{16\,g/mol} = 2×10^{-3}\,mol \\[2mm] O_2 : \dfrac{0.16\,g}{32\,g/mol} = 5×10^{-3}\,mol \end{cases}$$

反応による変化量は，

| | $CH_4$ | $+$ $2O_2$ | $\longrightarrow$ $CO_2$ | $+$ $2H_2O$ | |
|---|---|---|---|---|---|
| 反応前 | 2 | 5 | 0 | 0 | 〔$×10^{-3}$ mol〕 |
| 変化量 | $-2$ | $-4$ | $+2$ | $+4$ | 〔$×10^{-3}$ mol〕 |
| 反応後 | 0 | 1 | 2 | 4 | 〔$×10^{-3}$ mol〕 |

$H_2O$ が仮にすべて蒸発しているとしたときの分圧 $P_{H_2O仮}$ を求めましょう。

$$\begin{aligned} P_{H_2O仮} &= \frac{n_{H_2O}RT}{V} \\[2mm] &= \frac{4×10^{-3}×8.3×10^3×(27+273)}{1.0} \\[2mm] &= 9.96×10^3\,Pa \end{aligned}$$

$27℃$ の水の蒸気圧は $3.5×10^3\,Pa$ なので，$P_{H_2O仮} >$ 蒸気圧 となり，水は一部凝縮し，気液平衡となります。

よって，$H_2O$（気）の分圧は，

$$P_{H_2O} = 3.5×10^3\,Pa$$

です。

容器内の圧力は残っている $O_2$ と $CO_2$，$H_2O$（気）の分圧の和となりますから，

$$\begin{aligned} P_全 &= P_{O_2} + P_{CO_2} + P_{H_2O} \\[2mm] &= \frac{n_{O_2}RT}{V} + \frac{n_{CO_2}RT}{V} + P_{H_2O} \\[2mm] &= \frac{(n_{O_2} + n_{CO_2})RT}{V} + P_{H_2O} \\[2mm] &= \frac{(1×10^{-3} + 2×10^{-3})×8.3×10^3×300}{1.0} + 3.5×10^3 \\[2mm] &≒ 1.1×10^4\,Pa \end{aligned}$$

**答え** $1.1×10^4\,Pa$

## 凝縮しにくい成分としやすい成分を含む混合気体の状態変化

窒素 $N_2$（物質量 $n_{N_2}$）とエタノール $C_2H_5OH$ の蒸気（物質量 $n_{エタ}$）の混合気体を考えてみましょう。前者が凝縮しにくいのに対し，後者は蒸気圧の値を超えると凝縮してしまいます。

入試では，次の3つの設定の計算問題がよく出題されます。

> (1) 系の圧力は一定のまま，冷却して温度を下げていったときの体積変化
> (2) 系の温度は一定のまま，圧縮して圧力を上げていったときの体積変化
> (3) 系の体積は一定のまま，冷却して温度を下げていったときの内圧の変化

これらの様子を表したグラフを紹介します。問題演習を行うときに，自分のイメージが，これらのグラフの動きと合っているかどうかを確認するのに利用してください。なお，気体は理想気体とし，$PV=nRT$ が成立しているものとしています。

### (1) 圧力一定で冷却

圧力 $P_0$ で一定のまま，温度とともに体積が変わります。

物質量が変わらなければ，シャルルの法則が成り立ちますが，エタノール分圧 $P_{エタ}$ が蒸気圧と一致する温度で，エタノールは凝縮を開始します。エタノールが気液平衡の状態になると，$P_{エタ}$ は系の温度 $T$ の蒸気圧と一致しています。

窒素分圧 $P_{N_2}$ は全圧 $P_0$ から $P_{エタ}$ を引き算すれば求められ，$P_{N_2}$ を使えば状態方程式から体積 $V$ が求まります。

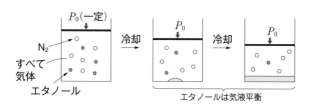

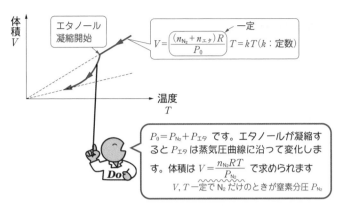

$$V = \left(\frac{(n_{N_2} + n_{エタ}) R}{P_0}\right) T = kT \, (k : 定数)$$

$P_0 = P_{N_2} + P_{エタ}$ です。エタノールが凝縮すると $P_{エタ}$ は蒸気圧曲線に沿って変化します。体積は $V = \dfrac{n_{N_2} RT}{P_{N_2}}$ で求められます

$V, T$ 一定で $N_2$ だけのときが窒素分圧 $P_{N_2}$

## (2) 温度一定で圧縮

温度 $T_0$ で一定のまま，圧力とともに体積が変わります。

物質量が変わらなければ，ボイルの法則が成り立ちますが，エタノール分圧 $P_{エタ}$ が蒸気圧と一致すると，エタノールは凝縮を開始します。エタノールが気液平衡の状態になると，$P_{エタ}$ は温度 $T_0$ での蒸気圧と一致したまま，$P_{エタ}$ と窒素分圧 $P_{N_2}$ の和が全圧 $P$ を保って変化します。

$P_{N_2}$ は状態方程式を用いると体積 $V$ で表すことができます。

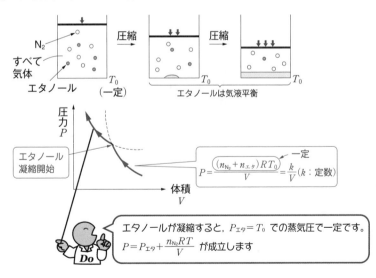

$$P = \frac{(n_{N_2} + n_{エタ}) RT_0}{V} = \frac{k}{V} \, (k : 定数)$$

エタノールが凝縮すると，$P_{エタ} = T_0$ での蒸気圧で一定です。
$P = P_{エタ} + \dfrac{n_{N_2} RT}{V}$ が成立します

## ⑶ 体積一定で冷却

　体積 $V_0$ で一定のまま，温度とともに内圧が変わります。

　物質量が変わらなければ，圧力は絶対温度に比例しますが，エタノール分圧 $P_{エタ}$ が蒸気圧と一致すると，エタノールは凝縮を開始します。エタノールが気液平衡の状態になると，$P_{エタ}$ は温度 $T$ での蒸気圧と一致していて，$P_{エタ}$ と窒素分圧 $P_{N_2}$ の和が全圧 $P$ です。

　$P_{N_2}$ は状態方程式を用いると体積 $V_0$ で表すことができます。

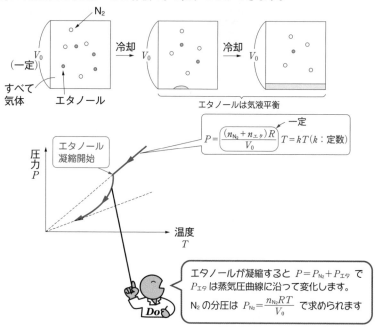

$$P = \left(\frac{(n_{N_2} + n_{エタ})R}{V_0}\right)T = kT \,(k：定数)$$

エタノールが凝縮すると $P = P_{N_2} + P_{エタ}$ で $P_{エタ}$ は蒸気圧曲線に沿って変化します。

$N_2$ の分圧は $P_{N_2} = \dfrac{n_{N_2}RT}{V_0}$ で求められます

さらに演習！　『鎌田の化学問題集 理論・無機・有機 改訂版』「第5章 物質の状態 10 理想気体の状態方程式・混合気体・実在気体・状態変化」

# 29 溶解度

学習項目　❶ 溶解　❷ 固体の溶解度
　　　　　❸ 気体の溶解度とヘンリーの法則

## STAGE

### 1 溶解

　溶質を溶媒に溶解して均一な溶液が生じるとき，溶質粒子は，多数の溶媒分子との間に引力が働いて，これらにとり囲まれていることは p.129 で学びました。ここでは，もう少しくわしく学習しましょう。

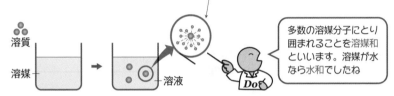

多数の溶媒分子にとり囲まれることを溶媒和といいます。溶媒が水なら水和でしたね

　水のように**極性の大きな溶媒**を**極性溶媒**といい，ジエチルエーテルや四塩化炭素のように**極性をもたないか非常に小さい溶媒**を**無極性溶媒**といいます。両者は混ざりにくく，混ぜると 2 層に分離します。

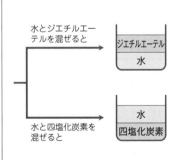

| 極性溶媒 | 無極性溶媒 |
|---|---|
| | ジエチルエーテル |
| | H H　H H<br>\|　\|　\|　\|<br>H-C-C-O-C-C-H<br>\|　\|　\|　\|<br>H H　H H<br>（密度 0.72 g/mL） |
| 水<br>$\overset{\delta-}{O}$<br>$\overset{\delta+}{H}$　$\overset{\delta+}{H}$<br>（密度 1.0 g/mL） | 四塩化炭素<br>Cl<br>Cl-C-Cl<br>Cl<br>（密度 1.6 g/mL） |

水とジエチルエーテルを混ぜると

| ジエチルエーテル |
|---|
| 水 |

水と四塩化炭素を混ぜると

| 水 |
|---|
| 四塩化炭素 |

ひと続きの液体が存在する部分を液相といいます。密度の大きい液相が下層，小さい液相が上層になります

極性の大きな溶質やイオン結合性の物質は，一般に水のような極性溶媒によく溶けます。これに対し，無極性または極性が小さな物質は，一般に無極性溶媒によく溶けます。

溶質粒子間，溶媒分子間，溶質粒子と溶媒分子間の引力がそれほど変わらない場合は，乱雑さが大きな状態へ自発的に進むので，よく混ざり合うのです。

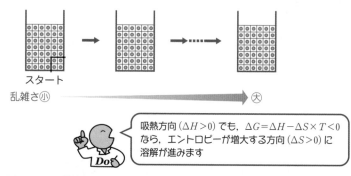

スタート

乱雑さ小　　　　　　　　　　　　　　　　　　　大

吸熱方向（$\Delta H>0$）でも，$\Delta G=\Delta H-\Delta S\times T<0$ なら，エントロピーが増大する方向（$\Delta S>0$）に溶解が進みます

**入試突破のための TIPS!!** 極性が似たものどうしはよく混ざる。

◐別冊 p.27

# STAGE 2 固体の溶解度

## 1 溶解度とは

例えば，十分量の固体Aを水に溶かす場合を考えてみましょう。まず，Aが水に溶け出していき，Aの濃度が高くなっていきます。このとき溶媒の水分子の立場から見ると，自由に動いていたのに，溶質粒子Aに水和水として束縛されたことになり，乱雑さが小さくなっていきます。そこで，どこかでAが水溶液中から追い出され，固体表面に析出してくるようにもなります。やがて**溶解平衡**というAの**溶解速度と析出速度がつり合うと溶解が止まって見える状態**になります。

溶解平衡時の溶液AをAの**飽和溶液**といいます。**一定量の溶媒に対して，溶質が溶けうる最大量**を**溶解度**とよびます。一般に飽和溶液における溶質の濃度を**溶解度**とよび，一定量の溶媒に対して溶質が溶けうる最大値を表しています。飽和溶液の濃度なので，モル濃度や質量パーセント濃度で表してもかまいませんが，固体の溶解度は「溶媒 100 g あたりに溶けているAの質量〔g〕」で表すことが多いです。

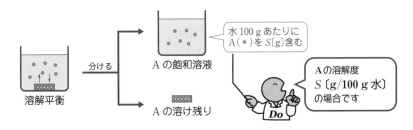

**入試攻略** への **必須問題**

溶解度 $S$〔g/100 g 水〕の固体Aの飽和溶液がある。この溶液の濃度を質量パーセント濃度で表せ。

**解説**　100 g の水に $S$〔g〕のAが溶けています。溶液全体の質量＝溶質の質量＋溶媒の質量　であることに注意しましょう。

$$A : S \text{〔g〕} \quad\underset{\text{混合}}{\longrightarrow}\quad \text{溶液} : 100 + S \text{〔g〕}$$
$$水 : 100 \text{ g}$$

$$A の質量パーセント濃度〔\%〕 = \frac{A の質量}{溶液の質量} \times 100 = \frac{S}{100+S} \times 100$$

**答え**　$\dfrac{100S}{100+S}$〔%〕

## ▶2 溶解度曲線

**固体の溶解度は一般に温度によって変化し，これを表した曲線を溶解度曲線**といいます。温度が上がるほど，溶解度が大きくなる物質が多いですね。

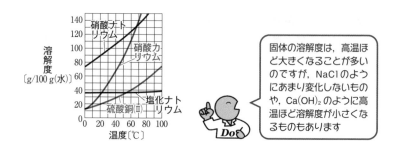

固体の溶解度は，高温ほど大きくなることが多いのですが，NaClのようにあまり変化しないものや，Ca(OH)₂のように高温ほど溶解度が小さくなるものもあります

　ある温度で固体Aを溶媒に溶かした場合，溶解度の値が濃度の最大値となりますから，もし溶解度より大きな濃度になったとしても，溶解度をオーバーした分のAが溶けきれず，固体Aが析出します。

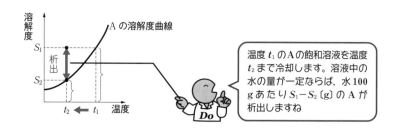

温度$t_1$のAの飽和溶液を温度$t_2$まで冷却します。溶液中の水の量が一定ならば，水100gあたり$S_1-S_2$〔g〕のAが析出しますね

　水溶液中から析出したAは**固体内に水分子を含むこと**があり，この水分子を**水和水**（あるいは**結晶水**）とよんでいます。硫酸銅（Ⅱ）五水和物 $CuSO_4 \cdot 5H_2O$ が水和水をもつ青色の結晶として有名です。

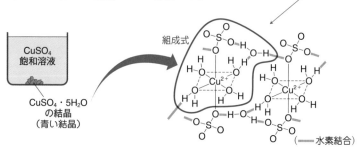

## 3 溶解度に関する計算問題と溶質量の保存則

Aの溶液の温度を下げたり，溶媒を蒸発したりすると，Aの固体が析出することがあります。計算問題は中学や高校の入試でも定番です。

このタイプの計算問題を解くポイントは，<u>溶質Aの質量や物質量に関する保存則</u>から式を立てることです。"析出した固体中から水和水を除いたAの質量"と"固体が析出したあとの上澄み液（飽和溶液）中に含まれるAの質量"の2つの和がAの全質量に等しい点に注目してください。

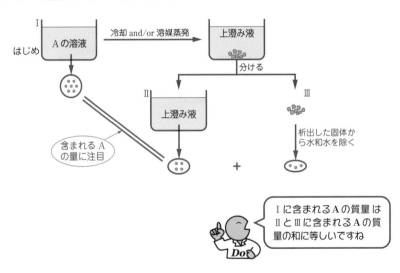

Iに含まれるAの質量 はIIとIIIに含まれるAの質量の和に等しいですね

| 入試突破 のための **TIPS!!** | 固体析出問題は次の保存則を立てればよい |
| --- | --- |
| **全溶質Aの質量** | |
| = 析出した固体中のAの質量 + 上澄み液に含まれるAの質量 | |

**入試攻略**への**必須問題**

60°C の硝酸ナトリウムの飽和水溶液 200 g には，　**A**　g の硝酸ナトリウムが溶けており，この水溶液を 20°C に冷却すると，　**B**　g の硝酸ナトリウムが析出する。ただし，60°C および 20°C における硝酸ナトリウムの溶解度（水 100 g に溶ける溶質の g 数）を，それぞれ 124 および 88.0 とする。文中の　　　にあてはまる数値を有効数字 3 桁で求めよ。（早稲田大）

**解説**　A：60°C の飽和溶液の溶解度が 124 g/100 g（水）なので，

溶液 124＋100＝224 g あたりに硝酸ナトリウム $NaNO_3$ が 124 g 溶けています。よって，

$$200\ \overset{\frown}{g\ (溶液)} \times \frac{124\ g\ (NaNO_3)}{224\ \overset{\frown}{g\ (溶液)}} = 11\overset{1}{0.}\overset{}{7}\ g\ (NaNO_3)$$

B：

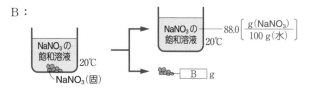

求める質量（析出する $NaNO_3$ の質量）を $x$〔g〕とすると，20°C の $NaNO_3$ 飽和溶液の上澄み液は 200－$x$〔g〕です。20°C の飽和溶液の溶解度が 88.0 g/100 g（水）なので，溶液 88.0＋100＝188 g あたりに $NaNO_3$ が 88.0 g 溶けています。よって，$NaNO_3$ に関する質量保存則より，

全 $NaNO_3$　　上澄み液に含まれる $NaNO_3$　　析出した $NaNO_3$

$$110.7 = \underset{\overset{\smile}{g\,(溶液)}}{(200-x)} \times \frac{88.0\ g\,(NaNO_3)}{188\ \overset{\frown}{g\,(溶液)}} + \overset{\Box}{x}$$

よって，$x ≒ 32.1\ g$

**別解**　$NaNO_3$ は結晶が水和水を含まないので，次のように解くこともできます。水 100 g あたり 124－88.0＝36 g の $NaNO_3$ が溶けきれずに析出します。今回の溶液では水を 200－110.7＝89.3 g 含んでいて，冷却しても一定なので，

$$89.3\ \overset{\frown}{g\,(水)} \times \frac{36\ g\,(NaNO_3\ 析出)}{100\ \overset{\frown}{g\,(水)}} ≒ 32.1\ g$$

**答え**　A：111　　B：32.1

硫酸銅（Ⅱ）五水和物 20 g を 60℃ の水 50 g に溶かし，これを 20℃ ま で冷却したときに析出する硫酸銅（Ⅱ）五水和物の結晶の量は何 g か，有 効数字 2 桁で答えよ。ただし，硫酸銅（Ⅱ）無水物の水に対する溶解度は 20℃ で 20 であるとし，$CuSO_4$ の式量＝160，$H_2O$ の分子量＝18 とする。

（立教大）

**解説** 析出する硫酸銅（Ⅱ）五水和物 $CuSO_4 \cdot 5H_2O$ の質量を $x$〔g〕とします。

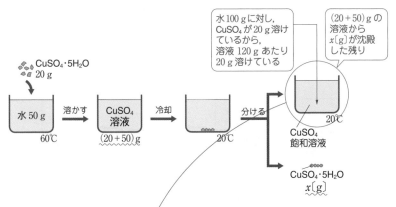

$CuSO_4 \cdot 5H_2O$ の式量＝160＋18×5＝250 なので，相対質量で 250 のうち $CuSO_4$ が 160，$H_2O$ が 90 に相当します。$CuSO_4$ の質量保存則より，次の式が 成り立ちます。析出する結晶が水を含んでいる点に注意してください。

$$\underbrace{20 \times \frac{160}{250}}_{\substack{\text{はじめに用意した} \\ \text{20 g 中の } CuSO_4 \\ \text{の質量}}} = \underbrace{(20+50-x)\,\text{〔g（溶液）〕} \times \frac{20\,\text{g}\,(CuSO_4)}{120\,\text{g（溶液）}}}_{\substack{\text{20℃ の飽和溶液 }(20+50-x)\,\text{g 中に含まれる} \\ CuSO_4 \text{ の質量}}} + \underbrace{x \times \frac{160}{250}}_{\substack{x\,\text{〔g〕の結晶中の} \\ CuSO_4 \text{ の質量}}}$$

よって，$x \fallingdotseq 2.39$ g

**答え** 2.4 g

# 3 気体の溶解度とヘンリーの法則

●別冊 p.27

## 1 ヘンリーの法則

　**水に溶けにくい気体A**を，ある温度で一定量の水と接触させておきます。気体では分子どうしが離れているので，分子間力は強く作用していません。気体分子が水の中に入ると，水和によって多数の水分子との間で分子間力が働くので，エンタルピーが減少します。水への溶解は発熱変化です。

<u>$\Delta H < 0$</u>

　そこで，気体から水中へとエントロピー $\Delta S$ が小さくなる方向ですが，発熱反応（$\Delta H < 0$）なので，水に溶けにくい $O_2$ のような気体でも少し水に溶けていきます。しかし，気体として外に逃げたほうがエントロピーは大きくなる（$\Delta S > 0$）ので，再び水溶液中から気相へと出ていきます。やがて溶解平衡の状態となるのです。

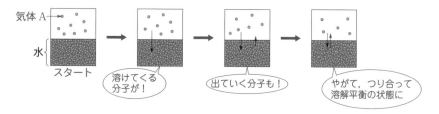

　1803 年にイギリスの化学者ヘンリーは，気体の溶解度について，次のような法則を発表しました。

> **ヘンリーの法則**
>
> 　溶解度の小さな気体では，温度が一定なら，一定量の溶媒に溶解する気体の物質量（または質量）は，その気体の圧力（混合気体の場合は分圧）に比例する。

　この法則は，次ページの図のようなイメージでとらえておきましょう。

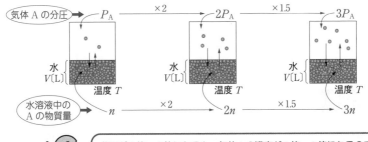

分圧が2倍，3倍になると，気体Aの濃度が2倍，3倍になるので，水溶液中のAの濃度が2倍，3倍になって溶解平衡となります

ヘンリーの法則を式で表してみましょう。気体Aの溶解度，すなわち飽和溶液の濃度を $[A(水)]$ $[mol/L]$ とし，溶解平衡時の気体Aの分圧を $P_A$ とすると，

$$[A(水)] = k \cdot P_A \quad (k：定数) \quad \cdots ①$$

└ 温度や気体の種類で変化します

水の体積を $V_水$ $[L]$，溶解平衡時の水溶液中のAの物質量を $n_A$ $[mol]$ とすると，

$$[A(水)] \fallingdotseq \frac{n_A}{V_水} \ [mol/L] \quad \cdots ②$$

└ Aは水に溶けにくい気体なので，溶解後の体積も $V_水$ $[L]$ としてよい

①式に②式を代入して変形すると，

$$n_A = k \cdot P_A \cdot V_水 \quad \cdots ③$$

となります。

③式より，溶解したAの物質量は，溶解平衡時の分圧と水の体積に比例することがわかります。そこで，溶解平衡の状態にある同じ温度で同じ種類の気体には，次ページのような関係式が成立します。

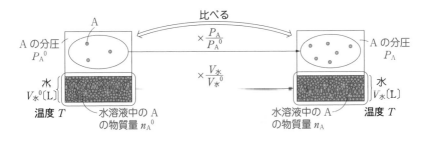

$$n_A = n_A{}^0 \times \left(\frac{P_A}{P_A{}^0}\right) \times \left(\frac{V_{水}}{V_{水}{}^0}\right)$$

気相の分圧に比例　　水の量に比例

入試突破 のための TIPS!! 気体の溶解量

気体の溶解量は，溶解平衡時の分圧 と 水の体積 を比べて求めよ。

入試攻略 への 必須問題

　　現在の火星の大気圧は $610\ Pa$ であり，その $0.13\ \%$ を酸素が占めるとされている。このような酸素分圧下で，$25℃$ の水 $1.00\times10^3\ L$ 中に溶解する酸素の質量は何 g になるか，有効数字 2 桁で求めよ。なお，$25℃$，酸素分圧 $1.01\times10^5\ Pa$ のもとで水 $1.00\ L$ に溶ける酸素の質量は $4.06\times10^{-2}\ g$ であり，ヘンリーの法則が成り立つものとする。必要ならば，酸素の原子量 $=16$ とせよ。

(東京大)

**解説**　$25℃$ で酸素 $O_2$ に関して与えられた条件と火星の環境を比べてみましょう。

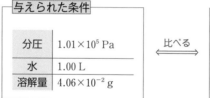

| 与えられた条件 | |
|---|---|
| 分圧 | $1.01\times10^5\ Pa$ |
| 水 | $1.00\ L$ |
| 溶解量 | $4.06\times10^{-2}\ g$ |

比べる ⟺

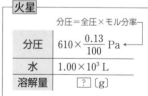

| 火星 | |
|---|---|
| | 分圧＝全圧×モル分率 |
| 分圧 | $610\times\dfrac{0.13}{100}\ Pa$ |
| 水 | $1.00\times10^3\ L$ |
| 溶解量 | ? 〔g〕 |

同じ $25℃$ ですが，酸素の分圧と水の量が違っていることに注意します。
求める質量を $x\ \text{〔g〕}$ とすると，ヘンリーの法則より，

$$x = 4.06\times10^{-2}\ g\ \times\ \underbrace{\frac{610\times\dfrac{0.13}{100}\ Pa}{1.01\times10^5\ Pa}}_{\text{分圧に比例}}\ \times\ \underbrace{\frac{1.00\times10^3\ L}{1.00\ \ L}}_{\text{水の量に比例}}$$

$$\fallingdotseq 3.\overset{2}{1}8\times10^{-4}\ g$$

**答え**　$3.2\times10^{-4}\ g$

この問題のように，ヘンリーの法則は，一般に溶媒に溶けにくい気体に対して適用できます

**Extra Stage　ヘンリーの法則の別表現**

　ヘンリーの法則は，次のように表現を変えることもできます。

　**温度が一定なら，一定量の溶媒に溶ける気体の体積を，溶かしたときの圧力と温度のもとでの値で表すと，圧力に関係なく一定である。**

　この表現に違和感をもつかもしれませんね。まず「溶かしたときの圧力と温度のもとでの溶けた気体の体積がどこに相当するか」というと，次の図の $v$ になります。なお，ここでは，溶媒の蒸気圧は無視しています。

　この $v$ の値が，次図のようにおもりの量を変えて，圧力を $2P$ にしても $3P$ にしても一定だということです。

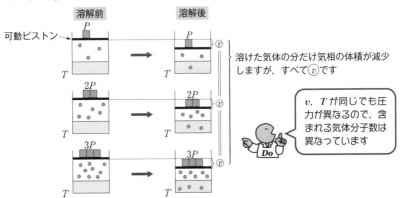

　$v$ が同じ値でも，気相の圧力が異なっている点に注意してください。
　$P$ のとき $n$〔mol〕溶けるなら，ちゃんと $2P$ のときは $2n$〔mol〕，$3P$ のときは $3n$〔mol〕溶けるからこそ，気相減少分の体積 $v$ の値が一定なのです。

$v$, $T$ 一定では，圧力は物質量に比例しますね
$$P = \left(\frac{RT}{v}\right) \times n = k \cdot n$$
一定

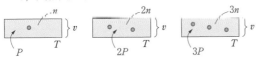

## 2 気体の溶解度と温度の関係

　次のグラフからわかるように，気体の溶解度は温度が高くなると小さくなります。鍋に水を入れて火にかけると，水に溶けていた空気が溶けきれなくなり，泡となって外に出てくるので，実感できると思います。

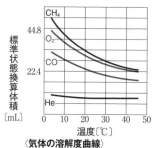

〈気体の溶解度曲線〉
（縦軸は，分圧が $1.0 \times 10^5$ Pa のとき，水 1 L に溶ける各気体の物質量を $0℃$, 1013 hPa の標準状態に換算した体積〔mL〕）

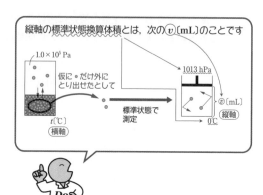

縦軸の標準状態換算体積とは，次の $⑰$〔mL〕のことです

---

### 入試攻略への 必須問題

　次の文中の □□□ に入る適切な語句を記せ。

　一般に，溶媒への気体の溶解度は温度が低くなると □ a □ くなる。温度が低いときは気体分子の熱運動がおだやかであるため，溶媒分子と気体分子の間に働く □ b □ のために，多くの気体分子が溶媒中に存在する。一方，温度が高くなると，気体分子の熱運動がはげしくなり，□ b □ を振り切って，溶媒から飛び出していく気体分子が多くなる。

(甲南大)

--------------------------------------------------

**解説**　気体分子が溶媒和されると，溶媒分子との間に分子間力[b]が作用し，エンタルピーが減少します。気体が溶解する過程は発熱変化です。

　　$A(気) + aq \rightleftharpoons A\,aq \quad \Delta H < 0$

　加熱すると，気体分子は溶媒分子との間の引力を断ち切って気相へと飛び出し，気体の溶解度が小さくなります。よって，逆に冷却すると気体の溶解度は大きく[a]なります。

**答え**　a：大き　　b：分子間力

酸素は圧力 $1.0 \times 10^5$ Pa，$20°C$ のとき，$1.0$ L の水に標準状態 ($0°C$，$1.013 \times 10^5$ Pa) 換算で $0.031$ L 溶ける。空気と水をよくかき混ぜて気体を飽和させたとき，水 $1$ $m^3$ には $20°C$ で何 g の酸素が溶けているか。ただし，大気圧は $1.0 \times 10^5$ Pa，空気は $N_2 : O_2 = 4 : 1$ の混合気体，$O_2$ の分子量 $= 32$，$0°C$，$1.013 \times 10^5$ Pa の標準状態の気体のモル体積を $22.4$ L/mol とし，ヘンリーの法則が成り立つものとする。

**解説** 問題で与えられた条件を図にして，情報を整理してみましょう。

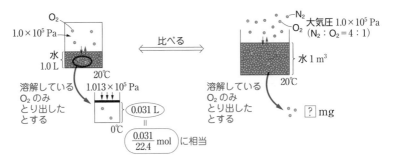

求める質量を $x$〔g〕とし，$20°C$ の次の $2$ つのデータを比較しましょう。

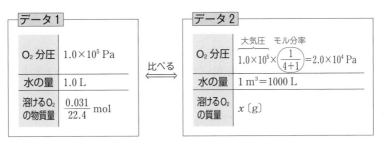

ヘンリーの法則より，

$$x = \frac{0.031}{22.4} \text{ mol} \times \frac{2.0 \times 10^4 \text{ Pa}}{1.0 \times 10^5 \text{ Pa}} \times \frac{1000 \text{ L}}{1.0 \text{ L}} \times 32 \text{ g/mol} = 8.85 \cdots \text{g}$$

**答え** $8.9$ g

# 30 希薄溶液の性質

学習項目 1 蒸気圧降下 2 沸点上昇と凝固点降下 3 冷却曲線 4 浸透圧

非常に濃度の低い希薄溶液は，溶質粒子どうしの相互作用を無視できる，溶質粒子の種類に関与しない理想的な溶液と見なせます。この項では，溶質粒子の種類は関係なく，粒子数に依存する希薄溶液の性質として，蒸気圧降下，沸点上昇，凝固点降下，浸透圧を学習しましょう。

## STAGE 1 蒸気圧降下

▶別冊 p.28

ある温度における純溶媒の蒸気圧を $P_0$ とします。同じ温度で，この溶媒に不揮発性（蒸発しにくい性質）の溶質粒子を溶解させた溶液の蒸気圧を $P$ としましょう。純溶媒に比べると，溶液表面から蒸発する溶媒分子の数は，不揮発性の溶質粒子が存在するために減少し，$P_0>P$ となります。

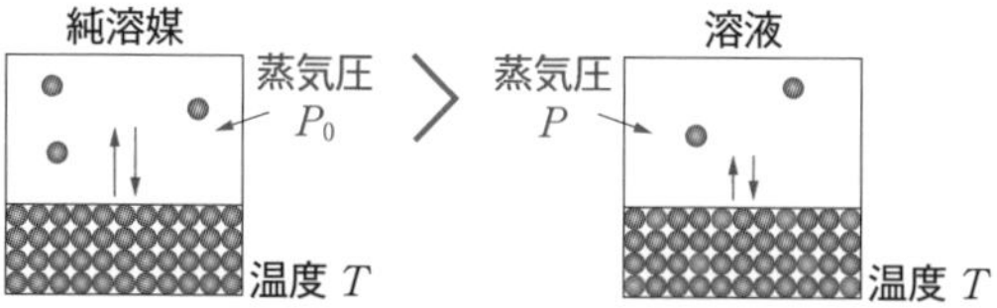


フランスの化学者ラウールによると，希薄溶液の蒸気圧 $P$ は，純溶媒の蒸気圧 $P_0$ に溶媒のモル分率 $X_{媒}$ を用いて次のように表すことができます。これをラウールの法則といいます。

**ラウールの法則**

$$P=P_0\cdot X_{媒}$$

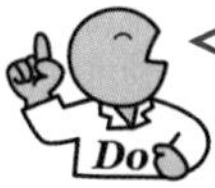

例えば，溶媒のモル分率が $\frac{7}{8}$ なら，純溶媒と比べると蒸発可能な溶媒分子数が $\frac{7}{8}$ となり，蒸気圧は純溶媒のときの $\frac{7}{8}$ 倍になるということです

そこで，**純溶媒と溶液の蒸気圧の差**である**蒸気圧降下度** $\Delta P$ は次のように表すことができます。溶媒分子の物質量を $N$，溶質粒子の物質量を $n$ とします。

$$\Delta P = P_0 - P$$
$$= P_0(1 - X_{媒})$$
$$= P_0\left(1 - \frac{N}{N+n}\right)$$
$$= P_0 \cdot \boxed{\frac{n}{N+n}}$$

溶質のモル分率

$X_{媒} = \dfrac{N}{N+n}$ です。溶質のモル分率 $X_{質}$ は $X_{質} = \dfrac{n}{N+n}$ となりますね

希薄溶液では，溶媒分子数が溶質粒子数より圧倒的に多く，$N \gg n$ なので，$N+n \fallingdotseq N$ と近似できます。

$$\Delta P = P_0 \cdot \frac{n}{N+n}$$

$$\fallingdotseq P_0 \cdot \frac{n}{N}$$

さらに溶媒の分子量を $M_{媒}$ とし，次のように変形してみましょう。

$$\Delta P = P_0 \cdot \frac{n}{N \cdot M_{媒} \times 10^{-3}} \cdot M_{媒} \times 10^{-3}$$

溶媒 1 kg あたりの溶質粒子の物質量が質量モル濃度でしたね（ 参照 p.130 ）。これを $\underline{m \,[\mathrm{mol/kg}]}$ と表すと，蒸気圧降下度 $\Delta P$ は①式のように表されます。

$$\Delta P = P_0 \cdot M_{媒} \times 10^{-3} \cdot \boxed{\frac{n \quad \mathrm{mol}(溶質)}{N \cdot M_{媒} \times 10^{-3} \, \mathrm{kg}(溶媒)}}$$

g（溶媒）

$$= \boxed{P_0 \cdot M_{媒} \times 10^{-3}} \times m$$

$\boxed{P_0 \cdot M_{媒} \times 10^{-3}}$ は溶媒に固有な定数で $K$ とおくと，

$$\boxed{\quad \Delta P = K \cdot m \quad} \quad \cdots ①$$

①式の質量モル濃度 $m \,[\mathrm{mol/kg}]$ は，溶質の種類はもちろん，分子やイオンの区別をせず，<u>互いに独立して運動している全溶質 $m \,[\mathrm{mol}]$ が溶媒 1 kg に溶けている</u>という意味です。次ページのケース②と③の場合は式で使う $m$ の値に注意してください。

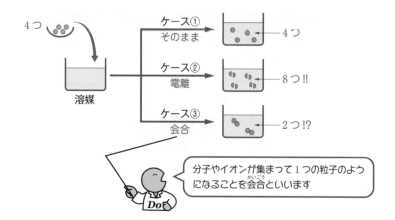

　ケース①は糖などの非電解質水溶液，ケース②は塩などの電解質水溶液が有名ですね。ケース③にはベンゼン $C_6H_6$ を溶媒にし，酢酸分子 $CH_3COOH$ を溶かしたときに生じる酢酸の二量体(にりょうたい) $(CH_3COOH)_2$ などがあります。

$$CH_3-C\overset{\overset{\delta-}{O}\cdots\overset{\delta+}{H}-O}{\underset{O-\overset{\delta+}{H}\cdots\overset{\delta-}{O}}{}}C-CH_3 \quad (\cdots\cdots\text{水素結合})$$

のように分子間水素結合でくっついて2分子が1つのユニットのようになっています

◐別冊 p.28

# STAGE 2 沸点上昇と凝固点降下

　純溶媒に溶質を溶かすと，蒸発だけでなく凝固などの状態変化にも影響を与えます。純溶媒に比べて，溶質が混ざると気体や固体に変わる溶媒分子数が減少します。

純溶媒

溶液

気体や固体として液体から移動する数が減るんですね

例えば，水の状態図は下の**図1**のようになりますが，水（液体）にグルコースのような不揮発性の溶質を溶解させると，水蒸気や氷へと変化しにくくなるため，**図2**のように液体領域が広がります。

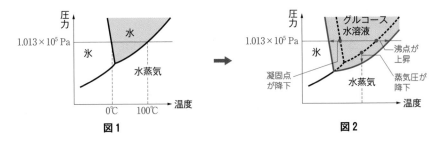

図1    図2

上の**図2**からグルコース水溶液のような溶液は，同温での蒸気圧が降下し，定圧のもとでは凝固点が降下し，沸点が上昇していることがよくわかりますね。

またグルコース水溶液の質量モル濃度を $m=0.01\,\mathrm{mol/kg}$，$m=0.02\,\mathrm{mol/kg}$ と上げていくと，希薄溶液と見なせる範囲なら，p.287 の①式より蒸気圧降下度も $\Delta P$，$\Delta P \times 2$ と比例して大きくなりますね。

すると，下図のように沸点上昇度 $\Delta T_\mathrm{b}$ や凝固点降下度 $\Delta T_\mathrm{f}$ も $m$ に比例して大きくなると考えてよさそうです。

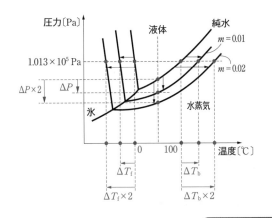

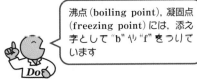

沸点（**boiling point**），凝固点（**freezing point**）には，添え字として"**b**"や"**f**"をつけています

この場合の $m$ も溶質の電離や会合を考慮した全溶質粒子の質量モル濃度となります。沸点上昇度や凝固点降下度も，希薄溶液の場合，p.287 の①式と同形の関係式で表すことができるのです。

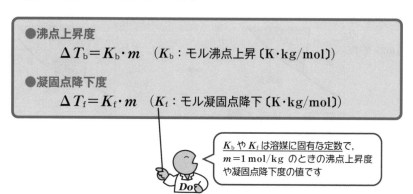

●沸点上昇度
$$\Delta T_b = K_b \cdot m \quad (K_b：モル沸点上昇 〔K \cdot kg/mol〕)$$

●凝固点降下度
$$\Delta T_f = K_f \cdot m \quad (K_f：モル凝固点降下 〔K \cdot kg/mol〕)$$

$K_b$ や $K_f$ は溶媒に固有な定数で，$m = 1 \, mol/kg$ のときの沸点上昇度や凝固点降下度の値です

　なお，温度上昇度や降下度は温度変化を表しています。1℃ でも，1 K でも変化としては同じ幅です。注意しましょう。

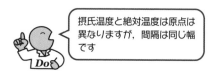

摂氏温度と絶対温度は原点は異なりますが，間隔は同じ幅です

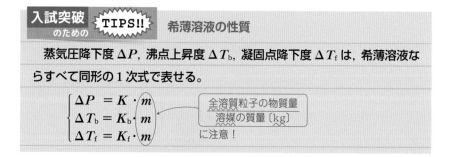

**入試突破** のための **TIPS!!** 希薄溶液の性質

　蒸気圧降下度 $\Delta P$，沸点上昇度 $\Delta T_b$，凝固点降下度 $\Delta T_f$ は，希薄溶液ならすべて同形の 1 次式で表せる。

$$\begin{cases} \Delta P = K \cdot m \\ \Delta T_b = K_b \cdot m \\ \Delta T_f = K_f \cdot m \end{cases}$$

$\dfrac{全溶質粒子の物質量}{溶媒の質量 〔kg〕}$ に注意！

　　右図は，水 1 kg に 0.1 mol のスク
ロース（ショ糖）を溶かした水溶液 A，
水 1 kg に 0.1 mol の塩化カリウムを
溶かした水溶液 B，および純水 C の蒸
気圧と温度の関係を模式的に示したも

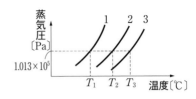

のである。ここで，塩化カリウムのこの濃度での電離度を 0.86 とする。
なお，電離度とは電離する溶質の割合のことである。

　　図中の温度 $T_2$ が $T_1$ より 0.052 ℃ だけ高いとき，$T_3$ は $T_1$ より何 ℃ 高
いか。溶液は希薄溶液とし，四捨五入して小数第 2 位まで求めよ。（広島大）

----

解説　　$T_1 \sim T_3$ はそれぞれの沸点です。$\Delta T_b = K_b \cdot m$ より $m$ が大きいほど $\Delta T_b$ が
　　大きくなるので，1 番沸点の低い 1 が純水 C の蒸気圧曲線とわかります。

　　スクロース（ショ糖）のような糖類は非電解質なので，A の全溶質粒子の質
量モル濃度 $m = 0.1$ mol/kg となります。

　　塩化カリウムの電離度 $\alpha = 0.86$ なので，全溶質粒子の質量モル濃度は次の
ように求められます。

|  | KCl | ⇌ | K⁺ | ＋ | Cl⁻ |  |
|---|---|---|---|---|---|---|
| 電離前 | 0.1 |  | 0 |  | 0 | 〔mol/kg〕 |
| 変化量 | $-0.1\alpha$ |  | $+0.1\alpha$ |  | $+0.1\alpha$ | 〔mol/kg〕 |
| 電離後 | $0.1(1-\alpha)$ |  | $0.1\alpha$ |  | $0.1\alpha$ | 〔mol/kg〕 |

$$m = 0.1(1-\alpha) + 0.1\alpha + 0.1\alpha$$
$$= 0.1(1+\alpha) = 0.1(1+0.86) = 0.186 \text{ mol/kg}$$

　　そこで，沸点上昇度 $\Delta T_b$ は B のほうが A より大きくなるので，蒸気圧曲線
2 は A，3 は B となります。そこで，水のモル沸点上昇を $K_b$ とすると，

$$\begin{cases} \text{A：} \Delta T_b = T_2 - T_1 = K_b \times 0.1 & \cdots① \\ \text{B：} \Delta T_b = T_3 - T_1 = K_b \times 0.186 & \cdots② \end{cases}$$

問題文より，$T_2 - T_1 = 0.052$ 　…③

　　①式，③式より，$K_b = 0.52$ K・kg/mol となるから，これを②式に代入する
と，

$$T_3 - T_1 = 0.52 \times 0.186 = 0.0\overset{10}{9}67 ≒ 0.10 ℃$$

答え　0.10 ℃

# 3 冷却曲線

図1のような装置を組み立てて，純水の温度変化を調べてみると図2のような曲線が得られます。これを**冷却曲線**といいます。

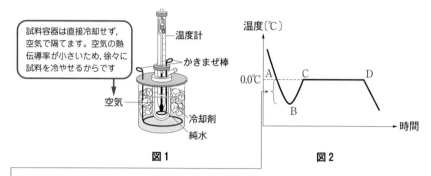

試料容器は直接冷却せず，空気で隔てます。空気の熱伝導率が小さいため，徐々に試料を冷やせるからです

温度計

かきまぜ棒

空気

冷却剤

純水

**図1**

**図2**

本来は点Aで凝固がはじまるはずですが，実際は点Bでようやく凝固がはじまります。このように**本来の凝固点になっても凝固しない状態**を<ruby>過冷却状態<rt>かれいきゃく</rt></ruby>といいます。点Bで，水中のどこかに氷の結晶の核のようなものができ，ここを中心にして水分子が集まり，急激な凝固がはじまります。

温度低下

A
(0.0℃)

B
(凝固開始)

水中のどこかに氷の結晶核ができ，一気に氷の結晶は成長します

点Bから点Cでは，急激な凝固による発熱量が冷却剤に奪われる熱量を上回るため，温度が再び上昇します。

凝固エンタルピー $\Delta H < 0$（p.189参照）

急な凝固による発熱量 ＞ 冷却剤に奪われる熱量です

やがて，水は固体と液体が共存した平衡の状態になります。これが点Cです。点Cから点Dまでは，新たに凝固したときに発生する熱量と，冷却剤に奪われる熱量がつり合っています。氷が増加しつつも固液平衡の状態なので，温度は一定です。

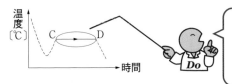

ゆっくりと凝固が進みつつ，液体と固体が共存した平衡状態にあることを表した区間です。この固液平衡時の温度が凝固点で，水の場合は標準大気圧の下で 0°C です

点Dで，完全に凝固が終わったら，あとは水を構成する水分子が冷却剤に熱を奪われ，温度が低下していきます。

状態変化が起こらないので，冷却剤に熱を奪われて氷の温度が下がっていきます

では，濃度の低い塩化ナトリウム水溶液で同様の実験をすると，冷却曲線はどうなるでしょうか？　次の**必須問題**を，まずは自力でやってみましょう。

## 入試攻略 への 必須問題

180 g の水に 5.85 g の NaCl（式量 58.5）を溶解した水溶液がある。溶液を冷却しながら液体温度を測定し，そのときの液体の温度を縦軸に，冷却時間を横軸にしたグラフに描くと，右図の冷却曲線が得られた。下の問いに

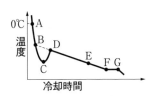

答えよ。ただし，溶液は希薄溶液とし，NaCl は水溶液中では完全に電離しているものとする。また，純水の凝固点は 0°C とする。

**問1**　水の凝固が始まったのは図のどの点か。

**問2**　点 D→E→F で温度が低下している理由を述べよ。

**問3**　点 F→G では温度が一定となっている。この理由を述べよ。

**問4**　水のモル凝固点降下を 1.86 K·kg/mol とすると，点 B は何 °C となるか。小数第 1 位まで求めよ。

（東京理科大）

**解説**　次ページの図は，純水と希薄な水溶液の冷却曲線です。

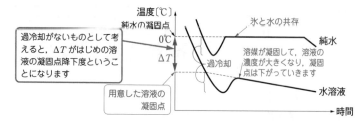

温度[℃]
純水の凝固点
0℃
ΔT

氷と水の共存
純水
溶媒が凝固して，溶液の濃度が大きくなり，凝固点は下がっていきます
水溶液
時間

過冷却がないものとして考えると，ΔT がはじめの溶液の凝固点降下度ということになります

過冷却

用意した溶液の凝固点

**問1**　BC が過冷却状態で，Cで水が急に凝固によって発生する熱量が冷却によって奪われる熱量を上回り，Dまで温度は上昇します。

**問2**　「凝固の進行 ➡ 溶液中の水が減少 ➡ 濃度上昇 ➡ 凝固点降下度が大きくなる」という流れで説明するとよいでしょう。

**問3**　凝固の進行につれ，溶液の濃度は大きくなりますが，溶解度の値より大きな濃度にはなれません。FG では凝固の進行とともに，NaCl の結晶が析出し，残った溶液は NaCl の飽和溶液です。濃度は溶解度と一致し一定なので，凝固点降下度が一定となるため，温度は一定に保たれています。Gで氷と NaCl の結晶のみとなり，以降は冷却すると再び温度が下がります。

**問4**　最初に用意した水溶液の凝固点は，過冷却がないものとし，直線 DE を延長して曲線とぶつかった点Bとします。

水溶液中で NaCl はすべて $Na^+$ と $Cl^-$ に電離しているので，

$$n_{NaCl} = \frac{5.85\,\text{g}}{58.5\,\text{g/mol}} = 0.1\,\text{mol}$$ から $Na^+$ 0.1 mol，$Cl^-$ 0.1 mol，すなわち，全溶質粒子の物質量は　0.1＋0.1＝0.2 mol　となります。

$\Delta T_f = K_f \cdot m$　より，凝固点降下度 $\Delta T_f$ は，

$$\Delta T_f = \underbrace{1.86}_{\text{K·kg/mol}} \times \underbrace{\left(\underbrace{0.2}_{\text{mol}} \div \underbrace{\frac{180}{1000}}_{\text{kg (水)}}\right)}_{\text{mol/kg}} = 2.06\cdots \text{K}$$

純水の凝固点は 0℃ なので，ここから 2.06 K すなわち 2.06℃ だけ温度

1 K 下がるのと 1℃ 下がるのは同じことです

が下がると，$-2.06$ ℃ となります。これが点Bの温度です。

答え　**問1**　C

**問2**　凝固が進むと水が溶液中から少なくなり，溶液の濃度が上がり，凝固点降下度が大きくなるから。

**問3**　Fで溶液の濃度は溶解度と一致し，Gまでは凝固が進むと NaCl の結晶も析出するため溶液の濃度が一定となるから。

**問4**　−2.1℃

# 4 浸透圧

◑別冊 p.28

U字管

**溶媒分子は自由に通すが溶質粒子を通さない半透膜**をU字管
の中央に固定します。図1のように半透膜の両側とも純溶媒を
入れると，両側の高さは同じです。図2のように一方を溶液に
変えると，半透膜を隔てた溶媒の移動量に差が生じるために，
純溶媒側から溶液側に**溶媒分子が移動**していきます。溶媒分子
の移動によって，エントロピーが大きくなる方向($\Delta S > 0$)へ自発的に変化が
進むのです。この現象を**浸透**といいます。

半透膜

浸透を止めるには**溶液側から余分な圧力**をかける必要があり，この圧力を**浸
透圧**とよびます。エントロピー増大方向($\Delta S > 0$)に進ませないために，系に
力学的なエネルギーを加えるわけです。図4ではおもりによる圧力が，図3で
は液面差$h$に相当する液柱がおよぼす圧力が浸透圧に相当します。

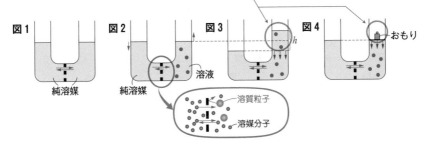

図1 純溶媒

図2 純溶媒 溶液

図3 $h$

図4 おもり

溶質粒子
溶媒分子

|補足| 図3や図4のような状態を浸透平衡という。

オランダの化学者ファントホッフによると，希薄溶液では，温度$T$〔K〕でモ
ル濃度$C$〔mol/L〕の溶液の浸透圧$\Pi$は，気体定数$R$を用いて次ページのよう
な関係式で求められます。この式を**ファントホッフの法則**とよんでいます。な
お，$C$は電離や会合を考慮した全溶質粒子のモル濃度を表しています。

**ファントホッフの法則**

$$\Pi = {}^{\text{注}}CRT$$

**注** モル濃度 $C$〔mol/L〕は"独立して運動している溶質粒子が溶液 1 L あたり全部で $C$〔mol〕含まれている"という意味であることに注意！

**補足** ファントホッフの法則で，モル濃度を $C = \dfrac{n}{V}$〔mol/L〕とすると，$\Pi V = nRT$ となり理想気体の状態方程式と同形になりますが，理想気体の状態方程式とは異なり，ファントホッフの法則を理論的に導くためには，大学で学ぶ熱力学の知識が必要となります。

**入試突破** のための **TIPS!!** 浸透圧

## 浸透圧とは，溶液と純溶媒を浸透平衡にするために必要な回復圧

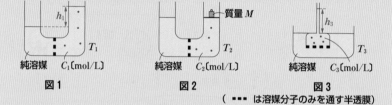

図1　図2　図3
（ ••• は溶媒分子のみを通す半透膜）

| | | 浸透圧 $\Pi$ | 希薄溶液なら |
|---|---|---|---|
| 図1 | | $h_1$ の液柱による圧力 | $\Pi_1 = C_1RT_1$ |
| 図2 | | 質量 $M$ のおもりによる圧力 | $\Pi_2 = C_2RT_2$ |
| 図3 | | $h_3$ の液柱による圧力 | $\Pi_3 = C_3RT_3$ |

（$C_1 \sim C_3$ は浸透平衡時の全溶質粒子のモル濃度〔mol/L〕）

浸透圧より大きな圧力を溶液側からかけると，今度は溶液から純溶媒側へ溶媒分子が移動します。この現象は逆浸透とよばれます。海水の淡水化に利用される方法です

温度 298 K で溶液 100 mL 中にグルコース (分子量 180) 5.5 g を含む水溶液は, 涙や血清とほぼ同じ浸透圧を示すことが知られている。同じ温度で塩化ナトリウム (式量 58.5) を用いて, このグルコース水溶液と同じ浸透圧を示す水溶液を調製するためには何 g の塩化ナトリウムを水に溶かして 100 mL とすればよいか。有効数字 2 桁で求めよ。ただし, 溶液は希薄溶液とし, 塩化ナトリウム水溶液の電離度 $\alpha$ を 0.90 とする。 (近畿大)

**解説** ファントホッフの法則 $\Pi = CRT$ より, 同じ温度では, 全溶質粒子のモル濃度が同じならば浸透圧は等しくなります。

### グルコース 分子式 $C_6H_{12}O_6$ (分子量 180)

非電解質なので,

$$C = \underbrace{\frac{5.5}{180}}_{\text{mol}} \div \underbrace{\frac{100}{1000}}_{\frac{\text{L}}{\text{mol/L}}} ≒ 0.305 \text{ mol/L} \quad \cdots ①$$

### 塩化ナトリウム NaCl (式量 58.5)

$x$ 〔mol〕を水に溶かしたとすると, 電離度 $\alpha$ の場合は,

| | NaCl | $\rightleftharpoons$ | Na$^+$ | + | Cl$^-$ | |
|---|---|---|---|---|---|---|
| 電離前 | $x$ | | 0 | | 0 | 〔mol〕 |
| 電離量 | $-x\alpha$ | | $+x\alpha$ | | $+x\alpha$ | 〔mol〕 |
| 電離後 | $x(1-\alpha)$ | | $x\alpha$ | | $x\alpha$ | 〔mol〕 |

全溶質粒子の物質量は,

$$x(1-\alpha) + x\alpha + x\alpha = x(1+\alpha) \text{〔mol〕}$$

となり, $\alpha = 0.90$ なので, $1.90x$ 〔mol〕となります。

そこで, 全溶質粒子のモル濃度が①式と等しいときは,

$$1.90x \div \frac{100}{1000} = 0.305 \text{ mol/L}$$

よって, $x ≒ 0.0160$ mol

求める質量 (必要な塩化ナトリウムの質量) は,

$$0.0160 \text{ mol} \times 58.5 \text{ g/mol} ≒ 0.93\overset{4}{6} \text{ g}$$

**答え** 0.94 g

文中の［　　］に適切な数値を有効数字 2 桁で求めよ。ただし，水銀の密度を 13.6 g/cm³，76.0 cmHg＝1.0×10⁵ Pa とする。また，水の蒸発は無視できるものとし，水溶液と純水の密度はいずれも 1.0 g/cm³ とする。

さらに，溶液は希薄溶液とし，気体定数 $R＝8.3×10^3$ Pa・L/(mol・K)とする。

断面積が 1.0 cm² である左右対称の U 字管の中央に半透膜を置き，左側には非電解質である物質 A 0.10 g を溶解した水溶液 10 mL を入れ，右側には水 10 mL を入れた。この半透膜を水分子は通過できるが，物質 A は通過できない。1.0×10⁵ Pa，300 K で平衡状態に達したとき，右上図のように左右の液面差は 2.72 cm になった。このとき生じた浸透圧は ［ ア ］ Pa であり，液面差による圧力とつり合っている。この結果より，物質 A の分子量は ［ イ ］ と求められる。

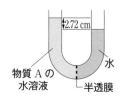

(京都大)

----

**解説** **ア**：2.72 cm の液面差に相当する圧力が浸透圧です。この圧力の単位を Pa にするために，一度，cmHg 単位に変換します。76.0 cmHg＝1.0×10⁵ Pa という関係を用いて，Pa 単位に変換しましょう。

水銀の密度は水溶液の密度の $\dfrac{13.6}{1.0}$ 倍なので，$\dfrac{1.0}{13.6}$ 倍の高さの水銀柱で水溶液柱と同じ圧力をかけることができます。

そこで，圧力は 2.72 cm 水溶液＝$2.72×\dfrac{1.0}{13.6}$ cmHg となります。

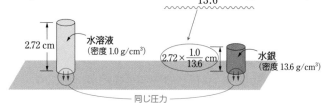

cmHg から Pa に単位を変換すると，

$$2.72×\frac{1.0}{13.6} \underbrace{\bigg|}_{\text{cmHg}} \times \underbrace{\frac{1.0×10^5 \text{ Pa}}{76 \text{ cmHg}}}_{\text{Pa}} ≒2.63…×10^2 \text{ Pa}$$

**イ**：最初の状態から考えると，$\dfrac{2.72}{2}$ cm＝1.36 cm だけ右の液面が下がり，左の液面が上がると，最終的な液面差は 2.72 cm となります。

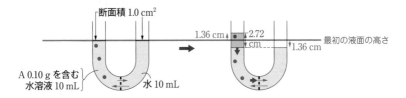

2.72 cm 水溶液≒$2.63×10^2$ Pa の浸透圧は，浸透平衡時のモル濃度に比例するので，これを求めるために，上図(右側)のU字管の左側の溶液の体積をまず求めましょう。

最初，水溶液 10 mL＝10 cm³ があり，ここに 1.36 cm 相当の水が右から左へ移動してくるので，

$$
\underset{\text{高さ}}{10\ \text{cm}^3} + \underset{\text{断面積}}{1.36\ \text{cm}\times1.0\ \text{cm}^2} = 11.36\ \text{cm}^3
$$

が最終的に左側の溶液の体積となります。ファントホッフの法則 $\varPi = CRT$ より，Aの分子量を$M$とすると，

$$
\underset{\text{アの値}}{2.63×10^2\,\text{Pa}}=\left(\underset{\text{mol(A)}}{\dfrac{0.10\ \text{g}}{M\ \text{g/mol}}}\div\underset{\text{L}}{\dfrac{11.36}{1000}}\right)\overset{C\,(\text{mol/L})}{}\times\overset{R}{8.3×10^3}\times\overset{T}{300\ \text{K}}
$$

よって，$M≒8.33\cdots×10^4$

**答え** **ア**：$2.6×10^2$　**イ**：$8.3×10^4$

## 31 コロイド

### STAGE 1 コロイド

▶別冊 p.30

直径が **1 nm〜100 nm 程度の大きさの粒子**を**コロイド粒子**といい，コロイド
1 nm＝$10^{-9}$ m＝$10^{-7}$ cm
粒子が均一に分散している状態を**コロイド**とよびます。1 つのコロイド粒子に
は $10^3$〜$10^9$ 個程度の原子やイオンが含まれています。

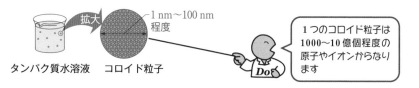

拡大 〜1 nm〜100 nm 程度

タンパク質水溶液　コロイド粒子

1 つのコロイド粒子は
1000〜10 億個程度の
原子やイオンからなり
ます

### 1 分散媒と分散質

系に**コロイド粒子として分散している物質**を**分散質**，**分散させている物質**を
**分散媒**といいます。例えば，霧は空気中に水のコロイド粒子が分散した系です。

| コロイドの例 | 霧 | 牛乳 | 泡 | 豆腐 |
|---|---|---|---|---|
| 分散質 | 水 | タンパク質や脂肪 | 空気など | 水 |
| 分散媒 | 空気 | 水 | 水など | タンパク質 |

**コロイド粒子が均一に分散している液体**は，一般的な溶液とはいえませんが，
**コロイド溶液**とよんでいます。

直径が数 10 nm 以下の小さなコロイド粒子が分散したコロイド溶液は，グ
ルコース水溶液のような真の溶液と外見的には変わりません。泥水のよう
な大きなコロイド粒子が分散したコロイド溶液は濁って半透明です

## **2** ゾルとゲル

コロイド溶液は，液体の分散媒中にコロイド粒子が分散して**流動性のある状態**です。これを**ゾル**といいます。

ゾルに適当な刺激を与え，コロイド粒子が強く結びついて分散媒の液体を含んだまま固まり**流動性を失った状態**を**ゲル**といいます。ゼラチンや寒天で固めたゼリーはゲルの一種ですね。また，ゲルを乾燥させたものを**キセロゲル**といいます。乾燥剤で使うシリカゲルはキセロゲルの一種です。豆乳がゾル，豆腐がゲル，高野豆腐がキセロゲルといった感じで覚えてください。

ゾル

ゲル

STAGE
# **2** コロイドの分類

## **1** コロイドの分類

### ⑴ 分子コロイド

タンパク質やデンプンのような高分子化合物は**分子1個でコロイド粒子**となります。このようなコロイドが分散したコロイドを**分子コロイド**といいます。

H₂N —— OH
HO
H₂N —— COOH
タンパク質分子

> 分子1個でコロイド粒子
> のサイズです

### ⑵ 会合コロイド

**複数の分子が分子間力によって集まり，1つの分子のようにふるまう現象**を**会合**といいます。低分子が溶液中で集まって会合体がコロイド粒子となり，この**会合体によるコロイド**を**会合コロイド**といいます。例えば，ある濃度以上にセッケンを溶かした水溶液が代表例です。

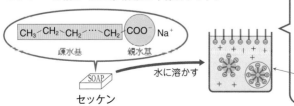

CH₃〜CH₂〜CH₂〜……〜CH₂ COO⁻ Na⁺
　　　疎水基　　　　　　　親水基

SOAP
セッケン

水に溶かす →

> 水中で，水分子の水素結合
> のネットワークからはじ
> き出された疎水基どうし
> がファンデルワールス力
> で集まります。
> 50〜100個の分子が会合し
> て，1つのコロイド粒子が
> できます

有機化学で学ぶ内容ですが，セッケンの主成分は高級脂肪酸のナトリウム塩です。高級脂肪酸の陰イオンは長い炭化水素基をもっていて，疎水基を内側に，親水基を外側に向けて集合し，**ミセル**とよばれる会合体を形成します。これが水中に分散した会合コロイド（ミセルコロイドともよばれる）がセッケン水です。

## (3) 分散コロイド

その溶媒には本来は溶解しない物質が，表面に電荷をもち，**集まろうとする力を上回る反発力のために分散したコロイド粒子からなるコロイド**を**分散コロイド**といいます。後述する水酸化鉄（Ⅲ）のコロイド溶液が代表例です。

## ▶2 水に対する親和性によるコロイドの分類

分散媒が水のコロイドを，水との親和性に基づいて分類しましょう。

### (1) 疎水コロイド

**水との親和性が弱いコロイド粒子が水中に分散したコロイド**を**疎水コロイド**といいます。これらはコロイド粒子のもつ電荷による反発力によって接近できず，水中に分散しています。金，水酸化鉄（Ⅲ），硫黄 S のコロイドなどの無機物のコロイド粒子が代表例です。

例えば，沸騰した水に塩化鉄（Ⅲ）$FeCl_3$ を加えると，赤褐色の水酸化鉄（Ⅲ）の疎水コロイドが生じます。生成したコロイド粒子は，$Fe^{3+}$，$OH^-$，$O^{2-}$ などを含む混合物で，正電荷をもっています。便宜的に $FeO(OH)$ と書くと，この反応は次のように表せます。

$$FeCl_3 + 2H_2O \longrightarrow FeO(OH) + 3HCl$$

塩酸酸性下で粒子が成長するので，$OH^-$ や $O^{2-}$ が $H^+$ と結びついて，一部中和されます。すると相対的にコロイド粒子表面の陰イオンが少なくなり，正電荷をもちます

例えば正の電荷 $[Fe(OH)_2]^+$ の部分

⑵　親水コロイド

　水和されやすい部分（親水基）を多数もち，水との親和性が強いコロイド粒子が水中に分散しているコロイドを親水コロイドといいます。タンパク質やデンプンの水溶液や，セッケン水の会合コロイドなどが代表例です。

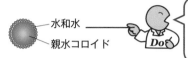

水和水

親水コロイド

タンパク質やデンプンの水溶液のような有機化合物のコロイド溶液は親水コロイドです。コロイド粒子の表面に親水基が多数存在し，多数の水分子を強く引きつけています

STAGE

# 3　コロイド粒子の析出

▶別冊 p.30

## 1　疎水コロイドの析出　➡凝析

　疎水コロイドに電解質を少しだけ加えます。コロイド粒子がもつ電荷と反対符号をもつイオンの作用によって，**分散していたコロイド粒子どうしが接近できるようになると，引力が反発力を上回って，集合して沈殿します**。この現象を凝析といいます。
coagulation

　例えば，泥で濁った水に，ミョウバン $AlK(SO_4)_2 \cdot 12H_2O$ を少量加えると，泥のコロイド粒子（主成物はケイ酸イオン）が凝析によって沈殿するので，澄んだ水になります。

　一般に，コロイド粒子のもつ電荷と反対符号の電荷の価数が大きいイオンほど格段に凝析効果は大きくなります。

> **正に帯電したコロイド粒子に対する凝析効果**
> 　　➡例　$PO_4^{3-}$　>　$SO_4^{2-}$　>　$Cl^-$
> **負に帯電したコロイド粒子に対する凝析効果**
> 　　➡例　$Al^{3+}$　>　$Ca^{2+}$　>　$Na^+$

## ２ 親水コロイドの析出 ➡塩析

親水コロイドに電解質を多量に加えます。すると，**コロイド粒子に引きつけられている水和水が電解質のイオンに奪いとられ，親水コロイドの粒子が集合して沈殿します。** この現象を**塩析**といいます。
<sub>salting out</sub>

例えば，豆乳にニガリを加えると，塩析によって豆腐ができます。
<sub>とうにゅう</sub>　　　　主成分 MgCl₂

少(しょう)量が凝(ぎょう)析，
親(しん)水が塩(えん)析
です。区別せずに単に凝集と
いう場合もあります

### 入試突破 のための TIPS!! コロイド粒子の析出

|  | 凝 析 | 塩 析 |
|---|---|---|
| 何に | 疎水コロイド | 親水コロイド |
| 電解質をどれくらい加える？ | 少量でOK | 多量なら |

## STAGE 4 コロイドの性質

●別冊 p.30

### １ 透析

コロイド粒子はろ紙を通過してしまいますが，セロハン膜を通過できません。

セロハン膜などの**コロイド粒子を通さない膜を半透膜にして，コロイドを精製する**ことを**透析**といいます。
<sub>とうせき</sub>
<sub>dialysis</sub>

セロハンでつくった袋

コロイド粒子は中に残る

水

小さな分子やイオン
は外に出ていく

一般的な分子やイ
オンに比べて大き
なコロイド粒子は，
セロハン膜を通過
できず，セロハン
膜の中に残ります

## 2 チンダル現象

コロイド粒子は肉眼では見えません。ただし，粒子が大きく，光を散乱する性質が強いので，**コロイド溶液に横から強い光を通すとコロイド粒子によって散乱した光により光の通路が明るく輝いて見えます。**これを**チンダル現象**とよびます。

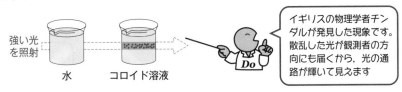

強い光
を照射

水　　　コロイド溶液

> イギリスの物理学者チンダルが発見した現象です。散乱した光が観測者の方向にも届くから，光の通路が輝いて見えます

## 3 ブラウン運動

コロイドを限外顕微鏡という顕微鏡（下図）で観測すると，光の点が不規則に運動しているのがわかります。

光の点は，光を散乱しているコロイド粒子です。熱運動している周囲の分散媒分子（水溶液なら水分子）がコロイド粒子に衝突しているため**コロイド粒子が不規則に運動しているのです。**これを**ブラウン運動**といいます。

コロイド溶液

光

> 発見者であるイギリスの植物学者ブラウンにちなみます。ここでは，光の点（コロイド粒子）の不規則な運動が観察できます

> 限外顕微鏡は，ドイツの化学者ジグモンディが発明した特殊な顕微鏡です。側面から当てた光の散乱光を上から観測します

## 4 電気泳動

コロイド粒子はたいてい正または負の電荷を帯びています。例えば，p.302 の水酸化鉄(Ⅲ)のコロイド粒子は赤褐色で，正電荷を帯びていましたね。

**このコロイド溶液をU字管に入れ直流電圧をかけると，正電荷をもつコロイド粒子が陰極へ移動します。**この現象を**電気泳動**といいます。
electrophoresis

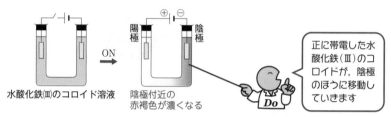

水酸化鉄(Ⅲ)のコロイド溶液　　陰極付近の赤褐色が濃くなる

正に帯電した水酸化鉄(Ⅲ)のコロイドが，陰極のほうに移動していきます

コロイド粒子がもつ電荷と反対の電位の極へと移動するのですね。

## 5 保護コロイド

疎水コロイドに，親水コロイドを加えます。親水コロイドの粒子が疎水コロイドの粒子のまわりをとり囲み，水溶液中で安定になります。ここに少量の電解質を加えても凝析しにくくなるのですね。このような保護作用をもつ親水コロイドを**保護コロイド**といいます。

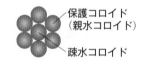

保護コロイド（親水コロイド）

疎水コロイド

例えば，墨汁は炭素のコロイド溶液です。疎水コロイドであるススに
ニカワを加えてつくります。ススの周囲を保護コロイドのニカワで包み，炭素
動物の皮や骨から抽出した純度の低いゼラチン。主成分はタンパク質
のコロイド粒子が水中で安定になっているのですね。　　　　　　炭素のコロイド

もう一つ例を挙げましょう。水彩画を描くときには，いろいろな絵具を使います。水彩絵画は顔料に保護コロイドとしてアラビアゴムという物質が使われています。
水や油に溶けにくい色の粉　　　　アカシアという植物の樹液から得られる天然高分子化合物で，タンパク質と糖類からなる

---

### 入試攻略 への 必須問題

希薄なデンプン水溶液のように流動性をもったコロイド溶液を ア という。この水溶液の横から強い光を当てると，光の通路が見える。こ

れはコロイド粒子の直径が光の波長に近いため，光を イ させるから
である。この溶液を，限外顕微鏡で観察すると，b光った点が不規則に動い
ていることがわかる。デンプン溶液に多量の電解質を加えると沈殿が生じ
る。この現象を ウ とよび，このようなコロイドを エ コロイドと
いう。一方，c沸騰水中に塩化鉄（Ⅲ）水溶液を加えて生じるコロイド溶液
について電気泳動を行うと陰極のまわりの溶液の色が濃くなる。このコロ
イド溶液に少量の電解質を加えると沈殿が生じる。この現象を オ と
よび，このようなコロイドを カ コロイドという。また，墨汁には炭素
の析出を防ぐ目的で，にかわが添加されている。にかわのような作用を有
する エ コロイドを特に キ コロイドという。

(1) ア ～ キ に適当な語句を入れよ。

(2) 下線aおよびbの現象をそれぞれ何というか。

(3) 水酸化鉄（Ⅲ）のコロイド粒子の化学式を $FeO(OH)$ として，下線c
を化学反応式で記せ。

(4) 次の物質の各 0.1 mol/L 水溶液のうち，最も少量で下線cのコロイド
粒子を沈殿させるものはどれか。

① NaCl   ② $Na_2SO_4$   ③ $MgCl_2$   ④ $Na_3PO_4$

⑤ グルコース（ブドウ糖）   ⑥ $Al(NO_3)_3$          (明治薬科大)

解説 (3) $Fe^{3+}$ の加水分解によって生じる水酸化鉄（Ⅲ）のコロイド粒子を $FeO(OH)$
と表して，化学反応式を書きましょう。

(4) 水酸化鉄（Ⅲ）のコロイドは正に帯電しているので，価数の大きな陰イオ
ンほど凝析効果が大きくなります。実験から，価数が $n$ 倍になると，$n$ の6
乗倍の効果があることが知られています。

① $Cl^-$   ② $SO_4{}^{2-}$   ③ $Cl^-$   ④ $PO_4{}^{3-}$   ⑤ 非電解質   ⑥ $NO_3{}^-$

よって，3価のリン酸イオン $PO_4{}^{3-}$ を含む④が最も凝析効果が高くなります。

答え (1) ア：ゾル   イ：散乱   ウ：塩析   エ：親水   オ：凝析   カ：疎水
キ：保護   (2) a：チンダル現象   b：ブラウン運動
(3) $FeCl_3 + 2H_2O \longrightarrow FeO(OH) + 3HCl$   (4) ④

さらに
演習！
『鎌田の化学問題集 理論・無機・有機 改訂版』
「第5章 物質の状態 11 溶解度・希薄溶液の性質・コロイド」

# 第6章

## 反応速度と化学平衡

学習
項目
1 反応速度の定義　2 反応速度を変化させる要因
3 反応速度式　4 素反応と律速段階　5 半減期

STAGE

## 1 反応速度の定義

●別冊 p.40

　自発的に反応が進むかどうかはギブスエネルギー変化 $\Delta G$（ 参照 p.208 ）で判断できましたが，反応の速さはわかりませんでした。化学反応には，とても速い反応からゆっくりした反応までいろいろあります。ここからは反応の速さについて説明しましょう。反応の速さ，すなわち反応速度は一般に次のように定義します。

**反応速度**

反応速度 ＝ 単位時間あたりの濃度変化
　　　　　 1秒とか1分とか　　　　　 mol/L など

　　　 ＝ 濃度変化量
　　　　 時間変化量

　次のような化学反応式を想定してください。

$$a\mathbf{A} + b\mathbf{B} \longrightarrow c\mathbf{C} + d\mathbf{D}$$ （A~D：物質の化学式, $a$~$d$：係数）

　反応物Aが分布する空間単位体積あたりに含まれるAの物質量〔mol/L〕を [A] と表し，時間による変化を調べると次のグラフのようになったとします。ある時間 $t$ におけるAの瞬間の減少速度 $v_\mathrm{A}$ は次のように表します。

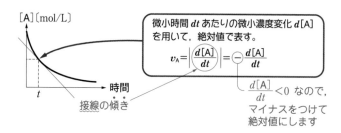

微小時間 $dt$ あたりの微小濃度変化 $d[\mathrm{A}]$ を用いて，絶対値で表す。

$$v_\mathrm{A} = \left| \frac{d[\mathrm{A}]}{dt} \right| = \ominus \frac{d[\mathrm{A}]}{dt}$$

$\dfrac{d[\mathrm{A}]}{dt} < 0$ なので，マイナスをつけて絶対値にします

瞬間の速度は，グラフまたは [A] と $t$ の関係が与えられないと求められないので，実験ではよく2点間の平均速度 $\overline{v_A}$ を用います。

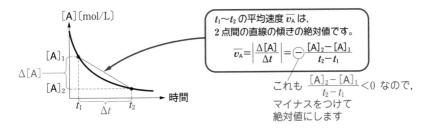

また，Bの減少速度 $v_B$，CとDの増加速度 $v_C$，$v_D$ は，化学反応式の係数 $a$，$b$，$c$，$d$ より $v_A$ と次のような関係にあります。

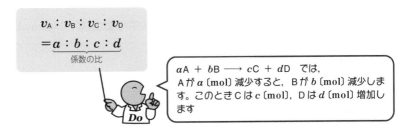

$aA + bB \longrightarrow cC + dD$ では，Aが $a$ [mol] 減少すると，Bが $b$ [mol] 減少します。このときCは $c$ [mol]，Dは $d$ [mol] 増加します

そこで，数値をそろえて，全体の反応速度 $v$ を次のように表すことができます。

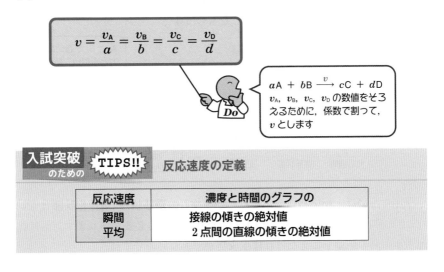

$aA + bB \xrightarrow{v} cC + dD$
$v_A$，$v_B$，$v_C$，$v_D$ の数値をそろえるために，係数で割って，$v$ とします

入試突破 のための TIPS!! 反応速度の定義

| 反応速度 | 濃度と時間のグラフの |
|---|---|
| 瞬間 | 接線の傾きの絶対値 |
| 平均 | 2点間の直線の傾きの絶対値 |

A ＋ B ⟶ 2C の反応において，Aの濃度変化は次表のようになった。10 秒〜20 秒の間のAの平均減少速度 $\overline{v}_A$ を有効数字 2 桁で求めよ。また，このときのCの平均増加速度 $\overline{v}_C$ も求めよ。

| 時間 $t$ 〔s〕 | 0 | 10 | 20 |
|---|---|---|---|
| 濃度 [A] 〔mol/L〕 | 5.0 | 4.2 | 3.8 |

**解説**

$$\overline{v}_A = \left| \frac{(3.8-4.2)\,\text{mol/L}}{(20-10)\,\text{s}} \right| = 0.040\,\text{mol/(L·s)}$$

化学反応式の係数より，$\overline{v}_A : \overline{v}_C = 1 : 2$ なので，

$$\overline{v}_C = 0.040 \times 2 = 0.080\,\text{mol/(L·s)}$$

**答え** Aの平均減少速度：0.040 mol/(L·s)　　Cの平均増加速度：0.080 mol/(L·s)

---

**STAGE 2** 反応速度を変化させる要因

### 1 温度と濃度

次の図は，$A_2 ＋ B_2 \longrightarrow 2AB$ という反応の進み具合と位置エネルギー（ポテンシャルエネルギー）の変化を表したものです。

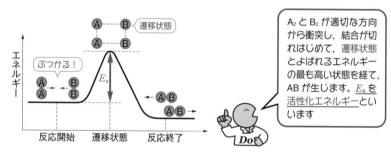

$A_2$ と $B_2$ が適切な方向から衝突し，結合が切れはじめて，遷移状態とよばれるエネルギーの最も高い状態を経て，AB が生じます。$E_a$ を活性化エネルギーといいます

反応するには，反応物の分子どうしが衝突し，**遷移状態（活性化状態**ともいう）という高いエネルギーをもつ不安定な状態になる必要があります。活性化エネルギーの障壁をこえなければ生成物ができないのですね。

## ⑴ 温度と反応速度の関係

　A₂分子やB₂分子は自らの運動エネルギーを利用して，古い結合をゆるめ，遷移状態となります。温度を上げると，相対的に活性化エネルギーの値（$E_a$）より大きな運動エネルギーをもつ分子の割合が増加します。そこで，高温ほど遷移状態になる分子の割合が高くなるため，反応速度は大きくなります。

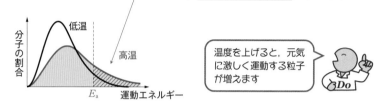

　一般に，常温付近では 10 K だけ温度が上がるごとに，反応速度は 2 ～ 4 倍になることが知られています。

## ⑵ 濃度と反応速度の関係

　反応物であるA₂やB₂の濃度を上げると，両者が衝突する回数が多くなるので反応速度が大きくなります。
　　　　気体では単位体積あたりの分子数を増やすということ

　また，反応物が固体の場合，塊より粉末にした方が表面積が大きくなるので，反応速度が大きくなります。

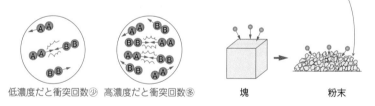

低濃度だと衝突回数②　高濃度だと衝突回数③　　　　塊　　　　　　粉末

## ▶2 触媒

　**反応前後で自らは変化せず，反応速度を大きくする物質**を触媒といいます。
　　　　　　　　　　　　　　　　　　　　　　　　　　　catalyst
触媒は次ページの図のように反応の途中に作用し，活性化エネルギー $E_a$ がより小さな経路を通って反応を進めます。

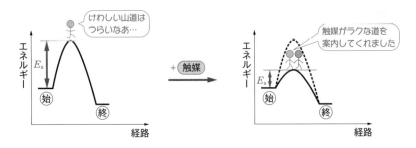

　例えば，過酸化水素 $H_2O_2$ は，水溶液中で次のように自発的に分解します。ただし，活性化エネルギーが大きいため反応速度が小さく，常温では進んでいるようには見えません。

$$2H_2O_2 \longrightarrow O_2 + 2H_2O$$

　常温で，過酸化水素の水溶液に塩化鉄 (Ⅲ) $FeCl_3$ 水溶液や酸化マンガン (Ⅳ) $MnO_2$ の粉末を加えると，急に反応速度が上がり，$H_2O_2$ は激しく分解します。これは $FeCl_3$ 水溶液中の $Fe^{3+}$ や $MnO_2$ が触媒として作用したからです。

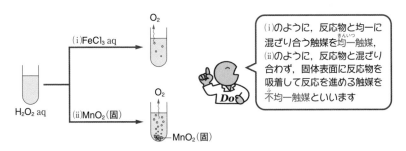

　生体内では，酵素とよばれるタンパク質が触媒作用を示すことでさまざまな反応が進みます。例えば血液や肝臓に含まれるカタラーゼは，過酸化水素の分解を促進する酵素です。ケガをしたところにオキシドールをかけると酸素が発生するのはカタラーゼの働きですね。

　以上，❶❷の内容は記述問題でもよく出題されるので，用語や理由を文章で説明できるようにしましょう。

| 入試突破のための TIPS!! | 反応速度を大きくする方法 | |
|---|---|---|
| (1) 温度を上げる | | (2) 反応物の濃度を上げる |
| (3) 固体反応物は粉末にする | | (4) 触媒を加える |

次の文中の□□□に適切な語句を入れよ。

一般に，反応物の濃度が大きいほど反応速度は□A□なる。気体の反応では，反応物の濃度とその□B□は比例する。したがって，□B□が大きいほど，一般に反応速度は□C□なる。触媒を用いると反応のしくみが変わり，活性化エネルギーの□D□経路で反応が進むので，反応速度は大きくなる。触媒は反応の活性化エネルギーを□E□して反応速度を大きくするが，反応エンタルピーの値には影響しない。

(愛媛大)

**解説** 間違えた人はもう一度 p.312〜314 を読み返しましょう。

A：濃度が大きいほど反応速度は大きくなります。

B，C：気体の場合，理想気体の状態方程式 $PV=nRT$ より，気体の濃度は分圧に比例します。

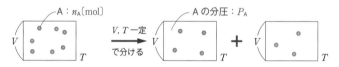

$P_A \cdot V = n_A \cdot RT$ なので，

$$[A(気)] = \frac{n_A}{V} = \frac{P_A}{RT}$$

A（気体）のモル濃度

と表せます。

気体の反応では，反応物の分圧を上げれば反応速度が大きくなります。

D，E：触媒は活性化エネルギーのより小さな経路を通って反応を進め，反応速度を大きくします。

**答え** A：大きく　　B：分圧　　C：大きく　　D：小さな　　E：小さく

　反応速度は，反応物の濃度・温度・活性化エネルギーの値で決まり，**これら**
**で表した式**を**反応速度式**（または**速度式**）といいます。

$$aX + bY \xrightarrow{v} cZ \quad (a\sim c：係数)$$

例えば，上記の化学反応の反応速度 $v$ は反応速度式で次のように表せます。

$$v = k[X]^x[Y]^y$$

> 濃度のべき指数 $x$, $y$ は，
> 係数 $a$, $b$ と一致するとは
> 限りません
>
> **Do**

　$[X]$ について $x$ 次，$[Y]$ について $y$ 次です。この $x$ と $y$ は実験によって決ま
る値です。$\underline{(x+y)}$ をこの反応の**反応次数**といいます。$k$ は**反応速度定数**（ま
たは**速度定数**）という温度に依存した定数で，絶対温度 $T$，活性化エネルギー
$E_a$ を用いて次のように表し，この式は**アレニウスの式**とよばれています。

$$k = A \cdot e^{-\frac{E_a}{RT}}$$

（$A$：反応に固有な定数，$R$：気体定数，$e = 2.718\cdots$（自然対数の底））

　この式を暗記する必要はありませんが，入試ではよく出題されます。その反
応で，温度 $T$〔K〕のとき活性化エネルギー $E_a$ の山を乗りこえられる反応物の
割合を表した式とでも解釈しておいてください。式から $E_a$ が大きいときや $T$
が小さいときに $k$ が小さくなることがわかります。

**入試攻略** への **必須問題**

　アレニウスの式で，反応速度定数の自然対数（$\log_e k$）と絶対温度の逆数
（$1/T$）が直線関係になることを確かめよ。

--------

**解説**　　アレニウスの式

$$k = A \cdot e^{-\frac{E_a}{RT}}$$

の両辺の自然対数をとってみましょう。

$$\log_e k = \log_e A + \log_e e^{-\frac{E_a}{RT}}$$

$$= \log_e A - \frac{E_a}{RT}$$

$$= -\frac{E_a}{R}\left(\frac{1}{T}\right) + \log_e A$$

$\log_e k$ を $y$,　$\dfrac{1}{T}$ を $x$ とおくと

$$y = -\frac{E_a}{R}x + \log_e A$$

$R$,　$E_a$,　$A$ は定数なので,　$y = mx + n$ （$m$,　$n$ は定数）

と同形の直線の方程式です。$y$ と $x$,　すなわち $\log_e k$ と $\dfrac{1}{T}$ が直線関係になっ

ていますね。

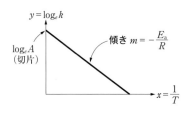

直線の傾き $m$ から $E_a$,
$y$ 切片から $A$ が求められ
ますね。
なお, アレニウスの式は
気体定数 $R$ が出てきます
が, 気体以外の反応でも
使えます

答え　解説を参照のこと

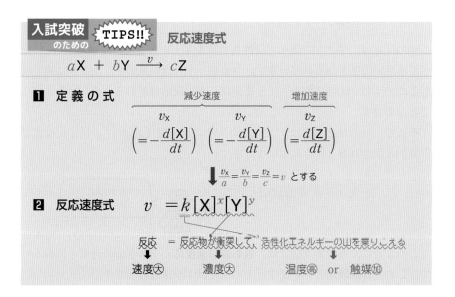

**入試突破** のための **TIPS!!**　反応速度式

$$a\mathrm{X} + b\mathrm{Y} \xrightarrow{v} c\mathrm{Z}$$

**1 定 義 の 式**

減少速度

$v_\mathrm{X}$　$v_\mathrm{Y}$

増加速度

$v_\mathrm{Z}$

$$\left(= -\frac{d[\mathrm{X}]}{dt}\right)\ \left(= -\frac{d[\mathrm{Y}]}{dt}\right)\ \left(= \frac{d[\mathrm{Z}]}{dt}\right)$$

$\dfrac{v_\mathrm{X}}{a} = \dfrac{v_\mathrm{Y}}{b} = \dfrac{v_\mathrm{Z}}{c} = v$ とする

**2 反応速度式**　$v = k[\mathrm{X}]^x[\mathrm{Y}]^y$

反応　＝　反応物が衝突して, 活性化エネルギーの山を乗りこえる

速度大　　　濃度大　　　　温度高　or　触媒加

# 4 素反応と律速段階

1つの反応が複数の段階を経て進む場合があります。例えば，五酸化二窒素 $N_2O_5$ の分解反応は，次の化学反応式(0)で表されますが，実は3つの反応からなる多段階反応 (複合反応) です。

$$2N_2O_5 \xrightarrow{v} 4NO_2 + O_2 \quad \cdots(0)$$

⬇ 3つの反応からなる

$$\begin{cases} N_2O_5 \xrightarrow{v_1} N_2O_3 + O_2 & \cdots(1) \\ N_2O_3 \xrightarrow{v_2} NO + NO_2 & \cdots(2) \\ N_2O_5 + NO \xrightarrow{v_3} 3NO_2 & \cdots(3) \end{cases}$$ $\left(\begin{array}{l}\text{それぞれの反応速度を } v, \ v_1, \ v_2, \ v_3 \text{ とし}\\\text{ます。}\end{array}\right)$

(1)〜(3)のように，**それ以上分けられない1つの反応**を素反応といいます。一般に，素反応の反応速度式の各濃度項のべき指数は，化学反応式での，その化学種の係数に一致することが知られていて，反応速度式は次のようになります。

$$v_1 = k \ [N_2O_5] \quad \cdots(1)'$$
$$v_2 = k' \ [N_2O_3] \quad \cdots(2)'$$
$$v_3 = k'' \ [N_2O_5][NO] \quad \cdots(3)'$$

(1)の反応は，(2)と(3)に比べて活性化エネルギーが大きく，$v_1$ は $v_2$ や $v_3$ に比べて小さいことも知られています。つまり，(1)は遅い反応で，(2)と(3)は速い反応なのですね。(1)さえ終わってしまえば，(0)の反応は終わったのも同然ということなのです。

そこで，(0)の反応速度は(1)'で決まり，(0)の反応速度式は(1)' の反応速度式で近似的に表されるという結果になります。

$$v \fallingdotseq v_1 = k \ [N_2O_5]$$

$v = k [N_2O_5]^2$ ではないんですね

このように，多段階反応では，**最も遅い素反応**が全体反応の速度を決めるので，これを**律速段階**といいます。上の例では(1)が律速段階です。

①反応速度式は実験によって求めなければならないもので，反応式から直接導くことはできない。次式の反応の速度式を求めるために，ある温度で，反応物の濃度を変えて反応速度を調べたところ，下の表の結果が得られた。

$$NO\,(g)\,+\,H_2(g)\,\longrightarrow\,生成物$$

| 実験番号 | $[NO]$〔mol/L〕 | $[H_2]$〔mol/L〕 | $v$〔mol/(L·s)〕 |
|---|---|---|---|
| 1 | 0.020 | 0.050 | 0.0050 |
| 2 | 0.040 | 0.050 | 0.0200 |
| 3 | 0.060 | 0.030 | 0.0270 |

**問1**　表のデータを用いて，この反応速度式 $v=k\,[NO]^x[H_2]^y$ の $x$ と $y$ の値を求めよ。

**問2**　この反応の反応速度定数を単位とともに有効数字 2 桁で求めよ。

**問3**　下線部①の理由を 60 字以内で述べよ。　　　　　　　　　　（札幌医科大）

------

解説　**問1**　　$v=k[NO]^x[H_2]^y$ と（実験番号 1）のデータより，

　　　　$0.0050=k(0.020)^x(0.050)^y$　…①

（実験番号 2）のデータより，

　　　　$0.0200=k(0.040)^x(0.050)^y$　…②

$\dfrac{②式}{①式}$ より，

$$\frac{0.0200}{0.0050}=\left(\frac{0.040}{0.020}\right)^x$$

　　　　$4=2^x$　なので，　$x=2$

（実験番号 3）のデータより，

　　　　$0.0270=k(0.060)^x(0.030)^y$　…③

$\dfrac{③式}{①式}$ と　$x=2$ より，

$$\left(\frac{0.0270}{0.0050}\right)=\left(\frac{0.060}{0.020}\right)^2\times\left(\frac{0.030}{0.050}\right)^y$$

　　　　$0.6=\left(\dfrac{3}{5}\right)^y$　なので，$y=1$

　　　　　　　　（実験番号 1）のデータを代入する（（実験番号 2）（実験番号 3）を代入してもよい）
　　　　　　　　　　　　　　　↓
**問2**　$k=\dfrac{v}{[NO]^2[H_2]}=\dfrac{0.0050}{0.020^2\times0.050}=250$

単位は，$\dfrac{\mathrm{mol/(L \cdot s)}}{(\mathrm{mol/L})^2(\mathrm{mol/L})} = \mathrm{L^2/(mol^2 \cdot s)}$

**問3** 化学反応式だけでは素反応か多段階反応かわかりません。多段階反応とわかっても，どのような素反応からなり，どこが律速段階かがわからないので，実験で決めるしかありません。

**答え** **問1** $x=2$，$y=1$

**問2** $2.5 \times 10^2\ \mathrm{L^2/(mol^2 \cdot s)}$

**問3** 化学反応式だけではその反応が素反応か多段階反応かわからず，多段階反応だとしても律速段階の素反応がわからないから。(56字)

# 5 半減期

●別冊 p.41

反応式 $A \longrightarrow B$ の反応速度式が $v=k[A]$ のような一次反応の場合には，経過時間 $t$ に対して，Aの濃度 $[A]$ は次のグラフのように変化することが知られています。$t=0$ のときのAの濃度を $[A]_0$ とし，**濃度が半分になるのにかかる時間**を $T$ とします。$T$ を**半減期**とよんでいます。

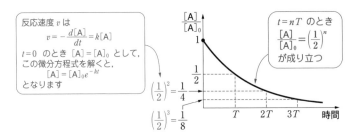

例えば，放射性同位体 $^{14}\mathrm{C}$ の半減期は約 5730 年です。5730 年経つごとに物質に含まれる $^{14}\mathrm{C}$ は半分の量に減少します。生態系では宇宙線の影響で $^{14}\mathrm{C}$ の濃度はほぼ一定に保たれていますが，死滅した生物の体からは $^{14}\mathrm{C}$ は減少していきます。これを利用して考古学的な年代測定などが行われています。

**入試突破**のための**TIPS!!** 半減期

一次反応では，初期濃度にかかわらず，半減期が過ぎるごとに濃度が $\dfrac{1}{2}$ になる。

ある化合物の分解を考える。初濃度 $C_0$〔mol/L〕の化合物において，時間 $t$〔min〕後における濃度 $C$〔mol/L〕は，$C=C_0e^{-kt}$ ($k$ は反応速度定数) で表される関係式に従った。ここで，$e$ は正の定数 (無理数) である。なお，分解反応中，温度は一定とする。

(1) 化合物の初濃度が $1.0\,\mathrm{mol/L}$ のとき，1分後に $0.50\,\mathrm{mol/L}$ に減少したとする。初濃度が $2.0\,\mathrm{mol/L}$ の場合，1分後の濃度〔mol/L〕を数値で求め，有効数字2桁で記せ。

(2) 化合物の濃度が，初濃度 $C_0$ の半分になるのに必要な時間〔min〕を数式で記せ。解答の数式には，必要に応じて $C_0$, $k$ を含んでよい。ただし，$\log_e 2=0.69$ とする

(岡山大)

**解説**　与えられた式 $C=C_0e^{-kt}$ を，$\dfrac{C}{C_0}=e^{-kt}$ と変形します。$\dfrac{C}{C_0}=\dfrac{1}{2}$ となるとき，$t=T$ (半減期) とします。

$$\frac{1}{2}=e^{-kT}$$

両辺の自然対数をとると，

$$\log_e\left(\frac{1}{2}\right)=\log_e(e^{-kT})=-kT$$

よって，$T=\dfrac{\log_e 2}{k}=\dfrac{0.69}{k}$　←(2)の解答

半減期 $T$ は反応速度定数 $k$ によって決まり，初期濃度 $C_0$ には無関係です。

$\dfrac{C}{C_0}=\dfrac{0.50}{1.0}=\dfrac{1}{2}$ となるのが，$t=1\,\mathrm{min}$ なので，$T=1\,\mathrm{min}$ です。

初期濃度に関係なく $C_0=2.0\,\mathrm{mol/L}$ の場合も $T=1\,\mathrm{min}$ なので，1分後には，

$$2.0\times\frac{1}{2}=1.0\,\mathrm{mol/L}\quad\text{←(1)の解答}$$

**答え**　(1)　$1.0\,\mathrm{mol/L}$　　(2)　$\dfrac{0.69}{k}$

33 **化学平衡**

## STAGE 1 平衡定数

◉別冊 p.42

　可逆反応は，反応物がなくならなくても**正反応と逆反応の速度がつり合う**と終点をむかえます。このような状態を**平衡状態**といいます。

化学平衡の状態ともいう

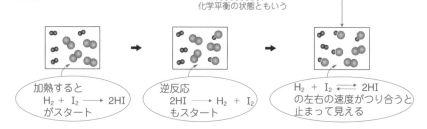

加熱すると
$H_2 + I_2 \longrightarrow 2HI$
がスタート

逆反応
$2HI \longrightarrow H_2 + I_2$
もスタート

$H_2 + I_2 \rightleftarrows 2HI$
の左右の速度がつり合うと
止まって見える

　一般に，平衡状態では<u>初期量や容器の体積に関係なく</u>，次の関係式が成立します。これを**化学平衡の法則**（あるいは**質量作用の法則**）といいます。

**化学平衡の法則**

$$aA + bB \rightleftarrows cC + dD \qquad (a \sim d : 係数)$$

$$\frac{[C]^c[D]^d}{[A]^a[B]^b} = K$$

平衡定数（温度一定なら一定）

　上記の**K**を**平衡定数**といい，同じ可逆反応で同じ温度ならば**K**の値は一定となります。上式の [A] などはモル濃度〔mol/L〕ですが，溶液とは限らないですよね。反応速度のときと同じように [　　] 内の化学式で表される粒子の物質量を，<u>それが分布する空間の体積で割った数値</u>と考えてください。

**入試突破**
のための　**TIPS!!**　平衡定数

**同じ可逆反応で，同じ温度なら，平衡定数Kの値は同じ！**

五塩化リン $PCl_5$ は，以下の反応式にもとづいて，三塩化リン $PCl_3$ と塩素 $Cl_2$ に解離することが知られている。

$$PCl_5 \text{（気）} \rightleftharpoons PCl_3 \text{（気）} + Cl_2 \text{（気）}$$

ただし，（気）は気体であることを示す。この反応の平衡定数 $K$ 〔mol/L〕は，以下のように表される。

$$K = \frac{[PCl_3][Cl_2]}{[PCl_5]}$$

次の問いに有効数字 2 桁で答えよ。

(1) $1.20$ mol の $PCl_5$ （気）は，$250\,°C$ で $4.0$ L の容器に封入すると，上式にもとづいて，その $\frac{1}{3}$ が $PCl_3$ と $Cl_2$ に解離して平衡になる。そのときの $PCl_5$ （気），$PCl_3$ （気），$Cl_2$ （気）の濃度〔mol/L〕を求めよ。

(2) (1)の結果にもとづき，平衡定数 $K$ 〔mol/L〕の値を求めよ。　　　　　　　(秋田大)

---

**解説** (1) 初期量，平衡までの変化量，平衡状態の量を分けて考えましょう。平衡までに解離した $PCl_5$ の物質量は，$1.20$ mol $\times \frac{1}{3} = 0.40$ mol なので，

|  | $PCl_5$ | $\rightleftharpoons$ | $PCl_3$ | $+$ | $Cl_2$ |  |
|---|---|---|---|---|---|---|
| 初期量 | 1.20 |  | 0 |  | 0 | mol |
| 変化量 | $-0.40$ |  | $+0.40$ |  | $+0.40$ | mol |
| 平衡量 | 0.80 |  | 0.40 |  | 0.40 | mol |

⬇4.0 L の容器なので濃度で表すと，

| 平衡時の濃度 | $\dfrac{0.80}{4.0}$ | $\dfrac{0.40}{4.0}$ | $\dfrac{0.40}{4.0}$ | mol/L |
|---|---|---|---|---|
|  | $=0.20$ | $=0.10$ | $=0.10$ |  |

(2) $K = \dfrac{[PCl_3][Cl_2]}{[PCl_5]}$ に平衡時の濃度を代入して，

$$K = \frac{0.10 \times 0.10}{0.20} = 5.0 \times 10^{-2} \text{ mol/L}$$

**答え** (1) $PCl_5 : 0.20$ mol/L　　$PCl_3 : 0.10$ mol/L　　$Cl_2 : 0.10$ mol/L
(2) $5.0 \times 10^{-2}$ mol/L

ある一定容積の容器に $2.5\ \text{mol}$ の $H_2$ と $2.5\ \text{mol}$ の $I_2$ を入れ,加熱して一定温度に保つと,次の反応①が平衡状態に達し,$H_2$ は $0.50\ \text{mol}$ になった。

$$H_2 + I_2 \rightleftharpoons 2HI \quad \cdots ①$$

(1) この平衡状態における HI は何 mol か(有効数字 2 桁)。

(2) この温度における反応①の平衡定数の値を答えよ(有効数字 2 桁)。

(3) 最初に $4.5\ \text{mol}$ の $H_2$ と $6.0\ \text{mol}$ の $I_2$ を入れて,同じ温度で平衡に達したときには,生成する HI は何 mol か(有効数字 2 桁)。　　　　　　(甲南大)

---

**解説** (1)

| | $H_2$ | $+$ | $I_2$ | $\rightleftharpoons$ | $2HI$ | |
|---|---|---|---|---|---|---|
| 初 期 量 | 2.5 | | 2.5 | | 0 | mol |
| 変 化 量 | $-2.0$ | | $-2.0$ | | $+2.0\times2$ | mol |
| 平 衡 量 | 0.50 | | 0.50 | | 4.0 | mol |

(2) 容積を $V\ \text{(L)}$ とすると,平衡時の濃度は,

$$[H_2]=\frac{0.50}{V}\ \text{(mol/L)} \qquad [I_2]=\frac{0.50}{V}\ \text{(mol/L)} \qquad [HI]=\frac{4.0}{V}\ \text{(mol/L)}$$

となります。

$$K=\frac{[HI]^2}{[H_2][I_2]}=\frac{\left(\dfrac{4.0}{V}\right)^2}{\left(\dfrac{0.50}{V}\right)\times\left(\dfrac{0.50}{V}\right)}=64$$

(3) 同じ温度ならば平衡定数は同じ値です。HI が $2x\ \text{(mol)}$ 生じたとします。

| | $H_2$ | $+$ | $I_2$ | $\rightleftharpoons$ | $2HI$ | |
|---|---|---|---|---|---|---|
| 初 期 量 | 4.5 | | 6.0 | | 0 | (mol) |
| 変 化 量 | $-x$ | | $-x$ | | $+2x$ | (mol) |
| 平 衡 量 | $4.5-x$ | | $6.0-x$ | | $2x$ | (mol) |

$$K=\frac{[HI]^2}{[H_2][I_2]}=\frac{\left(\dfrac{2x}{V}\right)^2}{\left(\dfrac{4.5-x}{V}\right)\left(\dfrac{6.0-x}{V}\right)}=64$$

整理すると,

$5x^2-56x+144=0$ となり,$(5x-36)(x-4)=0$ なので,$x=7.2,\ 4.0$

$x<4.5$ だから,$x=4.0$ が適当です。よって,

$$HI の物質量 = 2x = 2\times4.0 = 8.0\ \text{mol}$$

**答え** (1) 4.0 mol　　(2) 64　　(3) 8.0 mol

# 平衡定数と反応速度式

化学平衡の法則 (質量作用の法則) は, 高校の範囲では厳密には証明できません。平衡状態では, ギブスエネルギー変化 $\Delta G = \Delta H - \Delta S \times T = 0$ ( 参照 p.208 ) である点に注目して, さらに大学で学ぶ化学熱力学の知識を用いる必要があります。

ただし, 反応速度式の濃度項のべき指数が化学反応式の係数と一致するときだけ, 必須問題 のように証明できます。あくまでもこれは特殊なケースで, 厳密なものではありません。そもそも反応速度式が実験から決める式だからです。

**入試攻略** への **必須問題**

$H_2$ (気) $+ I_2$ (気) $\rightleftarrows$ $2HI$ (気) の反応では, 右方向の反応速度 $v_1$ と左方向の反応速度 $v_2$ は次のように表される。この反応の平衡定数 $K$ を $k$, $k'$ で表せ。

$$v_1 = k[H_2][I_2] \qquad v_2 = k'[HI]^2$$

**解説**　左右の反応速度がつり合って, $v_1 = v_2$ となった点が平衡状態です。

$$k[H_2][I_2] = k'[HI]^2$$

よって, $K = \dfrac{[HI]^2}{[H_2][I_2]} = \dfrac{k}{k'}$

**参考**　アレニウスの式

参照 p.316 によると,

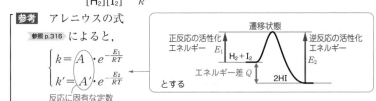

$$\begin{cases} k = \boxed{A} \cdot e^{-\frac{E_1}{RT}} \\ k' = \boxed{A'} \cdot e^{-\frac{E_2}{RT}} \end{cases} \quad \text{とする}$$

反応に固有な定数

よって, $K = \dfrac{k}{k'} = \dfrac{A \cdot e^{-\frac{E_1}{RT}}}{A' \cdot e^{-\frac{E_2}{RT}}} = \dfrac{A}{A'} \cdot e^{\frac{E_2 - E_1}{RT}} = \dfrac{A}{A'} \cdot e^{\frac{Q}{RT}}$

$A$, $A'$ は反応に固有な定数です。エネルギー差 $Q$ は反応エンタルピー $\Delta H$ の絶対値に相当し, これも反応固有な値ですね。そこで $T$ 一定なら $K$ は一定となります。

**答え**　$K = \dfrac{k}{k'}$

●別冊 p.42

## STAGE 3 平衡移動とルシャトリエの原理

A $\rightleftarrows$ Bという可逆反応が平衡状態にあるとします。Aを加えて，Aの濃度を大きくすると，右向き，すなわち正反応の速度が上がり，平衡状態がくずれます。ここから右方向に進んで，どこかで新たな平衡状態となります。

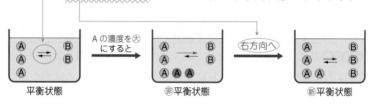

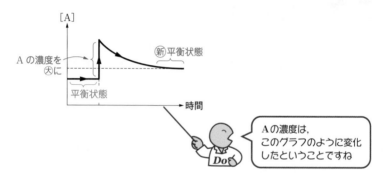

> Aの濃度は，このグラフのように変化したということですね

このように平衡点が移動することを**平衡移動**といいます。外からの条件変化と平衡移動の方向について，1884年にフランスの化学者ル・シャトリエが次のような規則性を見つけました。

### ルシャトリエの原理

　一般に，可逆反応が平衡状態にあるとき，外から条件を変化させると，条件変化の影響をやわらげる向きに反応が進み，新たな平衡状態になる。
濃度，温度など

> 高校では厳密には証明できないので "原理" としています

具体的には次のような内容です。

| | 平衡状態にある可逆反応に対し ➡ 反応がどちらへ進むか | |
|---|---|---|
| 濃度 | 反応式中の成分の濃度を大きくすると<br>反応式中の成分の濃度を小さくすると | ➡ 反応により，その成分が消費される方向へ<br>反応により，その成分が補給される方向へ |
| 圧縮・膨張 | 気体を圧縮して　圧力を高くすると<br>気体を膨張させて圧力を低くすると | ➡ 気体分子の総数が減少する方向へ<br>気体分子の総数が増加する方向へ |
| 温度 | 温度を高くすると<br>温度を低くすると | ➡ 吸熱反応が起こる方向へ<br>発熱反応が起こる方向へ |

「平衡状態を崩すような刺激を与えると，
その刺激を緩和する方向へ移動」ですよ

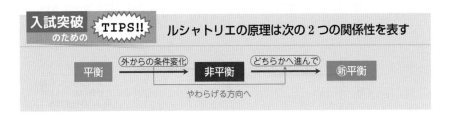

**入試突破** のための **TIPS!!**　ルシャトリエの原理は次の2つの関係性を表す

平衡 ──外からの条件変化→ 非平衡 ──どちらかへ進んで→ 新平衡
やわらげる方向へ

**入試攻略** への **必須問題**

次の（*）式の平衡状態に対して，下の(1)〜(6)を行うと，左右どちらに進んで新しい平衡状態になるか。

$$N_2（気） + 3H_2（気） \rightleftarrows 2NH_3（気）\quad \Delta H = -92\,kJ \quad \cdots（*）$$

(1) 温度を上げる。　　　　　　(2) $N_2$ の濃度を大きくする。

(3) 圧力を上げて圧縮する。　　(4) 容積を一定にして，He を加える。

(5) 全圧を一定にして，He を加える。

(6) 触媒を加える。

**解説** (1) 吸熱方向に平衡が移動します。(*)は右方向がエンタルピー変化 $\Delta H<0$ で発熱反応なので，逆方向の左方向が吸熱方向となります。

(2) $N_2$ の濃度を小さくする方向，つまり右に進みます。

(3) 気体分子の総数を減らす方向 $(1+3 \longrightarrow 2)$，つまり右に進みます。

$N_2$ の mol、$H_2$ の mol、$NH_3$ の mol

(4) 容積が一定なので，He を加えても $N_2$, $H_2$, $NH_3$ の濃度（あるいは分圧）はすべて変化していません。つまり，平衡状態のままです。

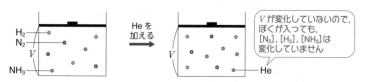

> $V$ が変化していないので，ぼくが入っても，$[N_2]$, $[H_2]$, $[NH_3]$ は変化していません

(5) He を加えても全圧を一定にするには，ピストンを押し上げて容積を増大させなければいけません。膨張させて全気体の濃度を小さくするという外的変化を与えることになります。すると，気体分子の総数を増やす方向，(3)とは逆の左に進みます。

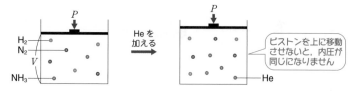

> ピストンを上に移動させないと，内圧が同じになりません

(6) 触媒を加えても，両方向とも反応速度が上がり，平衡は移動しません。触媒は平衡状態に達するまでの時間を短縮する役割にすぎません。

**答え** (1) 左　(2) 右　(3) 右　(4) 平衡は移動しない　(5) 左
(6) 平衡は移動しない

## Extra Stage　ルシャトリエの原理を考察する

### 反応速度式とアレニウスの式で考える

$$2NO_2 \text{（気）} \underset{v_2}{\overset{v_1}{\rightleftarrows}} N_2O_4 \text{（気）} \quad \Delta H = -57.5 \text{ kJ}$$

の可逆反応をもとに，反応速度式を用いてルシャトリエの原理を考えてみましょう。正反応，逆反応の反応速度式は次のように表せることがわかっています。

$$\begin{cases} \text{正反応：} v_1 = k_1[NO_2]^2 & (k_1：反応速度定数) \\ \text{逆反応：} v_2 = k_2[N_2O_4] & (k_2：反応速度定数) \end{cases}$$

**(1) 濃度を上げる**

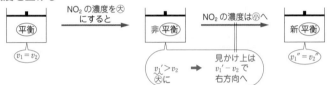

**(2) 圧縮する**

　体積を半分，すなわち系にかかる圧力を2倍にしたとします。体積が半分になると成分の濃度が2倍になるので，そこから次のように右向き，すなわち気体分子数が減る方向に進むことがわかります。

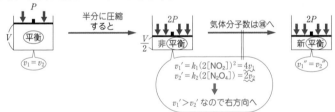

**(3) 温度を上げる**

　アレニウスの式　参照 p.316　で $k_1$, $k_2$ を次のように表します。

　温度を $T$ から $T+\Delta T$（$\Delta T > 0$）に上げたとします。反応速度定数は次ページのように変化しますね。

$$\begin{cases} k_1' = A_1 \cdot e^{-\frac{E_1}{R(T+\Delta T)}} & \cdots ③ \\ k_2' = A_2 \cdot e^{-\frac{E_2}{R(T+\Delta T)}} & \cdots ④ \end{cases}$$

①式～④式より，

$$\begin{cases} \dfrac{k_1'}{k_1} = \dfrac{A_1 \cdot e^{-\frac{E_1}{R(T+\Delta T)}}}{A_1 \cdot e^{-\frac{E_1}{RT}}} = e^{\frac{E_1 \cdot \Delta T}{RT(T+\Delta T)}} & \cdots ①' \\ \dfrac{k_2'}{k_2} = \dfrac{A_2 \cdot e^{-\frac{E_2}{R(T+\Delta T)}}}{A_2 \cdot e^{-\frac{E_2}{RT}}} = e^{\frac{E_2 \cdot \Delta T}{RT(T+\Delta T)}} & \cdots ②' \end{cases}$$

①'式，②'式を比べると，$E_2 > E_1$ なので，$\dfrac{k_1'}{k_1} < \dfrac{k_2'}{k_2}$ となり，温度を上げると

逆反応の反応速度定数の方が正反応の反応速度定数より，増加率が大きくなりま
吸熱反応（$\Delta H > 0$）　　　　発熱反応（$\Delta H < 0$）
す。そこで，相対的に逆反応の速度が上回り，吸熱方向に進むというわけです。

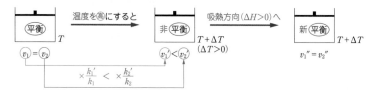

(4) **触媒を加える**

(3)で活性化エネルギーの山が $\Delta E$ だけ小さくなったとします。

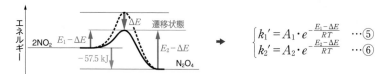

$$\begin{cases} k_1' = A_1 \cdot e^{-\frac{E_1 - \Delta E}{RT}} & \cdots ⑤ \\ k_2' = A_2 \cdot e^{-\frac{E_2 - \Delta E}{RT}} & \cdots ⑥ \end{cases}$$

(3)の①式，②式と⑤式，⑥式より，

$$\begin{cases} \dfrac{k_1'}{k_1} = \dfrac{A_1 \cdot e^{-\frac{E_1 - \Delta E}{RT}}}{A_1 \cdot e^{-\frac{E_1}{RT}}} = e^{\frac{\Delta E}{RT}} & \cdots ①'' \\ \dfrac{k_2'}{k_2} = \dfrac{A_2 \cdot e^{-\frac{E_2 - \Delta E}{RT}}}{A_2 \cdot e^{-\frac{E_2}{RT}}} = e^{\frac{\Delta E}{RT}} & \cdots ②'' \end{cases}$$

①''式，②''式を比べると，$\dfrac{k_1'}{k_1} = \dfrac{k_2'}{k_2}$ なので，正反応と逆反応の速度の増加率は

等しく，平衡状態に触媒を加えても平衡状態のままです。

## ギブスエネルギーで考える

温度を上げると吸熱方向に進む理由を，ギブスエネルギー変化で説明してみましょう。先ほどと同じく，次の可逆反応を例として説明します。

$$2NO_2(気) \rightleftharpoons N_2O_4(気) \quad \Delta H = -57.5\,kJ$$

右向きの変化はエンタルピー $H$ が減少する（$\Delta H < 0$）発熱反応で，エントロピー $S$ も気体分子の数が減るため減少しています（$\Delta S < 0$）。

$$2NO_2(気) \xrightarrow{\Delta H < 0,\ \Delta S < 0} N_2O_4(気) \quad \Delta H = -57.5\,kJ$$

逆に左向きの変化は，エンタルピー $H$ が増加する（$\Delta H > 0$）吸熱反応で，エントロピー $S$ も増加しています（$\Delta S > 0$）。

$$N_2O_4(気) \xrightarrow{\Delta H > 0,\ \Delta S > 0} 2NO_2(気) \quad \Delta H = +57.5\,kJ$$

逆向きに書いています

平衡状態では左右のギブスエネルギーが等しく，ギブスエネルギー変化 $\Delta G = 0$（ゼロ）となっています。

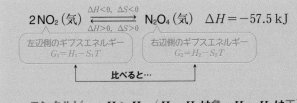

$$2NO_2(気) \underset{\Delta H > 0,\ \Delta S > 0}{\overset{\Delta H < 0,\ \Delta S < 0}{\rightleftharpoons}} N_2O_4(気) \quad \Delta H = -57.5\,kJ$$

左辺側のギブスエネルギー
$G_1 = H_1 - S_1 T$

右辺側のギブスエネルギー
$G_2 = H_2 - S_2 T$

比べると…

**エンタルピー：$H_1 > H_2$** （$H_2 - H_1$ は負，$H_1 - H_2$ は正）
**エントロピー：$S_1 > S_2$** （$S_2 - S_1$ は負，$S_1 - S_2$ は正）

平衡状態では，

ギブスエネルギー変化　$\Delta G = G_2 - G_1$

$$= (H_2 - H_1) - (S_2 - S_1)T$$

$$= \underset{負}{\Delta H} - \underset{負}{\Delta S \cdot T}$$

$$= 0 \quad \underset{正}{}$$

$\Delta S < 0$ なので，$-\Delta S \cdot T > 0$ です

よって，$\Delta H = \Delta S \cdot T$ が成り立っています。

では，温度を $T$ から $T+\underline{\Delta T}\,(\Delta T>0)$ に上げたとします。右向きのギブスエネルギー変化 $\Delta G$ は，

$$
\begin{aligned}
\Delta G &= G_2 - G_1 \\
&= \{H_2 - S_2(T+\underline{\Delta T})\} - \{H_1 - S_1(T+\underline{\Delta T})\} \\
&= (H_2 - H_1) - (S_2 - S_1)(T+\Delta T) \\
&= \Delta H - \Delta S \cdot (T+\Delta T) \\
&= \underset{0}{\underline{\Delta H - \Delta S \cdot T}} - \Delta S \cdot \Delta T \\
&= -\Delta S \cdot \Delta T
\end{aligned}
$$

となります。$\Delta S = S_2 - S_1$ は負 $(\Delta S<0)$ なので，$\Delta G$ の値は正 $(\Delta G>0)$ です。これは，右向きの変化が進まず，左向きの変化が進むことを意味します。温度を上げるとエントロピー $S$ が増加する方向 $(\Delta S>0)$ へ進むのですね。

　$\underline{\Delta S>0}$ の方向が，エンタルピー $H$ の増加方向 $(\Delta H>0)$，つまり吸熱方向なのです。

気相での化学平衡は，気体の濃度で表した平衡定数以外に，気体の分圧で表した平衡定数を用いる場合があります。

例えば，体積 $V$〔L〕の容器で次の気体間で平衡が成立しているとします。

$$2CO（気） + O_2（気） \rightleftharpoons 2CO_2（気）$$

化学平衡の法則（質量作用の法則）を適用すると，平衡定数 $K$ は，

$$K=\frac{[CO_2]^2}{[CO]^2[O_2]} \quad \cdots ①$$

と表せます。気体の濃度〔mol/L〕は，単位体積あたりに含まれる物質量〔mol〕で表されますから，

$$[CO]=\frac{n_{CO}}{V} \qquad [O_2]=\frac{n_{O_2}}{V} \qquad [CO_2]=\frac{n_{CO_2}}{V}$$

となります。これらの気体が理想気体と見なせるなら，理想気体の状態方程式 $PV=nRT$ より，

$$[CO]=\frac{n_{CO}}{V}=\frac{P_{CO}}{RT}$$

のように変形できます。つまり，各気体のモル濃度は分圧を用いて表せるのです。下図で確認してください。

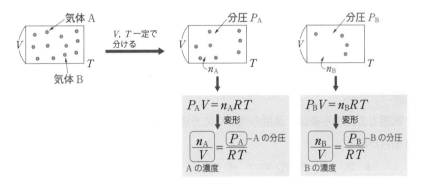

①式へこれを適用すると，

$$K=\frac{\left(\dfrac{P_{CO_2}}{RT}\right)^2}{\left(\dfrac{P_{CO}}{RT}\right)^2 \times \left(\dfrac{P_{O_2}}{RT}\right)}=\frac{(P_{CO_2})^2}{(P_{CO})^2 \times (P_{O_2})} \times RT$$

となります。温度$T$が一定なら$K$は一定なので，$\dfrac{(P_{CO_2})^2}{(P_{CO})^2(P_{O_2})} = \boxed{\dfrac{K}{RT}}$ もまた

一定となりますね。そこで，$\dfrac{K}{RT}$ を $K_p$ とおくと，

$T$ 一定なら一定

**圧平衡定数**
$$K_p = \dfrac{(P_{CO_2})^2}{(P_{CO})^2(P_{O_2})}$$

$K_p$ は気体の濃度の代わりに，**平衡時の気体の分圧を用いた平衡定数**で，**圧平衡定数**とよんでいます。

分圧については，p.248 をもう一度，読み直してくださいね

**入試突破のための TIPS!!**　圧平衡定数

　気相での化学平衡は，濃度の代わりに分圧で表した圧平衡定数 $K_p$ を使う場合がある。

$$x\text{A}（気） + y\text{B}（気） \rightleftharpoons z\text{C}（気） + w\text{D}（気） \qquad (x \sim w：係数)$$

の気体間で化学平衡が成立するとき

$$K_p = \dfrac{(P_C)^z \cdot (P_D)^w}{(P_A)^x \cdot (P_B)^y}$$

が成立。

次の①の可逆反応の濃度平衡定数 $K_c$ は次のように書くことができる。

$$N_2(気) + 3H_2(気) \rightleftharpoons 2NH_3(気) \quad \cdots\cdots①$$

$$K_c = \frac{[NH_3]^2}{[N_2][H_2]^3} \; [L^2/mol^2]$$

気体を理想気体，温度 $T$ [K]，気体定数 $R$ [Pa·L/(mol·K)] とすると，①の圧平衡定数 $K_p$ を，$K_c$，$R$，$T$ で表せ。

解説　①の圧平衡定数 $K_p$ は，それぞれの分圧を用いて，

$$K_p = \frac{P_{NH_3}{}^2}{P_{N_2} \cdot P_{H_2}{}^3} \; [Pa^{-2}]$$

と表せます。体積を $V$ [L] とすると，理想気体の状態方程式より，

$$
\begin{cases}
P_{N_2} \cdot V = n_{N_2}RT \implies \dfrac{n_{N_2}}{V} = \dfrac{P_{N_2}}{RT} \\[2mm]
P_{H_2} \cdot V = n_{H_2}RT \implies \dfrac{n_{H_2}}{V} = \dfrac{P_{H_2}}{RT} \\[2mm]
P_{NH_3} \cdot V = n_{NH_3}RT \implies \dfrac{n_{NH_3}}{V} = \dfrac{P_{NH_3}}{RT}
\end{cases}
$$

$[N_2] = \dfrac{n_{N_2}}{V}$，$[H_2] = \dfrac{n_{H_2}}{V}$，$[NH_3] = \dfrac{n_{NH_3}}{V}$ なので，

$$K_c = \frac{\left(\dfrac{n_{NH_3}}{V}\right)^2}{\left(\dfrac{n_{N_2}}{V}\right)\left(\dfrac{n_{H_2}}{V}\right)^3} = \frac{\left(\dfrac{P_{NH_3}}{RT}\right)^2}{\left(\dfrac{P_{N_2}}{RT}\right)\left(\dfrac{P_{H_2}}{RT}\right)^3} = \underbrace{\frac{P_{NH_3}}{P_{N_2} \cdot P_{H_2}{}^3}}_{= K_p} \cdot (RT)^2$$

と表せるので，

$$K_p = \frac{K_c}{(RT)^2}$$

答え　$K_p = \dfrac{K_c}{(RT)^2}$

ピストンつき容器に四酸化二窒素 $N_2O_4$ $n$〔mol〕を入れ，全圧 $P$ のもと一定温度 $T$ で長時間放置すると，一部解離し次の平衡状態となった。

$$N_2O_4（気） \rightleftharpoons 2NO_2（気） \quad \cdots ①$$

$N_2O_4$ の解離度を $\alpha (0 < \alpha < 1)$ とし，①式の圧平衡定数 $K_p$ を $P$ と $\alpha$ を用いて表せ。

解説

全圧 $P$ が与えられているので，①式での各成分のモル分率を求め，$P$ にかけると分圧が求められます。

$$
\begin{array}{ccc}
& N_2O_4 \rightleftharpoons & 2NO_2 & \\
\text{はじめ} & n & 0 & \text{〔mol〕} \\
\text{変化量} & -n\alpha & +2n\alpha & \text{〔mol〕} \\
\hline
\text{平衡時} & n(1-\alpha) & 2n\alpha & \text{〔mol〕}
\end{array}
$$

解離度 $\alpha$
$= \dfrac{\text{解離した } N_2O_4 \text{ の mol}}{\text{はじめの } N_2O_4 \text{ の mol}}$

計 $n(1-\alpha)+2n\alpha=n(1+\alpha)$〔mol〕

よって，平衡時のそれぞれの分圧は，

$$
\begin{cases}
P_{N_2O_4} = \underset{\text{全圧}}{P} \times \underset{N_2O_4 \text{のモル分率}}{\dfrac{n(1-\alpha)}{n(1+\alpha)}} = P \times \dfrac{1-\alpha}{1+\alpha} \\[4mm]
P_{NO_2} = P \times \underset{NO_2 \text{のモル分率}}{\dfrac{2n\alpha}{n(1+\alpha)}} = P \times \dfrac{2\alpha}{1+\alpha}
\end{cases}
$$

$i$ のモル分率 $= \dfrac{i \text{ の mol}}{\text{全 mol}}$

となるので，$K_p$ の値は，

$$K_p = \frac{(P_{NO_2})^2}{P_{N_2O_4}} = \frac{\left(P \cdot \dfrac{2\alpha}{1+\alpha}\right)^2}{P \cdot \dfrac{1-\alpha}{1+\alpha}} = P \cdot \frac{4\alpha^2}{(1+\alpha)(1-\alpha)} = P \cdot \frac{4\alpha^2}{1-\alpha^2}$$

答え $K_p = P \cdot \dfrac{4\alpha^2}{1-\alpha^2}$

さらに演習！ 『鎌田の化学問題集 理論・無機・有機 改訂版』
「第6章 反応速度と化学平衡 12 反応速度・化学平衡」

# 34 酸と塩基の電離平衡

## STAGE 1 電離定数と水のイオン積

酸 HA の水溶液では，次の 2 つの電離平衡が形成されています。

$$
\begin{cases}
\overset{H^+}{\overbrace{HA + H_2O}} \rightleftharpoons A^- + H_3O^+ & \cdots① \\[2mm]
\overset{H^+}{\overbrace{H_2O + H_2O}} \rightleftharpoons OH^- + H_3O^+ & \cdots②
\end{cases}
$$

①式，②式の平衡定数は，

$$
\begin{cases}
K = \dfrac{[A^-][H_3O^+]}{[HA][H_2O]} & \cdots③ \\[4mm]
K' = \dfrac{[OH^-][H_3O^+]}{[H_2O]^2} & \cdots④
\end{cases}
$$

純水 1 L は約 1000 g ですね。水の分子量は 18 なので，$\dfrac{1000}{18} \fallingdotseq 55.6$ mol の $H_2O$ 分子に相当します。うすい水溶液でも $[H_2O] \fallingdotseq 55$ mol/L 程度で，定数として扱います

うすい水溶液なら $[H_2O]$ はほぼ一定と見なせるので，③式，④式を変形し，酸 HA の電離定数 $K_a$，水のイオン積 $K_w$ を次のように定義します。

$$
\begin{cases}
\dfrac{[A^-][H_3O^+]}{[HA]} = \underset{\text{ほぼ一定}}{(\underline{K \cdot [H_2O]})} = \underset{\text{酸 HA の電離定数}}{K_a} & \text{(a：acid (酸))} \\[4mm]
[OH^-][H_3O^+] = \underset{\text{ほぼ一定}}{(\underline{K' \cdot [H_2O]^2})} = \underset{\text{水のイオン積}}{K_w} & \text{(w：water (水))}
\end{cases}
$$

オキソニウムイオン $H_3O^+$ は水中の水素イオン $H^+$ を表すので，単に $H^+$ と記すことにします。すると上式は，次のようになります。

> 酸 HA の電離定数 $K_a = \dfrac{[A^-][H^+]}{[HA]}$
>
> 水のイオン積 $K_w = [OH^-][H^+]$

これらは，うすい水溶液中での

$$HA \rightleftharpoons A^- + H^+$$

と

$$H_2O \rightleftharpoons OH^- + H^+$$

の平衡定数と考えてかまいません。

> **注** アンモニアのような塩基の電離定数（$K_b$ とする）も同様に定義します。
>
> $$NH_3 + H_2O \rightleftharpoons NH_4^+ + OH^-$$
>
> ↓[$H_2O$] はほぼ一定として $K_b$ に含める
>
> $$\frac{[NH_4^+][OH^-]}{[NH_3]} = K_b \qquad \text{(b：base（塩基）)}$$
>
> アンモニア $NH_3$ の電離定数

---

**STAGE 2** 　酸や塩基の水溶液の $[H^+]$ や $[OH^-]$ の求め方　　◐別冊 p.44〜46

### 1　強酸や強塩基の場合

　一般に，強酸や強塩基は電離定数の値が非常に大きく，うすい水溶液中では電離平衡が右へ傾いているので，完全に電離していると考えてかまいません。

**入試攻略への必須問題**

　$C$〔mol/L〕の希塩酸の水素イオン濃度 $[H^+]$〔mol/L〕を求めよ。ただし，$HCl$ は完全に電離しており，水のイオン積 $[H^+][OH^-] = K_w$ とする。

**解説**　水は溶液 1 L あたり $a$〔mol〕電離しているとします。

$$\begin{cases} HCl \longrightarrow H^+ + Cl^- \\ \qquad\quad\; C \qquad C \quad \text{〔mol/L〕} \\ H_2O \rightleftharpoons H^+ + OH^- \\ \text{大量}-a \quad a \qquad a \quad \text{〔mol/L〕} \end{cases}$$

> $[H^+][OH^-] = K_w$ に代入する $[H^+]$ は，$a$ ではなくて $C+a$ ですよ。水溶液中の全水素イオン濃度です
>
> **Do**

↓

$$[H^+]_{全} = C + a \quad \cdots ①$$
　酸からの $H^+$ ↗　↖水からの $H^+$

$$[OH^-]_{全} = a \quad \cdots ②$$
　　　↖水からの $OH^-$

ここで，求めるのは，$[H^+]_全$ であり $C+a$ ですから，これを $x$ とおくと，$a=x-C$ なので，①式，②式は，

$$\begin{cases} [H^+]_全 = C+a = x & \cdots ①' \\ [OH^-]_全 = a = x-C & \cdots ②' \end{cases}$$

となります。また，うすい水溶液中では，

$$[H^+]_全 \times [OH^-]_全 = K_w（水のイオン積）$$

の関係が成立するから，①'式，②'式を代入すると，

$$x \times (x-C) = K_w$$
$$x^2 - Cx - K_w = 0$$

よって解の公式より，

$$x = \frac{C \pm \sqrt{C^2 + 4K_w}}{2}$$

$x>0$ なので，

$$[H^+]_全 = x = \frac{C + \sqrt{C^2 + 4K_w}}{2}$$

**答え** $[H^+] = \dfrac{C + \sqrt{C^2 + 4K_w}}{2}$

**必須問題** の $C$ の値をいろいろと変えて計算すると次表のようになります（$K_w = 1.0 \times 10^{-14} \ (mol/L)^2$ とする）。

| $C$ 〔mol/L〕 | $[H^+]$ 〔mol/L〕 |
|---|---|
| $10^{-3}$ | $1.00000001 \times 10^{-3}$ |
| $10^{-4}$ | $1.000001 \quad \times 10^{-4}$ |
| $10^{-5}$ | $1.0001 \quad \times 10^{-5}$ |
| $10^{-6}$ | $1.01 \quad \times 10^{-6}$ |
| $10^{-7}$ | $1.62 \quad \times 10^{-7}$ |
| $10^{-8}$ | $1.05 \quad \times 10^{-7}$ |
| $10^{-9}$ | $1.005 \quad \times 10^{-7}$ |

この範囲は $[H^+]=C$ と近似してよさそうです

　私たちがふだん扱う酸や塩基の水溶液では，$C \gg a$ として，

酸の出した $H^+$ の量が，水の出した $H^+$ より圧倒的に多いということ

$$[H^+] = C + a \fallingdotseq C$$

と近似して求めます。

$a \gg b$ と見なせるとき，$a \pm b \fallingdotseq a$ と近似します

ただし，この近似が許されるのは，有効数字 2 桁として $C \geqq 10^{-6}$ の範囲であることが前ページの表からわかるでしょう。$C < 10^{-6}$ になると，$C \gg a$ とできないので，二次方程式を解かなくてはならないのです。

これは強塩基の水溶液の場合も同じです。$C$〔mol/L〕の NaOH 水溶液ならば，$[\text{OH}^-] = C + a$ として p.338 の **必須問題** の $[\text{H}^+]$ と同じように $[\text{OH}^-]$ を求めます。

$$\begin{cases} [\text{OH}^-] = C + a = x \\ [\text{H}^+] = a = x - C \end{cases} \text{とすると，}$$

よって，$(x - C) \cdot x = K_\text{w}$，すなわち $x^2 - Cx - K_\text{w} = 0$

$x > 0$ なので，解の公式より，

$$x = \frac{C + \sqrt{C^2 + 4K_\text{w}}}{2}$$

$$[\text{OH}^-] = x = \frac{C + \sqrt{C^2 + 4K_\text{w}}}{2}$$

$C \geqq 10^{-6}$ では水の電離による増加分 $a$ を無視して，

$$[\text{OH}^-] \fallingdotseq C$$

としてかまいません。

---

**入試突破 のための TIPS!!** $C$〔mol/L〕の強酸，強塩基は $C$ の値で場合分け！

**1** $C$〔mol/L〕の HCl aq の $[\text{H}^+]$

$$\begin{cases} C \geqq 10^{-6} \text{ のとき：} [\text{H}^+] = C \text{〔mol/L〕} \\ C < 10^{-6} \text{ のとき：} [\text{H}^+] = \dfrac{C + \sqrt{C^2 + 4K_\text{w}}}{2} \text{〔mol/L〕} \end{cases}$$

**2** $C$〔mol/L〕の NaOH aq の $[\text{OH}^-]$

$$\begin{cases} C \geqq 10^{-6} \text{ のとき：} [\text{OH}^-] = C \text{〔mol/L〕} \\ C < 10^{-6} \text{ のとき：} [\text{OH}^-] = \dfrac{C + \sqrt{C^2 + 4K_\text{w}}}{2} \text{〔mol/L〕} \end{cases}$$

---

[**注** なお，$C \leqq 10^{-9}$ なら $a \gg C$ とし，$C \fallingdotseq 0$ で，純水と見なしてよい。
$[\text{H}^+] = [\text{OH}^-] = \sqrt{K_\text{w}}$ ]

## ▶2◀ 弱酸や弱塩基の場合

### 入試攻略 への 必須問題

$C$ 〔mol/L〕の弱酸 HA 水溶液の全水素イオン濃度を $[H^+]$ 〔mol/L〕，酸 HA の電離定数を $K_a$ 〔mol/L〕，水のイオン積を $K_w$ 〔mol²/L²〕とし，$[H^+]$ を求めるための方程式を求めよ。

**解説**

$$\begin{cases} HA \xrightleftharpoons{K_a} H^+ + A^- \Rightarrow K_a = \dfrac{[H^+][A^-]}{[HA]} & \cdots① \\ H_2O \xrightleftharpoons{K_w} H^+ + OH^- \Rightarrow K_w = [H^+][OH^-] & \cdots② \end{cases}$$

近似をせずに式を立ててみましょう。$[HA]$，$[A^-]$，$[H^+]$，$[OH^-]$ の４つが未知数なので，$[H^+]$ を求めるには①式と②式以外にあと２つの式が必要となります。

(i) 原子団 A に関する保存則（物質収支の式）

$$C = [H\underline{A}] + [\underline{A}^-] \quad \cdots③$$

> ③式では，酸 HA の A に注目しています。平衡時は HA または A⁻ の形で A が含まれています。もともと A は 1 L あたり $C$〔mol〕しかありません

(ii) 電荷の保存則（電気的中性の式）

$$\underbrace{[H^+] \times 1}_{\text{全正電荷}} = \underbrace{[A^-] \times 1 + [OH^-] \times 1}_{\text{全負電荷}} \quad \cdots④$$

> ④式は，（正電荷の総量）＝（負電荷の総量）
> $$\begin{cases} HA \longrightarrow [H^+] + [A^-] \\ H_2O \longrightarrow [H^+] + [OH^-] \end{cases}$$
> からわかるでしょう

②式より，$[OH^-] = \dfrac{K_w}{[H^+]}$

これを④式に代入して，

$$[A^-] = [H^+] - [OH^-] = [H^+] - \frac{K_w}{[H^+]} \quad \cdots⑤$$

これを③式に代入して，

$$[HA] = C - [A^-] = C - [H^+] + \frac{K_w}{[H^+]} \quad \cdots⑥$$

⑤式，⑥式を①式に代入して，

$$[H^+] = \frac{[HA]}{[A^-]} \cdot K_a = \frac{C - [H^+] + \dfrac{K_w}{[H^+]}}{[H^+] - \dfrac{K_w}{[H^+]}} \cdot K_a$$

よって，$[H^+]^3 + K_a[H^+]^2 - (K_w + CK_a)[H^+] - K_aK_w = 0$

> **注** これを手計算で解くのは難しく，水の電離による $H^+$ の増加分を無視するなどの近似を用いて $[H^+]$ を求めます（詳しくは次ページの ◆**参考**◆ 参照）。

**答え** $[H^+]^3 + K_a[H^+]^2 - (K_w + CK_a)[H^+] - K_aK_w = 0$

**近似1**　**水の電離による寄与分を無視する**

弱酸の水溶液でも $[H^+] \geqq 10^{-6}$ なら，$\dfrac{K_w}{[H^+]} = [OH^-] \leqq 10^{-8}$ となるので，

$[H^+] \gg [OH^-]$ としてかまいません。
<small>$[H^+][OH^-]=10^{-14}$ とした</small>

前ページの⑤式，⑥式を次のように近似します。

$$\left\{\begin{array}{l} [A^-] = [H^+] - \underset{\text{無視}}{\dfrac{K_w}{[H^+]}} \fallingdotseq [H^+] \quad \cdots\cdots ⑤' \\[4mm] [HA] = C - [H^+] + \underset{\text{無視}}{\dfrac{K_w}{[H^+]}} \fallingdotseq C - [H^+] \quad \cdots\cdots ⑥' \end{array}\right.$$

を無視します

⑤′式，⑥′式を①に代入すると，

$$K_a = \frac{[H^+] \times [H^+]}{C - [H^+]} = \frac{[H^+]^2}{C - [H^+]} \quad \cdots\cdots ⑦$$

これを解けば $[H^+]$ が求まりますが，2次方程式の解の公式を使うので，数値計算は面倒です。

**近似2**　**弱酸の電離度 $\alpha$ が1より十分に小さいとする**

<small>HAは電離するとA$^-$に　　⑤′式より $[A^-] \fallingdotseq [H^+]$</small>

$$\overset{\text{電離度}}{\alpha} = \frac{\text{電離した HA の量}}{\text{電離前の HA の量}} = \frac{[A^-]}{C} = \frac{[H^+]}{C} \ll 1$$

と近似できる場合は，$[H^+] \ll C$ ですね。

そこで，⑦はさらに次のように近似できます。

$$K_a = \frac{[H^+]^2}{C - \underset{\text{無視}}{[H^+]}} \fallingdotseq \frac{[H^+]^2}{C}$$

$[H^+] > 0$ なので，$[H^+] = \sqrt{CK_a}$ と簡単に計算できます。

ルート，シーケーですね

　多くの入試問題では，次ページの必須問題のように，電離度 $\alpha$ をパラメーターとして $[HA]$，$[A^-]$，$[H^+]$ を表して，$K_a$ に代入する展開が多いです。同じ結果になることを確認してください。

酢酸の電離定数を $K_a$〔mol/L〕，アンモニアの電離定数を $K_b$〔mol/L〕
とし，次の(1)，(2)に答えよ。ただし，(1)，(2)ともに電離度 $\alpha$ は1より十分
に小さいとする。

(1) $C$〔mol/L〕の酢酸水溶液の $[H^+]$〔mol/L〕を求めよ。

(2) $C$〔mol/L〕のアンモニア水の $[OH^-]$〔mol/L〕を求めよ。

**解説** $H_2O$ の電離による $H^+$ や $OH^-$ の増加分を無視しないと，p.341のような3次
方程式を解くことになり，解を得るのが困難なので，水の電離による寄与分を無
視できる程度の $C$ の値だということを前提にして解いてください。

(1)

$$CH_3COOH \rightleftharpoons CH_3COO^- + H^+$$

| | | | |
|---|---|---|---|
| 電離前 | $C$ | 0 | 0 |
| 変化量 | $-C\alpha$ | $+C\alpha$ | $+C\alpha$ |
| 電離後 | $C(1-\alpha)$ | $C\alpha$ | $C\alpha$ |

$$K_a = \frac{[CH_3COO^-][H^+]}{[CH_3COOH]}$$

$$= \frac{C\alpha \cdot C\alpha}{C(1-\alpha)}$$

$$= \frac{C\alpha^2}{1-\alpha}$$

$\alpha \ll 1$ ならば，$1-\alpha \fallingdotseq 1$ とできるから，

$$K_a \fallingdotseq C\alpha^2$$

よって，$\alpha = \sqrt{\dfrac{K_a}{C}}$

これを $[H^+] = C\alpha$ に代入すると，

$$[H^+] = \sqrt{CK_a}$$

(2)

$$NH_3 + H_2O \rightleftharpoons NH_4^+ + OH^-$$

| | | | | |
|---|---|---|---|---|
| 電離前 | $C$ | 大量 | 0 | 0 |
| 変化量 | $-C\alpha$ | $-C\alpha$ | $+C\alpha$ | $+C\alpha$ |
| 電離後 | $C(1-\alpha)$ | 大量 | $C\alpha$ | $C\alpha$ |

$$K_b = \frac{[NH_4^+][OH^-]}{[NH_3]}$$

$$= \frac{C\alpha \cdot C\alpha}{C(1-\alpha)}$$

$$= \frac{C\alpha^2}{1-\alpha}$$

$\alpha \ll 1$ ならば，$1-\alpha \fallingdotseq 1$ とできるから，

$$K_b \fallingdotseq C\alpha^2$$

よって，$\alpha = \sqrt{\dfrac{K_b}{C}}$

これを $[OH^-] = C\alpha$ に代入すると，

$$[OH^-] = \sqrt{CK_b}$$

**答え** (1) $[H^+] = \sqrt{CK_a}$ (2) $[OH^-] = \sqrt{CK_b}$

**注** 一般的には $\alpha = \sqrt{\dfrac{K_a}{C}}$ の値が0.05以下なら，$1-\alpha \fallingdotseq 1$ としてかまいません。

$\sqrt{\dfrac{K_a}{C}} > 0.05$ のときは $\dfrac{C\alpha^2}{1-\alpha} = K_a$ を解いて，$\alpha$ を求め直します。

**入試突破**
のための **TIPS!!** 弱酸および弱塩基の水溶液の $[H^+]$ や $[OH^-]$ を
具体的に求める場合は，近似が必要。

## 2価の弱酸の $[H^+]$ の求め方

$C$ 〔mol/L〕の2価の弱酸 $H_2A$ の水溶液の $[H^+]$〔mol/L〕を求めるとしましょう。まず水溶液中の電離平衡と平衡定数を次のようにおきます。

$$
\begin{cases}
(\text{第一電離}) & H_2A \rightleftharpoons H^+ + HA^- & K_1 = \dfrac{[H^+][HA^-]}{[H_2A]} & \cdots(1) \\[2mm]
(\text{第二電離}) & HA^- \rightleftharpoons H^+ + A^{2-} & K_2 = \dfrac{[H^+][A^{2-}]}{[HA^-]} & \cdots(2) \\[2mm]
(\text{水の電離}) & H_2O \rightleftharpoons H^+ + OH^- & K_w = [H^+][OH^-] & \cdots(3)
\end{cases}
$$

p.341 と同じようにAに関する物質収支の式と電気的中性の式を立ててみます。

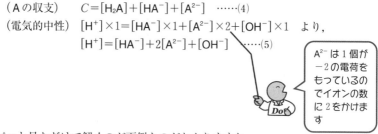

（Aの収支） $C = [H_2A] + [HA^-] + [A^{2-}]$ ……(4)

（電気的中性） $[H^+] \times 1 = [HA^-] \times 1 + [A^{2-}] \times 2 + [OH^-] \times 1$ より,

$[H^+] = [HA^-] + 2[A^{2-}] + [OH^-]$ ……(5)

> $A^{2-}$ は1個が$-2$の電荷をもっているのでイオンの数に2をかけます

パッと見ただけで解くのが面倒なのがわかりますね。
(1)〜(5)の式を整理すると，次のような4次方程式が得られます。

$$
[H^+]^4 + K_1[H^+]^3 + (K_1 K_2 - C K_1 - K_w)[H^+]^2 - (K_1 K_w + 2 C K_1 K_2)[H^+] - K_1 K_2 K_w = 0
$$

これを解くのは困難なので，近似を用いて $[H^+]$ を求めてみましょう。まず，1価の弱酸の場合と同様に $H_2O$ の電離による $H^+$ を無視します。

次に，炭酸 $H_2CO_3$ や硫化水素 $H_2S$ 水溶液のように，<u>第一電離の電離定数 $K_1$ が第二電離の電離定数 $K_2$ よりかなり大きいとき</u>は，<u>第二電離による $H^+$ の寄与も無視します。</u>

> $K$ が大きいほど電離平衡は右へ傾いています。$K_1 \gg K_2$ だと第一電離は第二電離より右へ傾いているということです。なので，第一電離のみを考えるのです

| 2価の弱酸 $H_2A$ | $K_1$ の値 | $K_2$ の値 |
|---|---|---|
| $H_2CO_3$ | 約 $10^{-6}$ | 約 $10^{-10}$ |
| $H_2S$ | 約 $10^{-7}$ | 約 $10^{-14}$ |

第一電離のみを考えて(1)式から1価の弱酸の場合と同じようにして，水素イオン濃度を求めます。

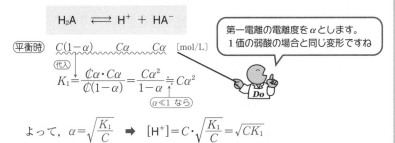

$$H_2A \rightleftharpoons H^+ + HA^-$$

平衡時 $\underbrace{C(1-\alpha) \qquad C\alpha \qquad C\alpha}$ 〔mol/L〕

第一電離の電離度を$\alpha$とします。
1価の弱酸の場合と同じ変形ですね

$$K_1 = \frac{\cancel{C}\alpha \cdot C\alpha}{\cancel{C}(1-\alpha)} = \frac{C\alpha^2}{1-\alpha} \fallingdotseq C\alpha^2$$

$\alpha \ll 1$ なら

よって，$\alpha = \sqrt{\dfrac{K_1}{C}}$ ➡ $[H^+] = C \cdot \sqrt{\dfrac{K_1}{C}} = \sqrt{CK_1}$

なお，入試ではこのような近似に関する指示が問題文に記載されているので，それに従って解いてください。

## 3 酸と塩基の混合系の場合

　酸と塩基が過不足なく反応すると，塩の水溶液ができます。どちらかが過剰の場合は，塩と余った酸（あるいは塩基）の混合溶液となります。次のように場合分けして考えてみましょう。

| 混合する物質 | 酸 余 | 塩 | 塩基 余 |
|---|---|---|---|
| HCl＋NaOH | NaCl＋HCl | NaCl | NaCl＋NaOH |
| CH₃COOH＋NaOH | CH₃COONa＋CH₃COOH | CH₃COONa | CH₃COONa＋NaOH |
| HCl＋NH₃ | NH₄Cl＋HCl | NH₄Cl | NH₄Cl＋NH₃ |

(1) 塩 ＋ 強酸 or 強塩基
(2) 塩
(3) 塩 ＋ 弱酸 or 弱塩基

3つのパターンに分けることができます

### (1) 塩 ＋ 強酸 or 強塩基 の場合

　この場合は残った強酸または強塩基の濃度のみを考えます。NH₄Cl ＋ HCl や CH₃COONa ＋ NaOH の場合でも，NH₄⁺ や CH₃COO⁻ の加水分解は考えなくてかまいません。残っている強酸や強塩基によって塩の加水分解がおさえられているからです。

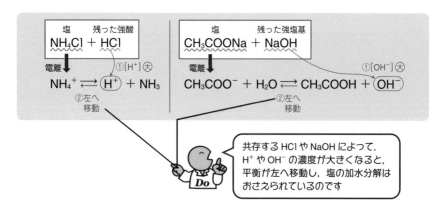

共存する HCl や NaOH によって，H⁺ や OH⁻ の濃度が大きくなると，平衡が左へ移動し，塩の加水分解はおさえられているのです

次の水溶液の $[H^+]$ 〔mol/L〕を有効数字 2 桁で求めよ。塩化水素は水溶液中で完全に電離しているものとする。

(1) 0.10 mol/L の希塩酸 10 mL に 0.10 mol/L の水酸化ナトリウム水溶液 9.9 mL を加える。

(2) 0.10 mol/L の希塩酸 10 mL に 0.10 mol/L のアンモニア水 9.9 mL を加える。

----

**解説** (1) HCl が NaOH によって 99 ％ 中和され，最終的に HCl ＋ NaCl の混合溶液となります。

$$HCl + NaOH \longrightarrow NaCl + H_2O$$

残った HCl の濃度〔mol/L〕＝ $\dfrac{\left(0.10\times\dfrac{10}{1000}-\left(0.10\times\dfrac{9.9}{1000}\right)\right)\text{mol}}{\dfrac{(10+9.9)}{1000}\text{L}}$

10 mL に 9.9 mL 加えています

$$=5.02\cdots\times10^{-4}\,\text{mol/L}\ (>10^{-6})$$

HCl は完全電離としてよいので，
$$[H^+]≒5.02\cdots\times10^{-4}\,\text{mol/L}$$

(2) HCl が $NH_3$ によって 99 ％ 中和され，HCl＋$NH_4Cl$ の混合溶液となります。残った HCl の濃度は(1)と同じであり，$NH_4Cl$ の加水分解は考えなくてよいので，$[H^+]≒5.0\times10^{-4}\,\text{mol/L}$ となります。

**答え** (1) $5.0\times10^{-4}\,\text{mol/L}$　(2) $5.0\times10^{-4}\,\text{mol/L}$

## (2) 塩 の場合

$NaCl$ のような加水分解しにくい塩の水溶液の水素イオン濃度は，純水と同じとしてかまいません。

$$\begin{cases} NaCl \longrightarrow Na^+ + Cl^- \\ H_2O \rightleftharpoons H^+ + OH^- \end{cases} \quad\Rightarrow\quad [H^+]=[OH^-]=\sqrt{K_w}$$

のみ考える

$CH_3COONa$ や $NH_4Cl$ のように，加水分解する塩の水溶液の場合は，これを考慮します。加水分解する割合（加水分解度）$\alpha$ は非常に小さいので，$\alpha\ll1$ すなわち $1-\alpha≒1$ と近似してかまいません。

塩は水溶液中で完全に電離しているものとして，次の(1)，(2)を答えよ。ただし，酢酸とアンモニアの電離定数はそれぞれ $K_a$〔mol/L〕，$K_b$〔mol/L〕，水のイオン積を $K_w$〔mol²/L²〕とし，加水分解する割合 (加水分解度) は 1 より十分小さいとする。

(1) $C$〔mol/L〕の $CH_3COONa$ 水溶液の水酸化物イオンのモル濃度を求める式を記せ。

(2) $C$〔mol/L〕の $NH_4Cl$ 水溶液の水素イオンのモル濃度を求める式を記せ。

**解説** 加水分解度を $\alpha$，加水分解定数 (加水分解反応の平衡定数) を $K_h$ とします。

$$K_a=\frac{[CH_3COO^-][H^+]}{[CH_3COOH]}, \quad K_b=\frac{[NH_4^+][OH^-]}{[NH_3]}, \quad K_w=[H^+][OH^-] \text{ です。}$$

(1)
$$CH_3COO^- + H_2O \rightleftharpoons CH_3COOH + OH^-$$

| | | | | | |
|---|---|---|---|---|---|
| 初期量 | $C$ | 大量 | 0 | 0 | 〔mol/L〕 |
| 変化量 | $-C\alpha$ | $-C\alpha$ | $+C\alpha$ | $+C\alpha$ | 〔mol/L〕 |
| 平衡量 | $C(1-\alpha)$ | 大量 | $C\alpha$ | $C\alpha$ | 〔mol/L〕 |

$$K_h=\frac{[CH_3COOH][OH^-]}{[CH_3COO^-]}=\frac{\cancel{C}\alpha \cdot C\alpha}{\cancel{C}(1-\alpha)}=\frac{C\alpha^2}{1-\alpha}$$

ただし，加水分解度 $\alpha \ll 1$ としてよいので，

$$K_h=C\alpha^2 \quad \text{として，} \quad \alpha=\sqrt{\frac{K_h}{C}}$$

よって，

$$[OH^-]=C\alpha=\sqrt{CK_h}$$

> $\dfrac{[CH_3COOH][OH^-]}{[CH_3COO^-][H_2O]}=K$ で [H₂O] はほぼ一定なので，$K[H_2O]$ を加水分解定数 $K_h$ とおきます

ここで，加水分解定数 $K_h$ の分母・分子に $[H^+]$ をかけると，

$$K_h=\frac{[CH_3COOH][OH^-][H^+]}{[CH_3COO^-][H^+]}=\frac{[OH^-][H^+]}{\dfrac{[CH_3COO^-][H^+]}{[CH_3COOH]}}=\frac{K_w}{K_a}$$

と表せます。よって，

$$[OH^-]=\sqrt{CK_h}=\sqrt{C\cdot\frac{K_w}{K_a}}$$

> $[H^+]=\dfrac{K_w}{[OH^-]}=\sqrt{\dfrac{K_a\cdot K_w}{C}}$ です

(2)
$$NH_4^+ \rightleftharpoons NH_3 + H^+$$

| | | | | |
|---|---|---|---|---|
| 初期量 | $C$ | 0 | 0 | 〔mol/L〕 |
| 変化量 | $-C\alpha$ | $+C\alpha$ | $+C\alpha$ | 〔mol/L〕 |
| 平衡量 | $C(1-\alpha)$ | $C\alpha$ | $C\alpha$ | 〔mol/L〕 |

$$K_\mathrm{h} = \frac{[\mathrm{NH_3}][\mathrm{H^+}]}{[\mathrm{NH_4^+}]} = \frac{\cancel{C}\alpha \cdot C\alpha}{\cancel{C}(1-\alpha)} = \frac{C\alpha^2}{1-\alpha}$$

ただし，加水分解度 $\alpha \ll 1$ としてよいので，

$$K_\mathrm{h} = C\alpha^2 \quad \text{として，} \quad \alpha = \sqrt{\frac{K_\mathrm{h}}{C}}$$

よって，$\quad [\mathrm{H^+}] = C\alpha = \sqrt{CK_\mathrm{h}}$

ここで，加水分解定数 $K_\mathrm{h}$ の分母・分子に $[\mathrm{OH^-}]$ をかけると，

$$K_\mathrm{h} = \frac{[\mathrm{NH_3}][\mathrm{H^+}][\mathrm{OH^-}]}{[\mathrm{NH_4^+}][\mathrm{OH^-}]} = \frac{[\mathrm{H^+}][\mathrm{OH^-}]}{\dfrac{[\mathrm{NH_4^+}][\mathrm{OH^-}]}{[\mathrm{NH_3}]}} = \frac{K_\mathrm{w}}{K_\mathrm{b}}$$

と表せます。よって，$\quad [\mathrm{H^+}] = \sqrt{CK_\mathrm{h}} = \sqrt{C \cdot \dfrac{K_\mathrm{w}}{K_\mathrm{b}}}$

答え (1) $[\mathrm{OH^-}] = \sqrt{C \cdot \dfrac{K_\mathrm{w}}{K_\mathrm{a}}}$  (2) $[\mathrm{H^+}] = \sqrt{C \cdot \dfrac{K_\mathrm{w}}{K_\mathrm{b}}}$

---

### (3) 塩 ＋ 弱酸 or 弱塩基 の場合

　$\mathrm{CH_3COONa} + \mathrm{CH_3COOH}$ や $\mathrm{NH_4Cl} + \mathrm{NH_3}$ の場合も残った $\mathrm{CH_3COOH}$ や $\mathrm{NH_3}$ が共存しているため，塩の加水分解はおさえられています。加水分解を考える必要はありません。残った $\mathrm{CH_3COOH}$ や $\mathrm{NH_3}$ の電離平衡を考えましょう。

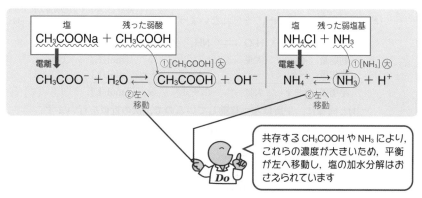

　どちらの場合も残った酸や塩基の電離定数を用いて計算します。ただし塩の電離による $\mathrm{CH_3COO^-}$ や $\mathrm{NH_4^+}$ を考慮しなくてはなりません。次ページの必須問題をやってみましょう。

酢酸の電離定数を $K_a$〔mol/L〕，アンモニアの電離定数を $K_b$〔mol/L〕とし，次の問いに答えよ。なお，塩は完全に電離しているものとする。また，(1)の $C_a$ と $C_s$，(2)の $C_b$ と $C_s$ の値は同程度としてよい。

(1) $C_a$〔mol/L〕の酢酸 $CH_3COOH$ と $C_s$〔mol/L〕の酢酸ナトリウム $CH_3COONa$ 水溶液の水素イオンのモル濃度を求める式を記せ。

(2) $C_b$〔mol/L〕のアンモニア $NH_3$ と $C_s$〔mol/L〕の塩化アンモニウム $NH_4Cl$ 水溶液の水酸化物イオンのモル濃度を求める式を記せ。

---

解説 (1) 塩の電離による $CH_3COO^-$ を忘れないように。

$$CH_3COOH \rightleftharpoons CH_3COO^- + H^+$$

| | | | | |
|---|---|---|---|---|
| 初期量 | $C_a$ | $C_s$ | 0 | 〔mol/L〕 |
| 変化量 | $-x$ | $+x$ | $+x$ | 〔mol/L〕 |
| 平衡量 | $C_a-x$ | $C_s+x$ | $x$ | 〔mol/L〕 |

$CH_3COO^-$ が多く存在しているので，平衡は左へ移動し，$CH_3COOH$ の電離はおさえられています。$x$ は非常に小さいので，次の近似ができます。

$$[CH_3COOH] = C_a - x \fallingdotseq C_a \qquad [CH_3COO^-] = C_s + x \fallingdotseq C_s$$

$K_a = \dfrac{[CH_3COO^-][H^+]}{[CH_3COOH]}$ より，

$$[H^+] = x = K_a \dfrac{[CH_3COOH]}{[CH_3COO^-]} = K_a \cdot \left(\dfrac{C_a}{C_s}\right)$$

溶液1Lあたりの物質量の比ですが，混合溶液全体の物質量比にも一致します

(2) 塩の電離による $NH_4^+$ を忘れないように。

$$NH_3 + H_2O \rightleftharpoons NH_4^+ + OH^-$$

| | | | | | |
|---|---|---|---|---|---|
| 初期量 | $C_b$ | 大量 | $C_s$ | 0 | 〔mol/L〕 |
| 変化量 | $-x$ | $-x$ | $+x$ | $+x$ | 〔mol/L〕 |
| 平衡量 | $C_b-x$ | 大量 | $C_s+x$ | $x$ | 〔mol/L〕 |

(1)と同様に，平衡は左へ移動しているので，次の近似を行います。

$$[NH_3] = C_b - x \fallingdotseq C_b \qquad [NH_4^+] = C_s + x \fallingdotseq C_s$$

$K_b = \dfrac{[NH_4^+][OH^-]}{[NH_3]}$ より，

$$[OH^-] = x = K_b \cdot \dfrac{[NH_3]}{[NH_4^+]} = K_b \cdot \left(\dfrac{C_b}{C_s}\right)$$

答え (1) $[H^+] = K_a \cdot \dfrac{C_a}{C_s}$     (2) $[OH^-] = K_b \cdot \dfrac{C_b}{C_s}$

## 4 緩衝液と緩衝作用

3 の(3)で紹介した $CH_3COONa$ + $CH_3COOH$ や $NH_4Cl$ + $NH_3$ の混合溶液のように，**弱酸とその塩の水溶液** や **弱塩基とその塩の水溶液**は，**外から少量の強酸や強塩基を加えても pH が変動しにくいという性質**があります。これを**緩衝作用**といい，**緩衝作用をもつ溶液**を**緩衝液**とよびます。
buffer action                                   buffer solution

### 入試攻略 への 必須問題

0.10 mol/L の $CH_3COOH$ と 0.10 mol/L の $CH_3COONa$ の混合溶液 1 L に，次の(1)，(2)を加えたときのそれぞれの $[H^+]$ を有効数字 2 桁で求めよ。塩は完全に電離しているものとし，酢酸の電離定数 $K_a = 1.8 \times 10^{-5}$〔mol/L〕とする。

(1) 0.10 mol/L の HCl 水溶液 1.0 mL

(2) 0.10 mol/L の NaOH 水溶液 1.0 mL

**解説** はじめの水溶液の $[H^+]$ は，$K_a = \dfrac{[CH_3COO^-][H^+]}{[CH_3COOH]}$ より，

$$[H^+] = K_a \cdot \frac{[CH_3COOH]}{[CH_3COO^-]} = 1.8 \times 10^{-5} \text{ mol/L} \times \frac{0.10 \text{ mol/L}}{0.10 \text{ mol/L}}$$

$$= 1.8 \times 10^{-5} \text{ mol/L}$$

$CH_3COONa \longrightarrow CH_3COO^- + Na^+$ より

です。

(1) 強酸である HCl を加えると，次のような弱酸遊離反応が起こるので，$CH_3COOH$ と $CH_3COONa$ の比率が少し変わります。

$$CH_3COONa + HCl \longrightarrow CH_3COOH + NaCl$$

HCl の物質量は，$0.10 \text{ mol/L} \times \dfrac{1.0}{1000} \text{ L} = 1.0 \times 10^{-4} \text{ mol}$ なので，同じ物質量の $CH_3COONa$ が消費され，$CH_3COOH$ が増加します。

$$\begin{cases} [CH_3COOH] = \dfrac{0.10 + \boxed{1.0 \times 10^{-4}} \text{ mol}}{1 + \boxed{\dfrac{1.0}{1000}} \text{ L}}_{\text{1 mL だけ増}} \\[3em] [CH_3COO^-] = \dfrac{0.10 - \boxed{1.0 \times 10^{-4}} \text{ mol}}{1 + \boxed{\dfrac{1.0}{1000}} \text{ L}}_{\text{1 mL だけ増}} \end{cases}$$

そこで，$[H^+]$ は，

$$[H^+] = K_a \frac{[CH_3COOH]}{[CH_3COO^-]} = 1.8 \times 10^{-5} \times \cfrac{\cfrac{0.10 + 1.0 \times 10^{-4}}{1 + \cfrac{1.0}{1000}}}{\cfrac{0.10 - 1.0 \times 10^{-4}}{1 + \cfrac{1.0}{1000}}}$$

$$= 1.804 \times 10^{-5} \, mol/L$$

(2) 塩基である NaOH を加えると，次のような中和反応が起こり，$CH_3COOH$ と $CH_3COONa$ の比率が少し変わります。

$$CH_3COOH + NaOH \longrightarrow CH_3COONa + H_2O$$

NaOH の物質量は，$0.10 \, mol/L \times \dfrac{1.0}{1000} \, L = 1.0 \times 10^{-4} \, mol$ なので，同じ物質量の $CH_3COOH$ が消費され，$CH_3COONa$ が増加します。

$$\left\{ \begin{array}{l} [CH_3COOH] = \dfrac{(0.10 - 1.0 \times 10^{-4}) \, mol}{\left(1 + \dfrac{1.0}{1000}\right) L} \\[4mm] [CH_3COO^-] = \dfrac{(0.10 + 1.0 \times 10^{-4}) \, mol}{\left(1 + \dfrac{1.0}{1000}\right) L} \end{array} \right.$$

そこで，

$$[H^+] = K_a \frac{[CH_3COOH]}{[CH_3COO^-]} = 1.8 \times 10^{-5} \times \cfrac{\cfrac{0.10 - 1.0 \times 10^{-4}}{1 + \cfrac{1.0}{1000}}}{\cfrac{0.10 + 1.0 \times 10^{-4}}{1 + \cfrac{1.0}{1000}}}$$

$$= 1.796 \times 10^{-5} \, mol/L$$

(1)，(2)ともに $[H^+]$ は加える前の溶液と比べてあまり変化していませんね。$\dfrac{[CH_3COOH]}{[CH_3COO^-]}$ の値が，HCl や NaOH を少し加える程度では大きくは変化していないからです。

 （1） $1.8 \times 10^{-5} \, mol/L$　　　（2） $1.8 \times 10^{-5} \, mol/L$

## Extra Stage　緩衝作用の大きな領域について

**(1)　電離定数と pH**

　ある弱酸 HA 水溶液に外から酸や塩基を加えて pH を変化させたとします。このときも平衡状態では①式が必ず成り立っています。

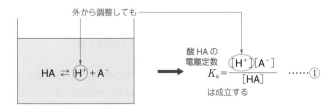

外から調整しても

$$HA \rightleftarrows H^+ + A^-$$

酸 HA の
電離定数
$$K_a = \dfrac{[H^+][A^-]}{[HA]} \quad \cdots\cdots ①$$

は成立する

①式の両辺の常用対数をとってみましょう。

$$\log_{10} K_a = \log_{10} [H^+] + \log_{10} \dfrac{[A^-]}{[HA]}$$

$$-\log_{10} [H^+] = -\log_{10} K_a + \log_{10} \dfrac{[A^-]}{[HA]}$$

$-\log_{10} [H^+]$ を pH，$-\log_{10} K_a$ を $pK_a$ と記すと，

$$pH = pK_a + \log_{10} \dfrac{[A^-]}{[HA]} \quad \cdots\cdots ②$$

HA と $A^-$ の比率

> p. 350 の(1)では②式は
> $$pH = pK_a + \log_{10} \dfrac{C_s}{C_a}$$
> となります

②式は $\dfrac{[A^-]}{[HA]} = 10^{pH - pK_a}$ と変形できます。

> 平衡状態では，pH, $pK_a$, $\dfrac{[A^-]}{[HA]}$ のいずれか 2 つが決まれば，残った 1 つも決まる，という式です

　そこで $pH = pK_a$ のとき，$\dfrac{[A^-]}{[HA]} = 1$，つまり $[HA] = [A^-]$ となっています。$pK_a$ とは最初の HA のうち，50 % が中和されて $A^-$ になったときの pH と

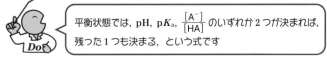

最初の HA が半分中和されると $[HA] \fallingdotseq [A^-]$

考えてよいでしょう。

### (2) 緩衝作用の大きな領域

例えば，0.1 mol/L の CH₃COOH 水溶液 10 mL に 0.1 mol/L の NaOH 水溶液を加えたときの滴定曲線は次のようになります。

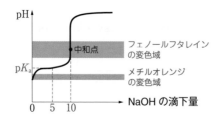

酢酸の電離定数を $K_a$〔mol/L〕とすると，NaOH aq を 5 mL 加えて CH₃COOH を半分中和したとき，[CH₃COOH]≒[CH₃COO⁻] と見なせるので，pH＝p$K_a$ となっています。

この滴定曲線では，pH＝p$K_a$±1 の範囲では pH は大きく変動していないとしてかまいません。

このあたりの比率で CH₃COOH と CH₃COO⁻ が混ざった溶液は緩衝作用が大きいのですね。

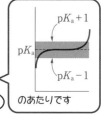

0.1 mol のBを含む水溶液を 1 mol/L の水酸化ナトリウム水溶液で滴定したところ，右図のような pH 変化が見られた。図の滴定曲線から，化合物Bのどのような性質がわかるか。また，図のP点付近において，この溶液がとくにもつ性質につき，この滴定曲線から何がわかるかも説明せよ。

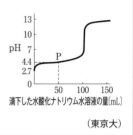

滴下した水酸化ナトリウム水溶液の量〔mL〕

（東京大）

**解説** 0.1 mol のBを中和するのに，水酸化ナトリウム NaOH が

$$1\ \text{mol/L} \times \frac{100}{1000}\ \text{L} = 0.1\ \text{mol}$$ 必要なので，Bが1価の酸とわかります。また，

滴定曲線より，100 mLと読みとれる

中和点が塩基性側にあることから，Bは弱酸です。Bの分子式を HX，電離定数を $K_a$ とすると，

$$K_a = \frac{[H^+][X^-]}{[HX]} \quad \text{より，} \quad [H^+] = \frac{[HX]}{[X^-]} K_a \quad \cdots ①$$

P点は B 0.1 mol を半分中和し，HX 0.05 mol と $X^-$ 0.05 mol になっているので，$[HX] \fallingdotseq [X^-]$ ですから，$[H^+] = K_a$ となります。P点は pH=4.4，$[H^+] = 10^{-4.4}$ mol/L なので，$K_a = 10^{-4.4}$ です。

また，P点付近は①式の $\dfrac{[HX]}{[X^-]}$ の変化が小さく，pH の変化は小さくなっています。緩衝作用が大きいのですね。

**答え** Bは電離定数が $10^{-4.4}$ mol/L の1価の弱酸である。P点付近は pH の変化が小さく，緩衝作用が大きい。

---

**入試突破** のための **TIPS!!** 酸＋塩基の混合系は3パターン

**1** 塩＋強酸 or 強塩基 ➡ 体積変化に注意して，強の濃度から求める。

**2** 塩 ➡ 加水分解する塩は，弱酸や弱塩基と同様に求める。

**3** 塩＋弱酸 or 弱塩基 ➡ 塩の電離を忘れず $K = \dfrac{[求][塩]}{[弱]}$ から求める。

**さらに演習！** 『鎌田の化学問題集 理論・無機・有機 改訂版』
「第6章 反応速度と化学平衡 13 酸と塩基の電離平衡」

# 35 溶解度積

### STAGE

## 1 溶解度積とは

▶別冊 p.47

陽イオン $M^{a+}$ と陰イオン $N^{b-}$ のイオン結合でできた固体の組成式を $M_xN_y$ とし，これに水を加え，溶解平衡が成り立っている場合を考えます。

$M_xN_y$(固) $\rightleftarrows$ $xM^{a+} + yN^{b-}$
の溶解平衡の状態です

化学平衡の法則（質量作用の法則）より，

$$K = \frac{[M^{a+}]^x[N^{b-}]^y}{[M_xN_y(固)]} \quad \cdots ①$$

$[M_xN_y(固)]$ を固体単位体積あたりの物質量とみると，同じ固体なら体積に関係なく一定としてかまいません。そこで，①式を次のように変形し，$K \cdot [M_xN_y(固)]$ を $K_{sp}$ とします。$K_{sp}$ をこの固体の**溶解度積**といいます。限界まで水に溶けたときのイオン濃度から求まる値ですね。
solubility product

$$[M^{a+}]^x[N^{b-}]^y = \underbrace{K \cdot [M_xN_y(固)]}_{一定} = K_{sp}$$

### 入試突破 のための TIPS!!　溶解度積

溶解度積 $K_{sp}$ は，溶解平衡時の上澄み液，すなわち飽和溶液で成立！

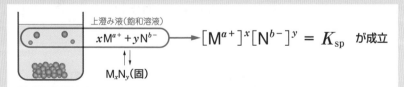

上澄み液（飽和溶液）
$xM^{a+} + yN^{b-}$ → $[M^{a+}]^x[N^{b-}]^y = K_{sp}$　が成立
$M_xN_y$(固)

# 2 沈殿が生じるかどうかの判別

●別冊 p.48

いま，水と密度が変わらない $[M^{a+}]=C_M$〔mol/L〕の水溶液 $V_M$〔L〕 と $[N^{b-}]=C_N$〔mol/L〕の水溶液 $V_N$〔L〕を混ぜたとします。

> 同じくらいの密度の水溶液なら，体積の和をとってかまいません。ここで $M_xN_y$ が沈殿するかどうか考えます

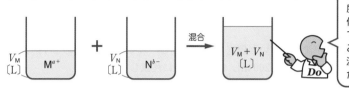

このとき $M_xN_y$ が沈殿するかどうかを判別するには，次の手順を踏みます。

---

**手順1** 仮に沈殿しないとして，各イオンの濃度を求める

$$\begin{cases} [M^{a+}]_仮 = \dfrac{\overbrace{(C_M \times V_M)}^{M^{a+} の物質量}〔mol〕}{V_M + V_N 〔L〕} \\[3mm] [N^{b-}]_仮 = \dfrac{\overbrace{(C_N \times V_N)}^{N^{b-} の物質量}〔mol〕}{V_M + V_N 〔L〕} \end{cases}$$

> 体積が $V_M + V_N$〔L〕になり，混ぜる前と濃度が変わります

---

**手順2** 次の $L$（溶解度積と同形のイオン濃度の積）を計算する

$L = [M^{a+}]_仮^x \cdot [N^{b-}]_仮^y$ を計算する。

---

**手順3** $L$ と $K_{sp}$ の値を比較する

| | $L > K_{sp}$ | $L = K_{sp}$ | $L < K_{sp}$ |
|---|---|---|---|
| 結果 | うわっ！溶けすぎ ↓ $M^{a+}$ $N^{b-}$ | ちょうど飽和溶液 | 飽和溶液よりうすい!! |
| 沈殿 | 生じる | 生じない | 生じない |
| 最終的な濃度 | 沈殿が生じ $[M^{a+}]^x \cdot [N^{b-}]^y = K_{sp}$ が成立する | $[M^{a+}]_仮$，$[N^{b-}]_仮$ と実際の濃度は一致 | $[M^{a+}]_仮$，$[N^{b-}]_仮$ と実際の濃度は一致 |

> $2 \times 10^{-3}$ mol/L の $AgNO_3$ 水溶液 100 mL に $2 \times 10^{-5}$ mol/L の 希塩酸 100 mL を加えた。AgClの沈殿は生じるか。ただし，AgClの溶解度積 $K_{sp} = [Ag^+][Cl^-] = 2 \times 10^{-10}$ (mol/L)² とする。

**解説** まず，AgClが沈殿しないと仮定し，$Ag^+$ と $Cl^-$ のモル濃度を求めます。混合時の体積が $100 + 100 = 200$ mL になることに注意しましょう。

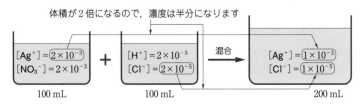

体積が2倍になるので，濃度は半分になります

$[Ag^+] = 2 \times 10^{-3}$
$[NO_3^-] = 2 \times 10^{-3}$
100 mL

$+$

$[H^+] = 2 \times 10^{-5}$
$[Cl^-] = 2 \times 10^{-5}$
100 mL

混合

$[Ag^+] = 1 \times 10^{-3}$
$[Cl^-] = 1 \times 10^{-5}$
200 mL

$$L = [Ag^+][Cl^-] = (1 \times 10^{-3}) \times (1 \times 10^{-5}) > K_{sp} = 2 \times 10^{-10}$$

なので，$[Ag^+][Cl^-] = 2 \times 10^{-10}$ になるまで，AgClは沈殿する。

**答え** 沈殿は生じる。

◯別冊 p.47

## STAGE 3 共通イオン効果

塩化銀 AgCl が水溶液中で溶解平衡の状態にあるとします。

$$AgCl \rightleftharpoons Ag^+ + Cl^- \quad \cdots ①$$

ここに，希塩酸 HCl を加えると，溶液中の塩化物イオンの濃度 $[Cl^-]$ が大きくなり，ルシャトリエの原理より，$[Cl^-]$ を小さくする方向，すなわち①式の平衡が左へ移動します。

$$HCl \longrightarrow H^+ + \boxed{Cl^-}$$
$$AgCl \underset{左へ}{\rightleftharpoons} Ag^+ + \boxed{Cl^-}$$

$[Cl^-]$ 大 に

その結果，AgClがさらに析出します。このように平衡に関係するイオンを加えることで，**溶解度や電離度が小さくなる**現象を**共通イオン効果**といいます。
common ion effect

塩化銀 AgCl の溶解度積 $K_{sp}=[Ag^+][Cl^-]=1\times10^{-10}\,(mol/L)^2$ とすると，次の(1)，(2)に対する塩化銀の溶解度 (単位は mol/L とする) を有効数字 1 桁で求めよ。ただし，溶解による体積変化は考えなくてよい。

(1) 水　　(2) 0.1 mol/L の希塩酸 (電離度は 1 とする)

---

**解説** (1) 溶解度を $x\,[mol/L]$，すなわち水 1 L あたり $x\,[mol]$ の AgCl が溶解できるとします。

溶解平衡時の各イオンの濃度は，

$$\begin{cases}[Ag^+]=x\,[mol/L]\\ [Cl^-]=x\,[mol/L]\end{cases}$$

なので，$K_{sp}=[Ag^+][Cl^-]=1\times10^{-10}\,(mol/L)^2$ に代入すると，

$$x\times x=1\times10^{-10}\,(mol/L)^2$$

よって，

$$x=1\times10^{-5}\,mol/L$$

(2) 溶解度を $y\,[mol/L]$，すなわち希塩酸 1 L あたり $y\,[mol]$ の AgCl が溶解できるとします。

希塩酸は最初 $[Cl^-]=0.1\,mol/L$ である点を考慮すると，溶解平衡時の濃度は，

$$\begin{cases}[Ag^+]=y\,[mol/L]\\ [Cl^-]=0.1+y\,[mol/L]\end{cases}$$

なので，$K_{sp}=[Ag^+][Cl^-]=1\times10^{-10}\,(mol/L)^2$ に代入すると，

$$y\times(0.1+y)=1\times10^{-10}\,(mol/L)^2$$

共通イオン効果を考えると，$y$ は(1)の $x$ より小さいので，$0.1+y\fallingdotseq0.1$ と近似してかまいません。そこで，

$$y\times(0.1+y)\fallingdotseq y\times0.1=1\times10^{-10}$$

よって，

$$y=1\times10^{-9}\,mol/L$$

**答え** (1) $1\times10^{-5}\,mol/L$　　(2) $1\times10^{-9}\,mol/L$

 $Fe^{2+}$ と $Cd^{2+}$ をそれぞれ $0.10\,mol/L$ ずつ含む混合水溶液に，$25℃$，$pH=1.0$ の塩酸酸性条件下で硫化水素を通じて飽和させると，$CdS$ のみが沈殿する。$CdS$ のみが沈殿する理由を説明せよ。

 なお，$25℃$ における $FeS$ と $CdS$ の溶解度積は，以下の値を用いよ。

$$K_{sp} = [Fe^{2+}][S^{2-}] = 6.3×10^{-18}\,mol^2/L^2$$
$$K_{sp} = [Cd^{2+}][S^{2-}] = 5.0×10^{-28}\,mol^2/L^2$$

 また，$25℃$ における硫化水素の飽和水溶液の濃度は $0.10\,mol/L$ で一定であり，次の電離平衡が成立しているものとする。

$$H_2S \rightleftharpoons 2H^+ + S^{2-} \qquad K=1.2×10^{-21}\,mol^2/L^2$$

 ここで $K$ は電離定数である。

(長崎大)

---

**解説**　溶液は塩酸酸性で，$pH=1.0$ なので，
$[H^+]=10^{-1}\,mol/L$ に保たれています。
また硫化水素の飽和溶液なので，
$[H_2S]=0.10\,mol/L$ で一定とし，

$$K=\frac{[H^+]^2[S^{2-}]}{[H_2S]}$$

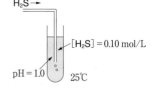

$H_2S →$
$[H_2S]=0.10\,mol/L$
$pH=1.0$　$25℃$

から　$[S^{2-}]$　の値を求めることができます。

 金属イオン濃度を $[M^{2+}]$ とすると，
$[M^{2+}][S^{2-}]$ の値が $K_{sp}$ より大きい場合のみ，金属硫化物の沈殿が生じます。

**答え**

$$K=\frac{[H^+]^2[S^{2-}]}{[H_2S]}=1.2×10^{-21} \quad \cdots ①$$

である。$[H_2S]=0.10\,mol/L$，$pH=1.0$ なので $[H^+]=10^{-1}\,mol/L$ を①式に代入すると，

$$\frac{(10^{-1})^2 \cdot [S^{2-}]}{0.10}=1.2×10^{-21}$$

 よって，$[S^{2-}]=1.2×10^{-20}\,mol/L$

 $[Fe^{2+}]$ と $[Cd^{2+}]$ はともに $0.10\,mol/L$ であり，沈殿しないとすると，

$$[Fe^{2+}][S^{2-}],\ [Cd^{2+}][S^{2-}]$$

 ともに $0.10×1.2×10^{-20}=1.2×10^{-21}$ であり，この値は $FeS$ の溶解度積より小さく，$CdS$ の溶解度積より大きい。したがって $FeS$ の沈殿は生じないが，$CdS$ の沈殿は生じる。

# 4 沈殿滴定

●別冊 p.15

　モール法とよばれる沈殿反応を利用した滴定を紹介しましょう。中性付近のpH にある水溶液中の塩化物イオンの濃度を求める方法の一つです。

　$Cl^-$ を含む水溶液に，指示薬として適量のクロム酸イオン $CrO_4^{2-}$ を加えたあと，濃度既知の硝酸銀 $AgNO_3$ 水溶液を滴下します。

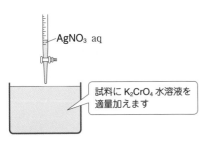

AgNO₃ aq

試料に $K_2CrO_4$ 水溶液を適量加えます

$Ag_2CrO_4$ よりも $AgCl$ の溶解度が低いことを利用し，滴定の対象となる $Cl^-$ と指示薬の $CrO_4^{2-}$ が分別して沈殿することを原理としています

**滴定中**

まず，

$$Cl^- \ + \ Ag^+ \ \xrightarrow{\ \ \ \ } \ \overset{\text{白色沈殿}}{AgCl} \downarrow \quad \cdots ①$$

が起こります。

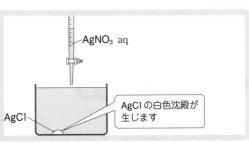

AgNO₃ aq

$AgCl$ の白色沈殿が生じます

AgCl

**終　点**

$$CrO_4^{2-} \ + \ 2Ag^+$$
$$\xrightarrow{\ \ \ \ } \ Ag_2CrO_4 \downarrow \quad \cdots ②$$

が起こりはじめ，暗赤色の沈殿が色覚できたら終点とし，$AgNO_3$ aq の滴下をやめます。

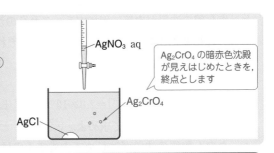

AgNO₃ aq

$Ag_2CrO_4$ の暗赤色沈殿が見えはじめたときを，終点とします

AgCl

Ag₂CrO₄

モール法は中性付近の溶液で行います。
酸性では次の反応により，$CrO_4^{2-}$ の濃度が低下します。

$$\begin{cases} CrO_4^{2-} \ + \ H^+ \ \longrightarrow \ HCrO_4^- \\ 2HCrO_4^- \ \longrightarrow \ Cr_2O_7^{2-} \ + \ H_2O \end{cases}$$

塩基性では次の反応により，酸化銀の褐色沈殿も生じます。

$$2Ag^+ \ + \ 2OH^- \ \longrightarrow \ Ag_2O \downarrow \ + \ H_2O$$

終点での $Ag^+$，$Cl^-$ の物質量の収支は次のようになっています。

$$\begin{cases} n_{Ag^+,\text{滴下}} = \underbrace{n_{AgCl\,中の\,Ag^+}}_{\text{沈殿中で}\ Ag^+:Cl^-=1:1\ \text{なので等しい}} + \underline{n_{\text{溶液に残る}\,Ag^+}} + \overbrace{n_{Ag_2CrO_4\,中の\,Ag^+}}^{\text{終点では微量}} \\ n_{Cl^-,\text{初}} = n_{AgCl\,中の\,Cl^-} + \underline{n_{\text{溶液に残る}\,Cl^-}} \end{cases}$$

〰〰に対し，＿＿の量は小さく無視できます。また〰〰の値は等しいので，

滴下した $AgNO_3$　　　最初の溶液に含まれていた $Cl^-$
$$n_{Ag,\text{滴下}} \fallingdotseq n_{Cl^-,\text{初}}$$

滴定の終点が①の化学量論的な当量点の付近にあり，終点までに加えた $Ag^+$
不可逆反応と見なし，過不足なく反応した点
ははじめにあった $Cl^-$ の物質量にほぼ等しいとできるのです。

では，次の **必須問題** でこのことを確認してください。

---

**入試攻略** への **必須問題**

25℃において 1 L 中に $Cl^-$ 0.10 mol と $CrO_4{}^{2-}$ 0.010 mol とを含む水溶液がある。これに，$Ag^+$ を加えていくと，$Ag^+$ の濃度が $1.8 \times 10^{-9}$ mol/L になれば塩化銀の沈殿がはじめて生成する。さらに，$Ag^+$ を追加していくと，塩化銀の沈殿が次第に増加する。これらの沈殿生成の実験操作による溶液の体積変化がなく，25℃においてそれぞれの溶解度積は次の値である。

$$K_{sp} = [Ag^+][Cl^-] = 1.8 \times 10^{-10}\ mol^2/L^2$$
$$K_{sp} = [Ag^+]^2[CrO_4{}^{2-}] = 2.0 \times 10^{-12}\ mol^3/L^3$$

(1)，(2)を有効数字 2 桁で求めよ。$\sqrt{2} = 1.4$ とする。

(1) クロム酸銀の沈殿がはじめて生成するのは，$Ag^+$ の濃度が何 mol/L になったときか。ただし，$Ag^+$ を加えたときに水溶液の体積は変化しないものとする。

(2) このとき溶液中に存在する $Cl^-$ の濃度は何 mol/L か。　　　　(神戸薬科大)

**解説** モール法の妥当性を，溶解度積を用いて検証しましょう。今回の設定は次のようになっています。

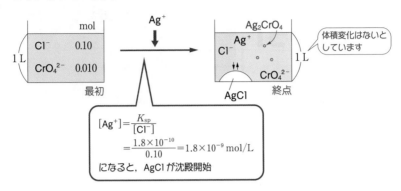

(1) $[Ag^+]^2[CrO_4^{2-}]=K_{sp}$ となると，クロム酸銀の暗赤色沈殿が生じます。よって，

$$[Ag^+]=\sqrt{\frac{K_{sp}}{[CrO_4^{2-}]}}=\sqrt{\frac{2.0\times10^{-12}\ mol^3/L^3}{0.010\ \ \ mol/L}}=\sqrt{2}\times10^{-5}\ mol/L$$
$$\fallingdotseq1.4\times10^{-5}\ mol/L$$

溶液は 1 L なので，滴下した $Ag^+$ のうちちょうど溶液中に残る $Ag^+$ が $1.4\times10^{-5}$ mol となったあたりで，$Ag_2CrO_4$ の沈殿の暗赤色が色覚できるのですね。

(2) (1)では先に沈殿した AgCl も溶解平衡の状態にあります。

$[Ag^+]=\sqrt{2}\times10^{-5}$ なので，AgCl の溶解度積 $K_{sp}$ より

$$[Cl^-]=\frac{K_{sp}}{[Ag^+]}=\frac{1.8\times10^{-10}\ mol^2/L^2}{\sqrt{2}\times10^{-5}\ mol/L}\fallingdotseq1.28\times10^{-5}\ mol/L$$

溶液 1 L なので，$Cl^-$ は最初にあった 0.10 mol/L のうち $1.3\times10^{-5}$ mol しか溶液中に残っていません。

$$\frac{[Cl^-]}{[Cl^-]_{はじめ}}=\frac{1.28\times10^{-5}\ mol/L}{0.10\ \ \ mol/L}=1.28\times10^{-4}$$

$Ag_2CrO_4$ が見えはじめたとき，$Cl^-$ は最初の $1.28\times10^{-2}$ ％しか水溶液中に残っていないのですね。

**答え** (1) $1.4\times10^{-5}\ mol/L$　　(2) $1.3\times10^{-5}\ mol/L$

さらに
演習！ 『鎌田の化学問題集 理論・無機・有機 改訂版』
「第 6 章 反応速度と化学平衡 14 溶解度積」

# 索引

三訂版

# 鎌田の
# 理論化学の講義

別冊

入試で使える

# 最重要Point
# 総整理

旺文社

三訂版

# 鎌田の
# 理論化学の講義

別冊

## 入試で使える
## 最重要Point
## 総整理

　試験勉強には「筋道を立てて理解しながら知識を頭に入れるインプット作業」と「頭に入れた知識を状況に応じて素早く正確にとり出すアウトプット作業」の2つの面があります。

　この別冊はアウトプット作業の練習用ステージです。ある程度，インプット作業が進んだら，付属の赤セルシートで隠して即座に知識がとり出せるように，くり返し練習しましょう。

旺文社

# 最初に覚えておきたいこと

## 1 元素記号と周期表

参照 本冊 p.38

　次ページ（p.3）**❷**，**❸**のゴロ合わせを参考にして，赤字の元素名と元素記号を周期表での位置とともに記憶しましょう。＊をつけたものは，学習を始めたばかりの人は後回しにしてもかまいません。

| 周期＼族 | 1 | 2 | 3 | 4 | 5 | 6 | 7 | 8 | 9 | 10 | 11 | 12 | 13 | 14 | 15 | 16 | 17 | 18 |
|---|---|---|---|---|---|---|---|---|---|---|---|---|---|---|---|---|---|---|
| 1 | H 水素 | | | | | | | | | | | | | | | | | He ヘリウム |
| 2 | Li リチウム | Be ベリリウム | | | | | | | | | | | B ホウ素 | C 炭素 | N 窒素 | O 酸素 | F フッ素 | Ne ネオン |
| 3 | Na ナトリウム | Mg マグネシウム | | | | | | | | | | | Al アルミニウム | Si ケイ素 | P リン | S 硫黄 | Cl 塩素 | Ar アルゴン |
| 4 | K カリウム | Ca カルシウム | *Sc スカンジウム | *Ti チタン | V バナジウム | *Cr クロム | *Mn マンガン | Fe 鉄 | *Co コバルト | *Ni ニッケル | Cu 銅 | Zn 亜鉛 | *Ga ガリウム | *Ge ゲルマニウム | As ヒ素 | *Se セレン | Br 臭素 | *Kr クリプトン |
| 5 | *Rb ルビジウム | *Sr ストロンチウム | Y イットリウム | *Zr ジルコニウム | Nb ニオブ | Mo モリブデン | Tc テクネチウム | Ru ルテニウム | Rh ロジウム | Pd パラジウム | Ag 銀 | *Cd カドミウム | In インジウム | Sn スズ | Sb アンチモン | Te テルル | I ヨウ素 | *Xe キセノン |
| 6 | *Cs セシウム | Ba バリウム | ランタノイド | Hf ハフニウム | Ta タンタル | *W タングステン | Re レニウム | Os オスミウム | Ir イリジウム | *Pt 白金 | *Au 金 | Hg 水銀 | Tl タリウム | Pb 鉛 | Bi ビスマス | Po ポロニウム | At アスタチン | *Rn ラドン |
| 7 | *Fr フランシウム | *Ra ラジウム | アクチノイド | Rf ラザホージウム | Db ドブニウム | Sg シーボーギウム | Bh ボーリウム | Hs ハッシウム | Mt マイトネリウム | Ds ダームスタチウム | Rg レントゲニウム | Cn コペルニシウム | *Nh ニホニウム | Fl フレロビウム | Mc モスコビウム | Lv リバモリウム | Ts テネシン | Og オガネソン |

□は遷移元素，他は典型元素

元素名 → H 水素 ← 元素記号

| ランタノイド | La ランタン | Ce セリウム | Pr プラセオジム | Nd ネオジム | Pm プロメチウム | Sm サマリウム | Eu ユウロピウム | Gd ガドリニウム | Tb テルビウム | Dy ジスプロシウム | Ho ホルミウム | Er エルビウム | Tm ツリウム | Yb イッテルビウム | Lu ルテチウム |
|---|---|---|---|---|---|---|---|---|---|---|---|---|---|---|---|
| アクチノイド | Ac アクチニウム | Th トリウム | Pa プロトアクチニウム | *U ウラン | Np ネプツニウム | Pu プルトニウム | Am アメリシウム | Cm キュリウム | Bk バークリウム | Cf カリホルニウム | Es アインスタイニウム | Fm フェルミウム | Md メンデレビウム | No ノーベリウム | Lr ローレンシウム |

できるだけ早い段階で，赤字の元素名と元素記号を周期表での位置とともに覚えましょう

**2** 原子番号1～36までの元素記号とゴロ合わせ

参照 本冊 p.38

**1** 原子番号1～10

| 1 | 2 | 3 | 4 | 5 | 6 | 7 | 8 | 9 | 10 ←原子番号 |
|---|---|---|---|---|---|---|---|---|---|
| H | He | Li | Be | B | C | N | O | F | Ne |

水　兵　リーベ　ボク　の　　舟

**2** 原子番号11～20

| 11 | 12 | 13 | 14 | 15 | 16 | 17 | 18 | 19 | 20 |
|---|---|---|---|---|---|---|---|---|---|
| Na | Mg | Al | Si | P | S | Cl | Ar | K | Ca |

な　まがる　シップス　　クラーク　　か

**3** 原子番号21～30

| 21 | 22 | 23 | 24 | 25 | 26 | 27 | 28 | 29 | 30 |
|---|---|---|---|---|---|---|---|---|---|
| Sc | Ti | V | Cr | Mn | Fe | Co | Ni | Cu | Zn |

スコッチ　バ　クロ　マン　鉄　子　に　どう？　会えん

**4** 原子番号31～36

| 31 | 32 | 33 | 34 | 35 | 36 |
|---|---|---|---|---|---|
| Ga | Ge | As | Se | Br | Kr |

が.　ゲッ！　明日　セレ　ブ　来る

---

**3** 周期表の縦列の元素記号とゴロ合わせ

参照 本冊 p.38

**1** 1族

| 1 | 3 | 11 | 19 | 37 | 55 | 87 ←原子番号 |
|---|---|---|---|---|---|---|
| H | Li | Na | K | Rb | Cs | Fr |

推理　なく　ルビー　せしめて　フランスへ

**2** 2族

| 4 | 12 | 20 | 38 | 56 | 88 |
|---|---|---|---|---|---|
| Be | Mg | Ca | Sr | Ba | Ra |

ベッドに　もぐり　キャット　すっかり　バラ色

**3** 11族
イレブン
11は

| 29 | 47 | 79 |
|---|---|---|
| Cu | Ag | Au |

オリンピックで銅, 銀, 金

**4** 12族
12月は

| 30 | 48 | 80 |
|---|---|---|
| Zn | Cd | Hg |

会えん　過度　すぎ

**5** 13族

| 5 | 13 | 31 | 49 | 81 | 113 |
|---|---|---|---|---|---|
| B | Al | Ga | In | Tl | Nh |

ホウ　アルミ　が　イン　テリ　日本

**6** 14族

| 6 | 14 | 32 | 50 | 82 |
|---|---|---|---|---|
| C | Si | Ge | Sn | Pb |

苦しい　ゲームは　すんなり

**7** 15族

| 7 | 15 | 33 | 51 | 83 |
|---|---|---|---|---|
| N | P | As | Sb | Bi |

ちりん　明日は　アンチビジネス

**8** 16族

| 8 | 16 | 34 | 52 | 84 |
|---|---|---|---|---|
| O | S | Se | Te | Po |

オッス　船長　鉄　砲

**9** 17族

| 9 | 17 | 35 | 53 | 85 |
|---|---|---|---|---|
| F | Cl | Br | I | At |

ふくれて　ブルーな　朴は　恬(

**10** 18族

| 2 | 10 | 18 | 36 | 54 | 86 | 118 |
|---|---|---|---|---|---|---|
| He | Ne | Ar | Kr | Xe | Rn | Og |

変　ね　歩いて　転んだ　キセラドンと　オガ　みます

参照 本冊 p.30

## 4 電子配置

最初は，次の表の左側（原子番号 1 ～20）までの元素の電子配置をすばやく書けるようにトレーニングしてください。それから原子番号 36 のクリプトンまでの電子配置を書けるようにしておけば入試対策として十分です。

| 電子殻／元素記号 | K 殻 | L 殻 | M 殻 | N 殻 |
|---|---|---|---|---|
| ₁H | 1 | | | |
| ₂He | 2 | | | |
| ₃Li | 2 | 1 | | |
| ₄Be | 2 | 2 | | |
| ₅B | 2 | 3 | | |
| ₆C | 2 | 4 | | |
| ₇N | 2 | 5 | | |
| ₈O | 2 | 6 | | |
| ₉F | 2 | 7 | | |
| ₁₀Ne | 2 | 8 | | |
| ₁₁Na | 2 | 8 | 1 | |
| ₁₂Mg | 2 | 8 | 2 | |
| ₁₃Al | 2 | 8 | 3 | |
| ₁₄Si | 2 | 8 | 4 | |
| ₁₅P | 2 | 8 | 5 | |
| ₁₆S | 2 | 8 | 6 | |
| ₁₇Cl | 2 | 8 | 7 | |
| ₁₈Ar | 2 | 8 | 8 | |
| ₁₉K | 2 | 8 | 8 | 1 |
| ₂₀Ca | 2 | 8 | 8 | 2 |

| 電子殻／元素記号 | K 殻 | L 殻 | M 殻 | N 殻 |
|---|---|---|---|---|
| ₂₁Sc | 2 | 8 | 9 | 2 |
| ₂₂Ti | 2 | 8 | 10 | 2 |
| ₂₃V | 2 | 8 | 11 | 2 |
| ₂₄Cr | 2 | 8 | 13 | 1 |
| ₂₅Mn | 2 | 8 | 13 | 2 |
| ₂₆Fe | 2 | 8 | 14 | 2 |
| ₂₇Co | 2 | 8 | 15 | 2 |
| ₂₈Ni | 2 | 8 | 16 | 2 |
| ₂₉Cu | 2 | 8 | 18 | 1 |
| ₃₀Zn | 2 | 8 | 18 | 2 |
| ₃₁Ga | 2 | 8 | 18 | 3 |
| ₃₂Ge | 2 | 8 | 18 | 4 |
| ₃₃As | 2 | 8 | 18 | 5 |
| ₃₄Se | 2 | 8 | 18 | 6 |
| ₃₅Br | 2 | 8 | 18 | 7 |
| ₃₆Kr | 2 | 8 | 18 | 8 |

まずは
ここまで

＊をつけたものは，後回しにしてもかまいません。まずは無印の化学式がすばやく書けるようにしましょう。

**1** 単体の分子式と構造式

| 名称 | 分子式 | 構造式 | |
|---|---|---|---|
| 水　素 | $H_2$ | H–H | |
| 窒　素 | $N_2$ | N≡N | |
| 酸　素 | $O_2$ | O=O | 互いに同素体である |
| オゾン | $O_3$ | ＊ $O{=}O{\searrow}O$ | |
| フッ素 | $F_2$ | F–F | |
| 塩　素 | $Cl_2$ | Cl–Cl | |
| 臭　素 | $Br_2$ | Br–Br | |
| ヨウ素 | $I_2$ | I–I | |
| ＊黄リン（白リン） | ＊$P_4$ | ＊ P–P–P–P （正四面体形） | リンには他にも赤リン（無定形）などの同素体が存在する |
| ＊斜方硫黄や単斜硫黄 | ＊$S_8$ | ＊ S₈環 （王冠状） | 硫黄には他にもゴム状硫黄（無定形）などの同素体が存在する |

補足　18族（貴ガスあるいは希ガス）は単原子分子として存在する。
He, Ne, Ar, Kr, Xe, Rn
炭素にはダイヤモンドや黒鉛（グラファイト）などの同素体が存在する。これらは多数の炭素原子が共有結合でつながっており，組成式でCと表す。

混同しやすい用語は，違いをしっかり確認しましょう！
・同素体　⇒　同じ元素からなる単体で性質が異なるもの　参照 本冊 p.17
・同位体　⇒　同じ元素の原子で中性子数が異なるもの　参照 本冊 p.14
・分子式　⇒　1つの分子を表した化学式　参照 本冊 p.21
・組成式　⇒　成分元素の原子の数の比を最も簡単な整数比で表した化学式　参照 本冊 p.21

化合物の化学式

(1) 代表的な化合物の分子式，電子式，構造式，極性

| 名称 | 分子式 | 電子式 | 構造式と形 | 分子の極性 |
|---|---|---|---|---|
| メタン | $CH_4$ | H<br>H:C:H<br>H | H<br>H–C–H<br>H<br><br>正四面体形 | 無極性分子 |
| アンモニア | $NH_3$ | H:N:H<br>H | H–N–H<br>H<br><br>三角錐形 | 極性分子 |
| 水 | $H_2O$ | H:O:H | O<br>H H<br>折れ線形 | 極性分子 |
| フッ化水素 | HF | H:F: | H–F<br>直線形 | 極性分子 |
| 二酸化炭素 | $CO_2$ | :O::C::O: | O=C=O<br>直線形 | 無極性分子 |
| エチレン<br>（エテン） | $C_2H_4$ | H H<br>C::C<br>H H | H C=C H<br>H H<br>長方形 | 無極性分子 |
| アセチレン<br>（エチン） | $C_2H_2$ | H:C ⋮⋮ C:H | H–C≡C–H<br>直線形 | 無極性分子 |
| *シアン化水素 | *HCN | *H:C ⋮⋮ N: | *H–C≡N<br>直線形 | *極性分子 |
| *三フッ化ホウ素 | *$BF_3$ | *<br>:F:<br>:F:B:F: | *<br>F<br>B<br>F F<br>正三角形 | *無極性分子 |
| 二酸化窒素 | $NO_2$ | *<br>:O:N:O: | *<br>O N O<br>折れ線形 | *極性分子 |
| 二酸化硫黄 | $SO_2$ | *<br>:O:S:O:<br>または<br>*<br>:O:S:O: | *<br>O=S O<br>または<br>*<br>O S=O<br>折れ線形 | *極性分子 |

(2) オキソ酸の化学式

| 名称 | 分子式 | 構造式 |
|------|--------|--------|
| 炭酸 | $H_2CO_3$ | $H-O-\overset{\overset{\displaystyle O}{\|}}{C}-O-H$ |
| 酢酸 | $CH_3COOH$<br>(示性式) | $H-\overset{\overset{\displaystyle H}{\|}}{\underset{\underset{\displaystyle H}{\|}}{C}}-C\overset{\displaystyle O-H}{\underset{\displaystyle O}{}}$ |
| シュウ酸 | $(COOH)_2$<br>(示性式)<br>または<br>$H_2C_2O_4$ | $O=\overset{}{C}-O-H$<br>$O=\overset{}{C}-O-H$ |
| 硝酸 | $HNO_3$ | $O=\overset{}{N}\overset{O-H}{}$ |
| 硫酸 | $H_2SO_4$ | $O=\overset{\overset{\displaystyle O}{\|}}{S}\overset{\displaystyle O-H}{\underset{\displaystyle O-H}{}}$ または $\overset{\overset{\displaystyle O}{\|}}{O}-\overset{}{S}\overset{\displaystyle O-H}{\underset{\displaystyle O-H}{}}$ |
| リン酸 | $H_3PO_4$ | $H-O-\overset{\overset{\displaystyle O}{\|}}{\underset{\underset{\displaystyle O-H}{\|}}{P}}-O-H$ または $H-O-\overset{\overset{\displaystyle O}{\uparrow}}{\underset{\underset{\displaystyle O-H}{\|}}{P}}-O-H$ |
| *過塩素酸 | $HClO_4$ | $H-O-\overset{\overset{\displaystyle O}{\|}}{\underset{\underset{\displaystyle O}{\|}}{Cl}}=O$ または $H-O-\overset{\overset{\displaystyle O}{\uparrow}}{\underset{\underset{\displaystyle O}{\downarrow}}{Cl}}\to O$ |
| *塩素酸 | $HClO_3$ | $H-O-\overset{\overset{\displaystyle O}{\|}}{Cl}=O$ または $H-O-\overset{\overset{\displaystyle O}{\uparrow}}{Cl}\to O$ |
| *亜塩素酸 | $HClO_2$ | $H-O-Cl=O$ または $H-O-Cl\to O$ |
| *次亜塩素酸 | $HClO$<br>または<br>$HOCl$ | $H-O-Cl$ |
| *ケイ酸<br>(メタケイ酸) | $H_2SiO_3$<br>(組成式) | $\left[\overset{\displaystyle O-H}{\underset{\displaystyle O-H}{Si}}\right]_n$ |

くわしい性質については、無機化学や有機化学で学ぶ物質ですが、早い段階で構造式を記憶しておくと、後でラクになりますよ

7

**3** イオンの化学式

| イオンの名称 | イオン式 | イオンの名称 | イオン式 |
|---|---|---|---|
| 水素イオン | $H^+$ | 酸化物イオン | $O^{2-}$ |
| リチウムイオン | $Li^+$ | 硫化物イオン | $S^{2-}$ |
| ナトリウムイオン | $Na^+$ | アンモニウムイオン | $NH_4^+$ |
| カリウムイオン | $K^+$ | 水酸化物イオン | $OH^-$ |
| *ルビジウムイオン | $Rb^+$ | *シアン化物イオン | $CN^-$ |
| *セシウムイオン | $Cs^+$ | 炭酸イオン | $CO_3^{2-}$ |
| マグネシウムイオン | $Mg^{2+}$ | 炭酸水素イオン | $HCO_3^-$ |
| カルシウムイオン | $Ca^{2+}$ | 酢酸イオン | $CH_3COO^-$ |
| *ストロンチウムイオン | $Sr^{2+}$ | シュウ酸イオン | $(COO)_2^{2-}$ または $C_2O_4^{2-}$ |
| バリウムイオン | $Ba^{2+}$ | 硝酸イオン | $NO_3^-$ |
| 亜鉛イオン | $Zn^{2+}$ | 亜硝酸イオン | $NO_2^-$ |
| *カドミウムイオン | $Cd^{2+}$ | *硫酸イオン | $SO_4^{2-}$ |
| *水銀(II)イオン | $Hg^{2+}$ | 亜硫酸イオン | $SO_3^{2-}$ |
| アルミニウムイオン | $Al^{3+}$ | *チオ硫酸イオン | $S_2O_3^{2-}$ |
| スズ(II)イオン | $Sn^{2+}$ | 硫酸水素イオン | $HSO_4^-$ |
| 鉛(II)イオン | $Pb^{2+}$ | 亜硫酸水素イオン | $HSO_3^-$ |
| クロム(III)イオン | $Cr^{3+}$ | リン酸イオン | $PO_4^{3-}$ |
| マンガン(II)イオン | $Mn^{2+}$ | リン酸一水素イオン | $HPO_4^{2-}$ |
| 鉄(II)イオン | $Fe^{2+}$ | リン酸二水素イオン | $H_2PO_4^-$ |
| 鉄(III)イオン | $Fe^{3+}$ | *チオシアン酸イオン | $SCN^-$ |
| ニッケル(II)イオン | $Ni^{2+}$ | 次亜塩素酸イオン | $ClO^-$ |
| *銅(I)イオン | $Cu^+$ | *亜塩素酸イオン | $ClO_2^-$ |
| 銅(II)イオン | $Cu^{2+}$ | *塩素酸イオン | $ClO_3^-$ |
| 銀イオン | $Ag^+$ | *過塩素酸イオン | $ClO_4^-$ |
| フッ化物イオン | $F^-$ | 過マンガン酸イオン | $MnO_4^-$ |
| 塩化物イオン | $Cl^-$ | *クロム酸イオン | $CrO_4^{2-}$ |
| 臭化物イオン | $Br^-$ | 二クロム酸イオン | $Cr_2O_7^{2-}$ |
| ヨウ化物イオン | $I^-$ | *ケイ酸イオン(メタケイ酸イオン) | $SiO_3^{2-}$ |

1族・2族・12族・13族・14族・3〜11族・17族（左列）
16族（右列上部）

イオンの化学式を覚えたら，それらを組み合わせて，次ページの化合物の組成式がつくれるか，確認しましょう

**4 イオン結合でできた物質の組成式**

| 化合物の名称 | 組成式 | 化合物の名称 | 組成式 |
|---|---|---|---|
| 酸化リチウム | $Li_2O$ | 水酸化ナトリウム | $NaOH$ |
| 酸化ナトリウム | $Na_2O$ | 水酸化カルシウム | $Ca(OH)_2$ |
| 酸化カルシウム | $CaO$ | 水酸化マグネシウム | $Mg(OH)_2$ |
| 酸化マグネシウム | $MgO$ | 水酸化バリウム | $Ba(OH)_2$ |
| 酸化バリウム | $BaO$ | 水酸化アルミニウム | $Al(OH)_3$ |
| 酸化アルミニウム | $Al_2O_3$ | 水酸化鉄（Ⅱ） | $Fe(OH)_2$ |
| 酸化鉄（Ⅱ） | $FeO$ | 水酸化鉄（Ⅲ） | 一定の組成をもたない（便宜的には $Fe_2O_3 \cdot xH_2O$ と記す） |
| 酸化鉄（Ⅲ） | $Fe_2O_3$ | | |
| 酸化マンガン（Ⅳ）（または二酸化マンガン） | $MnO_2$ | 四酸化三鉄 | $Fe_3O_4$ |
| | | 水酸化亜鉛 | $Zn(OH)_2$ |
| 酸化銅（Ⅰ） | $Cu_2O$ | 水酸化銅（Ⅱ） | $Cu(OH)_2$ |
| 酸化銅（Ⅱ） | $CuO$ | リン酸ナトリウム | $Na_3PO_4$ |
| 塩化ナトリウム | $NaCl$ | リン酸一水素ナトリウム | $Na_2HPO_4$ |
| 塩化カルシウム | $CaCl_2$ | リン酸二水素ナトリウム | $NaH_2PO_4$ |
| 塩化アンモニウム | $NH_4Cl$ | リン酸カルシウム | $Ca_3(PO_4)_2$ |
| 塩化アルミニウム | $AlCl_3$ | リン酸一水素カルシウム | $CaHPO_4$ |
| 塩化銀 | $AgCl$ | リン酸二水素カルシウム | $Ca(H_2PO_4)_2$ |
| フッ化カルシウム | $CaF_2$ | 炭酸ナトリウム | $Na_2CO_3$ |
| 臭化銀 | $AgBr$ | 炭酸カルシウム | $CaCO_3$ |
| ヨウ化銀 | $AgI$ | 炭酸水素ナトリウム | $NaHCO_3$ |
| 硫酸カルシウム | $CaSO_4$ | 炭酸水素カルシウム | $Ca(HCO_3)_2$ |
| 硫酸バリウム | $BaSO_4$ | 過マンガン酸カリウム | $KMnO_4$ |
| 硫酸アンモニウム | $(NH_4)_2SO_4$ | 二クロム酸カリウム | $K_2Cr_2O_7$ |
| 硫酸リチウム | $Li_2SO_4$ | クロム酸カリウム | $K_2CrO_4$ |
| 硝酸銀 | $AgNO_3$ | シアン化カリウム | $KCN$ |
| 硝酸マグネシウム | $Mg(NO_3)_2$ | チオ硫酸ナトリウム | $Na_2S_2O_3$ |
| 硫化ナトリウム | $Na_2S$ | チオシアン酸カリウム | $KSCN$ |
| 硫化亜鉛 | $ZnS$ | 酢酸ナトリウム | $CH_3COONa$ |
| 硫化マンガン（Ⅱ） | $MnS$ | 酢酸カルシウム | $(CH_3COO)_2Ca$ |
| 硫化水銀（Ⅱ） | $HgS$ | 塩素酸カリウム | $KClO_3$ |
| 硫化銀 | $Ag_2S$ | 亜硝酸ナトリウム | $NaNO_2$ |
| 硫化銅（Ⅱ） | $CuS$ | シュウ酸ナトリウム | $(COONa)_2$ または $Na_2C_2O_4$ |
| 硫化カドミウム | $CdS$ | | |
| | | ケイ酸ナトリウム（メタケイ酸ナトリウム） | $Na_2SiO_3$ |

**化学量**

## ❶ 原子量

参照 本冊 p.19

質量数 12 の炭素原子 1 個の質量を 12 とし，他の原子の相対質量を求める。自然界の元素の多くは，原子核に含まれる陽子数が同じでも中性子数が異なる同位体が存在する。元素ごとに同位体の存在比から求めた相対質量の平均値が求められており，この値を元素の原子量という。

原子量の求め方

ある元素 X には，質量数 $a$ の ${}^{a}$X と質量数 $b$ の ${}^{b}$X がある。それぞれの存在比を $p$〔%〕，$100-p$〔%〕とすると，この元素 X の原子量 $M_X$ は，次のように表される。ただし，相対質量と質量数は等しいとする。

$$M_X = a \cdot \frac{p}{100} + b \cdot \frac{100-p}{100}$$

## ❷ 物質量と質量，粒子数，標準状態($0\,°C$，$1.013\times10^5\,Pa$)の気体の体積

参照 本冊 p.24

**❶ 純物質の質量 $W$〔g〕の求め方**

物質量 $n$〔mol〕の粒子 (モル質量 $M$〔g/mol〕とする) からなる物質の質量 $W$〔g〕

$$W\,〔g〕 = M\,〔g/mol〕 \times n\,〔mol〕$$

**❷ 構成粒子数 $N$ の求め方**

物質量 $n$〔mol〕の粒子からなる物質の粒子数 $N$。アボガドロ定数は $N_A$〔/mol〕とする。

$$N = N_A\,〔/mol〕 \times n\,〔mol〕$$

**❸ 標準状態 ($0\,°C$，$1.013\times10^5\,Pa$) の気体の体積 $V$〔L〕の求め方**

物質量 $n$〔mol〕の分子からなる気体の標準状態 ($0\,°C$，$1.013\times10^5\,Pa$) での体積 $V$〔L〕

$$V\,〔L〕 = 22.4\,L/mol \times n\,〔mol〕$$

## ❸ 化学反応式が表す量的な関係

参照 本冊 p.123

化学反応式の係数は粒子数を表しており，反応前後で変化する物質量の比に一致する。
例えば，次の 3 つの反応が連続して起こるとする。

$$\begin{cases} X & \longrightarrow 2Y & \cdots ① \\ Y + 4Z & \longrightarrow 5W & \cdots ② \\ 2W + 2Q & \longrightarrow A & \cdots ③ \end{cases}$$

①式で，$n$〔mol〕の X がすべて反応したとき，Y が $2n$〔mol〕生じる。この Y がすべて②式に使われると，Z は $8n$〔mol〕消費される。そのとき，W は $10n$〔mol〕生じる。
次に，この W がすべて③式に使われると，Q は $10n$〔mol〕消費され，A は $5n$〔mol〕生じる。

# 溶液の濃度

## ❶ 質量パーセント濃度，（体積）モル濃度，質量モル濃度

参照 本冊 p.129

定義

❶ **質量パーセント濃度**：溶液 100 g あたりに含まれる溶質の質量〔g〕

❷ **モル濃度**：溶液 1 L あたりに含まれる溶質の物質量〔mol〕

❸ **質量モル濃度**：溶媒 1 kg あたりに含まれる溶質の物質量〔mol〕

計算例 塩化ナトリウム 25.0 g を水 100 g に溶かした溶液の密度が 1.20 g/mL であった。NaCl の式量＝58.5 とする。この溶液の❶〜❸を有効数字 2 桁で求めると，以下のようになる。

❶ $$\text{質量パーセント濃度〔\%〕} = \frac{溶質〔g〕}{溶液〔g〕} \times 100 = \frac{溶質〔g〕}{溶質〔g〕+溶媒〔g〕} \times 100$$

$$= \frac{25.0\ g}{(25.0+100)\ g} \times 100 = 20\ \%$$

❷ 溶液の体積〔mL〕は，$\underbrace{(25.0+100)\ g}_{溶液〔g〕} \div 1.20\ g/mL \fallingdotseq 104\ mL$

$$\text{モル濃度〔mol/L〕} = \frac{溶質〔mol〕}{溶液〔L〕} = 溶質〔mol〕\div 溶液〔L〕$$

$$= \underbrace{\frac{25.0\ g}{58.5\ g/mol}}_{溶質〔mol〕} \div \underbrace{\frac{104}{1000}\ L}_{溶液〔L〕} \fallingdotseq 4.11\ mol/L$$

❸ $$\text{質量モル濃度〔mol/kg〕} = \frac{溶質〔mol〕}{溶媒〔kg〕} = 溶質〔mol〕\div 溶媒〔kg〕$$

$$= \underbrace{\frac{25.0\ g}{58.5\ g/mol}}_{溶質〔mol〕} \div \underbrace{\frac{100}{1000}\ kg}_{溶媒〔kg〕} \fallingdotseq 4.\overset{3}{2}7\ mol/kg$$

それぞれの濃度の基準となる量に注意しましょう。
質量モル濃度だけ「溶液」でなく「溶媒」です。
- 質量パーセント濃度は「溶液 100 g あたり」
- モル濃度は「溶液 1 L あたり」
- 質量モル濃度は「溶媒 1 kg あたり」

# 滴定

## ① 滴定で用いるガラス器具とその取り扱い方

参照 本冊 131, 148

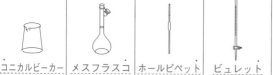

| コニカルビーカー | メスフラスコ | ホールピペット | ビュレット |
|---|---|---|---|
| 蒸留水で中がぬれているとき，このまま使用してもよい | 蒸留水で中がぬれているとき，中に入れる液で共洗いをする | | |
| | ドライヤーなどで加熱乾燥してはいけない | | |
| 反応容器 | 体積測定用ガラス器具（測容器） | | |

中が蒸留水でぬれているとき
"コ"がつくガラス器具は，
"コノママ"使ってよし。
"ト"がつくガラス器具は
共洗い。

## ② 中和反応の滴定曲線と指示薬

参照 本冊 p.148

曲線①：0.1 mol/L の塩酸 10 mL に 0.1 mol/L の水酸化ナトリウム水溶液を滴下した場合

曲線②：0.1 mol/L の酢酸 10 mL に 0.1 mol/L の水酸化ナトリウム水溶液を滴下した場合

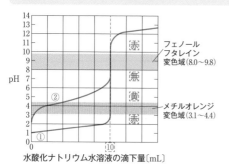

水酸化ナトリウム水溶液の滴下量〔mL〕

| | 使用できる指示薬 |
|---|---|
| 曲線① | フェノールフタレイン<br>メチルオレンジ<br>どちらでも可 |
| 曲線② | フェノールフタレイン |

曲線③：0.1 mol/L の水酸化ナトリウム水溶液 10 mL に 0.1 mol/L の塩酸を滴下した場合

曲線④：0.1 mol/L のアンモニア水 10 mL に 0.1 mol/L の塩酸を滴下した場合

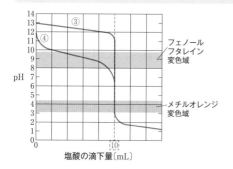

塩酸の滴下量〔mL〕

| | 使用できる指示薬 |
|---|---|
| 曲線③ | フェノールフタレイン<br>メチルオレンジ<br>どちらでも可 |
| 曲線④ | メチルオレンジ |

## ❸ アンモニアの定量（ケルダール法）

参照 本冊 p.152

$NH_3$ を濃度既知の塩酸または硫酸に完全に吸収させる。メチルオレンジを指示薬にして，未反応の酸を濃度既知の水酸化ナトリウム水溶液で滴定する。

$$\begin{cases} NH_3 + H^+ \longrightarrow \underline{NH_4^+} & （NH_3 を吸収） \\ H^+ + OH^- \longrightarrow \underline{H_2O} & （残っている H^+ と OH^- が反応） \end{cases}$$

⬇ 物質量の関係は？

$$n_{NH_3} = n_{H^+, \, 全} - n_{OH^-, \, 滴}$$

$\begin{bmatrix} n_{NH_3}：酸に吸収させた NH_3 の物質量 \\ n_{H^+, \, 全}：最初に用意した酸に含まれる H^+ の物質量 \\ n_{OH^-, \, 滴}：未反応の酸を中和するのに必要な OH^- の物質量 \end{bmatrix}$

## ❹ 水酸化ナトリウムと炭酸ナトリウムの混合物の水溶液を塩酸で定量

参照 本冊 p.155

$NaOH$ $x$ 〔mol〕と $Na_2CO_3$ $y$ 〔mol〕を含む水溶液を塩酸で滴定する。

**第1段階** 指示薬としてフェノールフタレインを用いる。溶液が赤色から無色に変わると，次の2つの反応が完了しているとしてよい。

ⓐ $\begin{cases} NaOH + HCl \longrightarrow \underline{NaCl} + \underline{H_2O} & \cdots\cdots① \\ Na_2CO_3 + HCl \longrightarrow \underline{NaHCO_3} + \underline{NaCl} & \cdots\cdots② \end{cases}$

**第2段階** 指示薬としてメチルオレンジを用いる。溶液が黄色から赤色に変わると，次の反応が完了しているとしてよい。

ⓑ $\underline{NaHCO_3} + HCl \longrightarrow \underline{CO_2}\uparrow + H_2O + \underline{NaCl}$ $\cdots\cdots③$

滴定曲線は右図のようになり，滴下した塩酸中の HCl の物質量は，

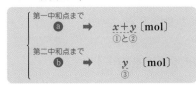

となる。

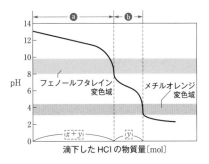

滴下した HCl の物質量〔mol〕

## 5 酸化還元滴定

### 1 過マンガン酸カリウム滴定

過マンガン酸カリウム $KMnO_4$ は強い酸化剤であり，滴定試薬として用いられる。溶液は赤紫色で，強酸性下で酸化剤として作用すると，次のように変化して，ほぼ無色のマンガン（Ⅱ）イオンとなる。

$$MnO_4^- + 8H^+ + 5e^- \longrightarrow Mn^{2+} + 4H_2O \quad （半反応式）$$

**補足1** このとき，Mn の酸化数は +7 から +2 に変化している。

**補足2** 通常は硫酸で被滴定液を十分に酸性にし，反応速度が遅い場合は溶液を温める。

**補足3** ビュレットから $KMnO_4$ 水溶液を加える場合，終点付近では1滴ずつ滴下していき，$MnO_4^-$ の赤紫色が消えなくなった点を終点とする。

**反応例**

❶ 硫酸酸性の硫酸鉄（Ⅱ）水溶液に過マンガン酸カリウム水溶液を加える。

$$\begin{cases} 酸化剤：MnO_4^- + 5e^- + 8H^+ \longrightarrow Mn^{2+} + 4H_2O & \cdots(i) \\ 還元剤：Fe^{2+} \longrightarrow Fe^{3+} + e^- & \cdots(ii) \end{cases}$$

(i)+(ii)×5 より，$e^-$ を消去する。

$$MnO_4^- + 5Fe^{2+} + 8H^+ \longrightarrow Mn^{2+} + 5Fe^{3+} + 4H_2O$$

両辺に $K^+$ 1個，$SO_4^{2-}$ 9個を加えて整理する。

$$KMnO_4 + 5FeSO_4 + 4H_2SO_4 \longrightarrow MnSO_4 + \frac{5}{2}Fe_2(SO_4)_3 + 4H_2O + \frac{1}{2}K_2SO_4$$

両辺を2倍する。

$$2KMnO_4 + 10FeSO_4 + 8H_2SO_4 \longrightarrow 2MnSO_4 + 5Fe_2(SO_4)_3 + 8H_2O + K_2SO_4$$

❷ 硫酸酸性の過酸化水素水に過マンガン酸カリウム水溶液を加える。

$$\begin{cases} 酸化剤：MnO_4^- + 8H^+ + 5e^- \longrightarrow Mn^{2+} + 4H_2O & \cdots(i) \\ 還元剤：H_2O_2 \longrightarrow O_2 + 2H^+ + 2e^- & \cdots(ii) \end{cases}$$

(i)×2+(ii)×5 より，$e^-$ を消去する。

$$2MnO_4^- + 6H^+ + 5H_2O_2 \longrightarrow 2Mn^{2+} + 5O_2 + 8H_2O$$

両辺に $2K^+$，$3SO_4^{2-}$ を加える。

$$2KMnO_4 + 5H_2O_2 + 3H_2SO_4 \longrightarrow K_2SO_4 + 2MnSO_4 + 5O_2 + 8H_2O$$

**❸** 硫酸酸性のシュウ酸水溶液に過マンガン酸カリウム水溶液を加える。

$$\begin{cases} \text{還元剤}: (COOH)_2 \longrightarrow 2H^+ + 2CO_2 + 2e^- & \cdots(i) \\ \text{酸化剤}: MnO_4^- + 8H^+ + 5e^- \longrightarrow Mn^{2+} + 4H_2O & \cdots(ii) \end{cases}$$

(i)×5+(ii)×2 より，$e^-$ を消去する。

$$2MnO_4^- + 5(COOH)_2 + 6H^+ \longrightarrow 2Mn^{2+} + 10CO_2 + 8H_2O$$

両辺に $2K^+$，$3SO_4^{2-}$ を加える。

$$2KMnO_4 + 5(COOH)_2 + 3H_2SO_4 \longrightarrow 2MnSO_4 + K_2SO_4 + 10CO_2 + 8H_2O$$

**2 ヨウ素滴定** 参照 本冊 p.174

ヨウ素を含む溶液に，ビュレットを用いてチオ硫酸ナトリウム $Na_2S_2O_3$ 水溶液を加えると，次の反応が起こる。

$$\begin{cases} \text{酸化剤}: I_2 + 2e^- \longrightarrow 2I^- & \cdots(i) \\ \text{還元剤}: 2S_2O_3^{2-} \longrightarrow S_4O_6^{2-} + 2e^- & \cdots(ii) \end{cases}$$

(i)+(ii)より，$e^-$ を消去する。

$$I_2 + 2S_2O_3^{2-} \longrightarrow 2I^- + S_4O_6^{2-}$$

両辺に $4Na^+$ を加える。

$$I_2 + 2Na_2S_2O_3 \longrightarrow 2NaI + Na_2S_4O_6$$

指示薬としてデンプンを用い，溶液が青（紫）色から無色になった点を終点とする。

**❻ 沈殿滴定** 参照 本冊 p.361

**モール法**

塩化物イオン $Cl^-$ を含む中性溶液に，指示薬としてクロム酸イオン $CrO_4^{2-}$ を加え，ビュレットを用いて硝酸銀 $AgNO_3$ 水溶液を加える。

指示薬の $CrO_4^{2-}$ の濃度が適切な範囲で滴定を行うと，まず，塩化銀の白色沈殿が生じる。

$$Cl^- + Ag^+ \longrightarrow AgCl$$

クロム酸銀 $Ag_2CrO_4$ の暗赤色（あるいは赤褐色）沈殿が現れた点を終点として，終点までに加えた $Ag^+$ の物質量が被滴定液中の $Cl^-$ の物質量に等しいとみなしてよい。

滴定の終点をどのように判断するかを，文章で説明できるようにしましょう

# 結晶

## 1 結晶の密度の求め方

参照 本冊 p.93, 95

結晶の密度を $D$〔g/cm³〕，構成粒子のモル質量を $M$〔g/mol〕，アボガドロ定数を $N_A$〔/mol〕とする。単位格子を積み重ねたものが結晶なので，結晶の密度は単位格子の密度に等しい。単位格子に含まれる構成粒子数を $n$，単位格子の体積を $V$〔cm³〕とすると，次の式が成り立つ。

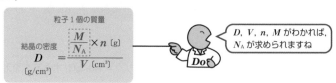

$$結晶の密度\ D\,〔g/cm^3〕 = \frac{\dfrac{M}{N_A} \times n\,〔g〕}{V\,〔cm^3〕}$$

粒子1個の質量

$D, V, n, M$ がわかれば，$N_A$ が求められますね

## 2 結晶の充填率の求め方

参照 本冊 p.93, 95

結晶の充填率を $p$，構成粒子を半径 $r$〔cm〕の球とする。結晶の充填率は単位格子の充填率に等しい。単位格子に含まれる構成粒子数を $n$，単位格子の体積を $V$〔cm³〕とすると，次の式が成り立つ。

$$充填率\ p = \frac{\dfrac{4}{3}\pi r^3 \times n\,〔cm^3〕}{V\,〔cm^3〕}$$

半径 $r$ の球の体積

## 3 金属結晶

参照 本冊 p.97

### ■ 体心立方格子（例：アルカリ金属（Li, Na, K）など）

| 単位格子 | 配位数 | 単位格子の一辺($a$)と原子半径($r$) | 単位格子内原子数($n$) |
|---|---|---|---|
| | 8 | $r = \dfrac{\sqrt{3}}{4}a$ | $\dfrac{1}{8} \times 8 + 1 = 2$ 個<br>頂点　　内部 |

$$充填率 = \frac{\dfrac{4}{3}\pi r^3 \times 2}{a^3} = \frac{\dfrac{4}{3}\pi\left(\dfrac{\sqrt{3}}{4}a\right)^3 \times 2}{a^3} = \frac{\sqrt{3}}{8}\pi \fallingdotseq 0.68$$

$\sqrt{3} = 1.73$
$\pi = 3.14$ として

**2** **面心立方格子**（例：Al，Cu，Ag，Au など）

| 単位格子 | 配位数 | 単位格子の一辺$(a)$と原子半径$(r)$ | 単位格子内原子数$(n)$ |
|---|---|---|---|
| 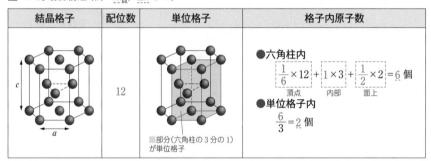 | 12 | $r=\dfrac{\sqrt{2}}{4}a$ | $\dfrac{1}{8}\times 8$（頂点）$+\dfrac{1}{2}\times 6$（面上）$=4$ 個 |

$$充填率=\frac{\dfrac{4}{3}\pi r^3\times 4}{a^3}=\frac{\dfrac{4}{3}\pi\left(\dfrac{\sqrt{2}}{4}a\right)^3\times 4}{a^3}=\frac{\sqrt{2}}{6}\pi\fallingdotseq 0.74$$

$\sqrt{2}=1.41$  $\pi=3.14$ として

**3** **六方最密構造**（例：Mg，Zn など）

| 結晶格子 | 配位数 | 単位格子 | 格子内原子数 |
|---|---|---|---|
| | 12 | ■部分（六角柱の3分の1）が単位格子 | ●六角柱内<br>$\dfrac{1}{6}\times 12$（頂点）$+1\times 3$（内部）$+\dfrac{1}{2}\times 2$（面上）$=6$ 個<br>●単位格子内<br>$\dfrac{6}{3}=2$ 個 |

原子半径を $r$ とすると，底面の正六角形の一辺 $a$ と六角柱の高さ $c$ は次のように表せる。

$$a=2r$$
$$c=\frac{4\sqrt{6}}{3}r$$

なお，六方最密構造の充填率は，同じく最密構造である面心立方格子（立方最密構造）の値 $\dfrac{\sqrt{2}}{6}\pi\fallingdotseq 0.74$ に等しい。

## 4 ダイヤモンド

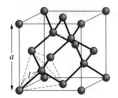

ダイヤモンドの単位格子

$\begin{cases} 単位格子の一辺の長さ：a \\ 最近接の原子間距離：l \end{cases}$ とする。

原子を半径 $r$ の球とし，最近接にある原子どうしは互いに接しているとすると，

$$r = \frac{1}{2}l$$

と表せる。

| 格子内原子数 | $l$ と $a$ の関係 | 充填率（$p$） |
|---|---|---|
| 頂点：$\frac{1}{8} \times 8 = 1$<br><br>面心：$\frac{1}{2} \times 6 = 3$<br><br>$+)$ 内部：$1 \times 4 = 4$<br>　　　　　　$\underline{8}$ 個 | $\frac{a}{2} \times \sqrt{3} = 2l$<br><br>よって　$l = \frac{\sqrt{3}}{4}a$ | $p = \dfrac{\frac{4}{3}\pi\left(\frac{l}{2}\right)^3 \times 8}{a^3}$<br><br>$= \frac{4}{3}\pi\left(\frac{l}{2a}\right)^3 \times 8$<br><br>$\frac{l}{a} = \frac{\sqrt{3}}{4}$ を代入して，<br><br>$p = \frac{\sqrt{3}}{16}\pi$<br>　　$\sqrt{3} = 1.73,\ \pi = 3.14$ として<br>$\fallingdotseq 0.34$ |

| 単位格子 | 単位格子内のイオンの数 | 配位数 | 単位格子の一辺の長さ $a$ とイオン半径 $r$ の関係 |
|---|---|---|---|
| 塩化セシウム型構造<br><br>●Cs$^+$ ●Cl$^-$ とする | $+)\begin{cases} Cs^+ \quad \underline{1}\,個 \\ Cl^- \quad \underline{1}\,個 \end{cases}$<br>$CsCl \quad \underline{1}\,単位$ | 8 | <br>$\sqrt{3}\,a = 2(r_{Cs^+} + r_{Cl^-})$ |
| 塩化ナトリウム型構造<br><br>●Na$^+$ ●Cl$^-$ とする | $+)\begin{cases} Na^+ \quad \underline{4}\,個 \\ Cl^- \quad \underline{4}\,個 \end{cases}$<br>$NaCl \quad \underline{4}\,単位$ | 6 | <br>$a = 2(r_{Na^+} + r_{Cl^-})$ |

最近接にある反対符号のイオンどうしは，接触しているものとする。

物質の状態の単元では，
$\begin{cases} 固体 \Rightarrow 結晶格子 \\ 気体 \Rightarrow 状態方程式，蒸気圧 \\ 液体 \Rightarrow 溶解度，希薄溶液の性質 \end{cases}$
の計算問題が大学入試で頻出です。
差がつきやすいところなので，しっかり
トレーニングしてくださいね

## 1　理想気体

参照 本冊 p.242, 255

理想気体は,

> 分子の体積と分子間力を無視した気体

である。

実在気体は, 高温・低圧で, 理想気体に近づく。

## 2　理想気体の状態方程式

参照 本冊 p.241

**1**　圧力 $P$, 体積 $V$, 絶対温度 $T$, 物質量 $n$ の理想気体は, 気体定数を $R$ とすると,

> $$PV = nRT$$

が成立する。

0℃, $1.013 \times 10^5$ Pa の標準状態で理想気体 1 mol が示す体積が 22.4 L であることから,

$$R = \frac{1.013 \times 10^5 \text{ Pa} \times 22.4 \text{ L}}{1 \text{ mol} \times 273 \text{ K}} = \underset{\text{有効数字 3 桁}}{8.31 \times 10^3} \underset{\text{単位}}{\text{Pa·L/(mol·K)}}$$

**2**　圧力 $P$ 〔Pa〕, 絶対温度 $T$ 〔K〕で, 分子量 $M$ の理想気体の密度は $d$ 〔g/L〕であった。このとき, 理想気体の状態方程式より, 気体定数 $R$ 〔Pa·L/(mol·K)〕とすると, 分子量 $M$ は次式で求められる。

> $$M = d \cdot \frac{RT}{P}$$

## 3 理想気体の状態方程式と諸法則の関係

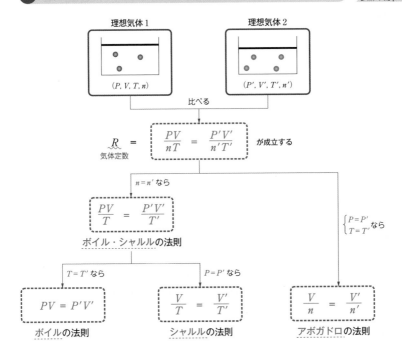

理想気体 1 　$(P, V, T, n)$

理想気体 2 　$(P', V', T', n')$

比べる

$\underset{\text{気体定数}}{R} = \dfrac{PV}{nT} = \dfrac{P'V'}{n'T'}$ が成立する

$n = n'$ なら

$\dfrac{PV}{T} = \dfrac{P'V'}{T'}$

ボイル・シャルルの法則

$T = T'$ なら

$PV = P'V'$

ボイルの法則

$P = P'$ なら

$\dfrac{V}{T} = \dfrac{V'}{T'}$

シャルルの法則

$\begin{cases} P = P' \\ T = T' \end{cases}$ なら

$\dfrac{V}{n} = \dfrac{V'}{n'}$

アボガドロの法則

**❹ 混合気体**

**■ 混合気体の圧力**

分圧とは,

> 混合気体を $V$, $T$ 一定のもとで分けた成分気体が単独で示す圧力

である。

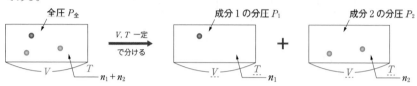

状態方程式より,

$$P_全=\frac{(n_1+n_2)RT}{V} \quad , \quad P_1=\frac{n_1RT}{V} \quad , \quad P_2=\frac{n_2RT}{V}$$

そこで,次式が成立する。

> $P_全=P_1+P_2$ , $P_1=P_全×\dfrac{n_1}{n_1+n_2}$ , $P_2=P_全×\dfrac{n_2}{n_1+n_2}$
>
> ドルトンの分圧の法則　　成分1のモル分率　　　　成分2のモル分率

**■ 成分気体の体積**

成分気体の体積とは,

> 混合気体を $P$, $T$ 一定のもとで分けた成分気体が単独で示す体積

である。

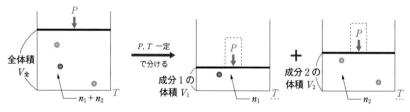

状態方程式より,

$$V_全=\frac{(n_1+n_2)RT}{P} \quad , \quad V_1=\frac{n_1RT}{P} \quad , \quad V_2=\frac{n_2RT}{P}$$

そこで,次式が成立する。

> $V_全=V_1+V_2$ , $V_1=V_全×\dfrac{n_1}{n_1+n_2}$ , $V_2=V_全×\dfrac{n_2}{n_1+n_2}$
>
> 　　　　　　　　　成分1のモル分率　　　　成分2のモル分率

参照 本冊 p.253

### 5 混合気体の平均分子量

気体1(分子量 $M_1$)と気体2(分子量 $M_2$)が物質量の比 $n_1 : n_2$ で混ざり合った混合気体がある。圧力 $P$,絶対温度 $T$ のとき,この混合気体の密度は $d$ であった。

混合気体の平均分子量 $\overline{M}$ は,

$$
\begin{cases}
\text{❶} \quad \overline{M} = M_1 \times \dfrac{n_1}{n_1+n_2} + M_2 \times \dfrac{n_2}{n_1+n_2} \\[2mm]
\text{❷} \quad \overline{M} = d \cdot \dfrac{RT}{P} \quad (R : \text{気体定数})
\end{cases}
$$

と表すことができる。

なお,気体1のモル分率を $x$ とおくと,気体2のモル分率は $\underline{1-x}$ となるので,❶は,

$$\overline{M} = M_1 \underline{x} + M_2 \underline{(1-x)}$$

とも表せる。

平均分子量は,混合気体を構成する分子がすべて同一の分子量であると仮定したときの値です

## 6 沸点と蒸気圧曲線

参照 本冊 p.262

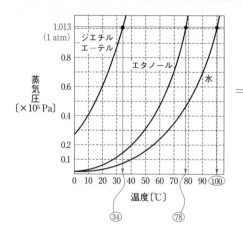

〈標準大気圧下の沸点 (℃)〉

| ジエチルエーテル | 34 |
|---|---|
| エタノール | 78 |
| 水 | 100 |

## 7 蒸気圧を用いた状況の判定方法

参照 本冊 p.267

$n$〔mol〕の物質 X を，温度 $T$〔K〕で，容積 $V_0$〔L〕の体積一定の容器に入れた。X がすべて気体であるとすると，X の分圧 $P_{X, 仮}$〔Pa〕は，次式のように表せる。なお，気体は理想気体とし，気体定数は，$R$〔Pa·L/(mol·K)〕とする。

$$P_{X, 仮} = \frac{nRT}{V_0}$$

温度 $T$〔K〕における X の蒸気圧を $P_{X, 蒸(T)}$〔Pa〕とすると，

| ① $P_{X, 仮} > P_{X, 蒸(T)}$ | X は一部凝縮し，X の分圧は $P_{X, 蒸(T)}$ と一致する |
|---|---|
| ② $P_{X, 仮} = P_{X, 蒸(T)}$ | X はぎりぎりすべて気体として存在する |
| ③ $P_{X, 仮} < P_{X, 蒸(T)}$ | X はすべて気体として存在し，X の分圧は $P_{X, 仮}$ と一致する |

## 8 蒸気圧と状態変化

**1 成分が1種類の場合の状態変化**（物質量は一定とし，気体は理想気体とする）

左のグラフと右のイメージがつながるようにしましょう。

**❶ $V$ 一定での $P$-$T$ の変化**

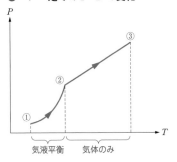

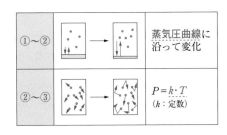

| | | |
|---|---|---|
| ①〜② | | 蒸気圧曲線に沿って変化 |
| ②〜③ | | $P = k \cdot T$（$k$：定数） |

**❷ $P$ 一定での $V$-$T$ 変化**

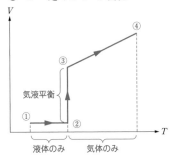

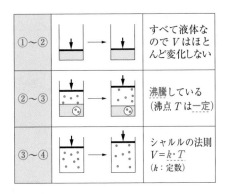

| | | |
|---|---|---|
| ①〜② | | すべて液体なので $V$ はほとんど変化しない |
| ②〜③ | | 沸騰している（沸点 $T$ は一定） |
| ③〜④ | | シャルルの法則 $V = k \cdot T$（$k$：定数） |

**❸ $T$ 一定での $P$-$V$ 変化**

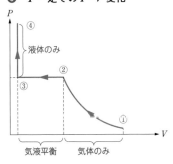

| | | |
|---|---|---|
| ①〜② | | ボイルの法則 $P = \dfrac{k}{V}$（$k$：定数） |
| ②〜③ | | $P$ は $T$ での蒸気圧の値と一致 |
| ③〜④ | | すべて液体なので $V$ はほとんど変化しない |

**2** **凝縮しやすい成分と凝縮しにくい成分の混合気体の場合**（気体は理想気体とする）

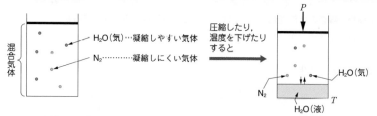

　一部凝縮して気液平衡になったとき，全圧は気相の成分の分圧の和に等しい。気液平衡なので，●の分圧は，温度 $T$ の蒸気圧に一致する。

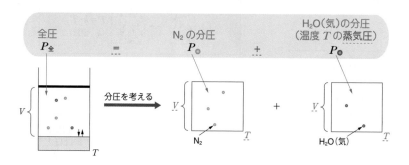

　ここで，$N_2$ の物質量を $n_●$ とすると，$P_● = \dfrac{n_● RT}{V}$ から $N_2$ の分圧 $P_●$ が求められる。

状態変化のイメージと成立する式が一致するように，トレーニングしましょう

26

## 1 固体の溶解度

参照 本冊 p.274

　温度一定で　A（固体）　$\rightleftarrows$　A（溶液中）　の溶解平衡の状態にあるとき，溶液中のAの濃度は一定となる。

　Aは，40℃で水 100 g に $S$〔g〕まで溶けるとする。40℃のAの飽和溶液 $w$〔g〕に含まれるAの質量 $x$〔g〕は，次のように求められる。

$$x = w \times \frac{S \text{〔g〕}}{100 + S \text{〔g〕}}$$

（※　Aは無水物とする。）

## 2 気体の溶解度とヘンリーの法則

参照 本冊 p.280

ヘンリーの法則

　一定温度下，一定量の溶媒に対して，その溶媒に溶けにくい気体の溶解量（物質量，質量，および標準状態換算体積）は，溶解平衡の状態における圧力（混合気体の場合はその成分の分圧）に比例する。

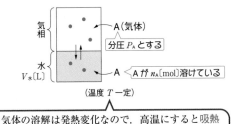

$$[A（水中）] = \frac{n_A}{V_水} = k \cdot P_A \text{〔mol/L〕}$$

（$k$ は気体の種類や温度で決まる定数）

　気体の溶解は発熱変化なので，高温にすると吸熱方向に平衡が移動し，気体の溶解度が小さくなる。

〈ヘンリーの法則の別表現〉

　一定温度下，一定量の溶媒に溶ける気体の溶解量を，溶解平衡時の圧力のもとでの体積で表すと一定である。

## 3 希薄溶液の性質

### 1 蒸気圧降下，沸点上昇，凝固点降下

| | 純溶媒と溶液 | 希薄溶液で成り立つ式 |
|---|---|---|
| 蒸気圧 | $P_0 > P$<br>↑純溶媒 ↑溶液 | 蒸気圧降下　　　　　　　　　さらに近似　　　　↙溶媒に固有な定数<br>$\Delta P = P_0 - P = P_0 \cdot X_{質} \Longrightarrow \Delta P = K \cdot m$<br>（$X_{質}$：溶質のモル分率）　　（$m$：質量モル濃度） |
| 沸点 | $T_b^0 < T_b$<br>↑純溶媒 ↑溶液 | 沸点上昇<br>$\Delta T_b = T_b - T_b^0 = K_b \cdot m$<br>（$K_b$：モル沸点上昇） |
| 凝固点 | $T_f^0 > T_f$<br>↑純溶媒 ↑溶液 | 凝固点降下<br>$\Delta T_f = T_f^0 - T_f = K_f \cdot m$<br>（$K_f$：モル凝固点降下） |

補足　溶液中で独立して運動している全溶質粒子の物質量を $n_{全}$〔mol〕，溶媒の質量を $W$〔g〕とすると，▨で用いる質量モル濃度 $m$〔mol/kg〕は，

$$m = \frac{n_{全} \text{〔mol〕}}{W \times 10^{-3} \text{〔kg〕}}$$　　と表せる。

### 2 浸透圧

　純溶媒と溶液を溶媒分子のみが通過できる半透膜で仕切っておくと，純溶媒側から溶液側へと溶媒分子が移動する。この現象を浸透といい，溶媒の移動量をつり合わせるために，溶液側から余分に加える圧力を浸透圧という。

┌─ ファントホッフの法則 ─────────────────────────┐

　希薄溶液の浸透圧 $\Pi$〔Pa〕は，溶液の体積 $V$〔L〕，絶対温度 $T$〔K〕，溶液中で独立して運動している全溶質粒子の物質量 $n_{全}$〔mol〕，気体定数 $R$〔Pa·L/(K·mol)〕を用いて，

$$\Pi = \frac{n_{全}}{V} RT$$　　と表せる。

└────────────────────────────────────────┘

 蒸気圧降下度，沸点上昇度，凝固点降下度，浸透圧を求めるときは，独立して運動している全溶質粒子の数を考えなくてはならない。

例 組成式 $AB_2$，電離度 $\alpha$ の場合の全溶質粒子の物質量

|  | $AB_2$ | $\rightleftharpoons$ | $A^{2+}$ | + | $2B^-$ |  |
|---|---|---|---|---|---|---|
| （電離前） | $n$ |  | $0$ |  | $0$ | [mol] |
| （電離量） | $-n\alpha$ |  | $+n\alpha$ |  | $+2n\alpha$ | [mol] |
| （電離後） | $n(1-\alpha)$ |  | $n\alpha$ |  | $2n\alpha$ | [mol] |

全溶質粒子
の物質量
$$n_{全} = n(1-\alpha) + n\alpha + 2n\alpha$$
$$= n(1+2\alpha) \ [mol]$$

完全に電離するときは
$\alpha = 1$ だから，
$n_{全} = \underline{3n}$

直径が $10^{-9}$ m（＝$10^{-7}$ cm＝1 nm）から $10^{-7}$ m（＝$10^{-5}$ cm＝$10^2$ nm）程度の粒子をコロイド粒子という。

| | |
|---|---|
| 透析 | コロイド粒子が通過できないセロハン膜のような半透膜を用いて，コロイド粒子を分離・精製すること。 |
| チンダル現象 | コロイドに横から光束を当てると，光の通路が輝いて見える現象。 |
| ブラウン運動 | 限外顕微鏡で観察できるコロイド粒子の不規則な運動。 |
| 凝析 | 硫黄や水酸化鉄（Ⅲ）のような疎水コロイドに少量の電解質を加えて，これを沈殿させること。<br>コロイド粒子のもつ電荷と反対符号で価数の大きなイオンほど効果が高い。 |
| 塩析 | タンパク質のような親水コロイドに多量の電解質を加えて，これを沈殿させること。 |
| 電気泳動 | コロイドに直流電圧をかけると，コロイド粒子がもつ電荷とは反対の電極のほうへ移動し，集まっていく現象。 |
| 保護コロイド | 疎水コロイドに一定量以上の親水コロイドを加えると，親水コロイドが疎水コロイドを取り囲み，凝析が起こりにくくなる。<br>このような働きをする親水コロイドのこと。 |
| ゾルとゲル | 流動性のあるコロイド溶液をゾルといい，これが流動性を失ったものをゲルという。さらに，ゲルを乾燥させたものをキセロゲルという。<br>豆乳, 豆腐, 高野豆腐を連想してください |
| エーロゾル（エアロゾル） | 分散媒が気体で，分散質が液体や固体のコロイドのこと。霧，雲，煙などがある。<br>分散させている物質のこと　分散しているコロイド粒子のこと |
| ミセル | セッケンを水に溶かすと，ある濃度以上で疎水基を内側，親水基を外側に向けて集まったコロイド粒子ができる。このような集合体をミセルといい，ミセルによるコロイドを会合コロイド，あるいはミセルコロイドという。 |

# 化学反応とエネルギー

## ❶ エンタルピーと反応熱

参照 本冊 p.178, 181

| 系のエンタルピー変化 $\Delta H$ | 出入りする熱に注目すると |
|:---:|:---:|
| $\Delta H < 0$ | 発熱変化 |
| $\Delta H > 0$ | 吸熱変化 |

## ❷ いろいろな反応エンタルピー

参照 本冊 p.186, 187

### ① 生成エンタルピー

化合物 1 mol が，その成分元素の単体から生じるときのエンタルピー変化。

例 $CH_4$ (気) の生成エンタルピー：$-74.9$ kJ/mol

$\quad$ C (黒鉛) $+ 2H_2$ (気) $\longrightarrow$ $CH_4$ (気) $\quad \Delta H = -74.9$ kJ

### ② 燃焼エンタルピー

物質 1 mol が，完全燃焼するときのエンタルピー変化。

例 $C_3H_8$ (気) の燃焼エンタルピー：$-2219$ kJ/mol （生じる $H_2O$ は液体とする）

$\quad$ $C_3H_8$ (気) $+ 5O_2$ (気) $\longrightarrow$ $3CO_2$ (気) $+ 4H_2O$ (液) $\quad \Delta H = -2219$ kJ

### ③ 溶解エンタルピー

物質 1 mol を多量の溶媒に溶かしたときのエンタルピー変化。

溶媒が水のときは化学式に aq を付けて水溶液を表す。

例 $NaNO_3$ (固) の水への溶解エンタルピー：$20.5$ kJ/mol

$\quad$ $NaNO_3$ (固) $+$ aq $\longrightarrow$ $NaNO_3$ aq $\quad \Delta H = 20.5$ kJ

### ④ 中和エンタルピー

水溶液中で，酸と塩基が中和するとき，生成する水 1 mol あたりのエンタルピー変化。

例 希塩酸と水酸化ナトリウム水溶液の中和エンタルピー：$-56.5$ kJ/mol

$\quad$ HClaq $+$ NaOHaq $\longrightarrow$ NaClaq $+ H_2O$ (液) $\quad \Delta H = -56.5$ kJ

$\quad$ ( $H^+$aq $+ OH^-$aq $\longrightarrow$ $H_2O$ (液) $\quad \Delta H = -56.5$ kJ $\quad$ も可 )

## 3 状態変化とエンタルピー変化

参照 本冊 p.189

① 蒸発エンタルピー　　③ 凝縮エンタルピー　　⑤ 昇華エンタルピー
② 融解エンタルピー　　④ 凝固エンタルピー　　⑥ 凝華エンタルピー

　　①，②，⑤は　$\Delta H > 0$　で　吸熱変化
　　③，④，⑥は　$\Delta H < 0$　で　発熱変化

## 4 結合エネルギー（あるいは結合エンタルピー）

参照 本冊 p.190

気体状態にある分子の共有結合 1 mol を切断するために必要なエネルギー。

例　$O=O$ 結合の結合エネルギー　498 kJ/mol
　　$O_2$（気）$\longrightarrow$ $2O$（気）　$\Delta H = 498$ kJ

## 5 （第一）イオン化エネルギー

参照 本冊 p.44

気体状態の原子 1 mol から電子を奪って，1 価の陽イオンにするのに必要なエネルギー。吸熱量で表す。一般に周期表で右上の元素の原子ほどイオン化エネルギーの値は大きく，陽イオンになりにくい。

例　$Cs$（気）のイオン化エネルギー：376 kJ/mol
　　$Cs$（気）$\longrightarrow$ $Cs^+$（気）$+ e^-$　$\Delta H = 376$ kJ

## 6 （第一）電子親和力

参照 本冊 p.47

気体状態の原子 1 mol に電子を与えて，1 価の陰イオンになるときに放出されるエネルギー。一般に 17 族元素の原子は電子親和力の値が大きく，陰イオンになりやすい。

例　$Cl$（気）の電子親和力：354 kJ/mol
　　$Cl$（気）$+ e^-$ $\longrightarrow$ $Cl^-$（気）　$\Delta H = -354$ kJ

反応エンタルピーは，反応前の状態と反応後の状態だけで決まり，反応の経路には無関係である。

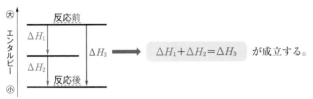

$\Delta H_1 + \Delta H_2 = \Delta H_3$ が成立する。

**1 生成エンタルピーと反応エンタルピー**

①＋$\Delta H$＝②

よって，　$\Delta H$＝②－①

① 反応物の生成エンタルピーの和
② 生成物の生成エンタルピーの和

**2 燃焼エンタルピーと反応エンタルピー**

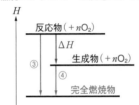

③＝$\Delta H$＋④

よって，　$\Delta H$＝③－④

③ 反応物の燃焼エンタルピーの和
④ 生成物の燃焼エンタルピーの和

**3 結合エネルギーと反応エンタルピー**

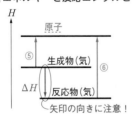

⑤＝$\Delta H$＋⑥

よって，　$\Delta H$＝⑤－⑥

⑤ 生成物を構成する結合エネルギーの和
⑥ 反応物を構成する結合エネルギーの和

参照 本冊 p.191

## 8 反応熱と温度変化

化学反応によって，比熱 $C$〔J/(g・K)〕，質量 $m$〔g〕の溶液の温度が次のように変化したとき，溶液が吸収した熱量 $Q$〔kJ〕は，下式のように求められる。

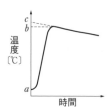

$$Q = C \cdot m \cdot (c - a) \times 10^{-3} \ \text{〔kJ〕}$$

参照 本冊 p.196

## 9 ボルン・ハーバーサイクル

$\Delta H_1$：NaCl（固）の生成エンタルピー
$\Delta H_2$：Na（固）　の昇華エンタルピー
$x$　：Cl$_2$（気）　の結合エネルギー
$y$　：Na（気）　の（第一）イオン化エネルギー
$z$　：Cl（気）　の電子親和力

から，NaCl（固）の格子エネルギーを求めるには，次のようなエネルギー図を描くとよい。
（┌──┐は矢印向きのエンタルピー変化を表す。）

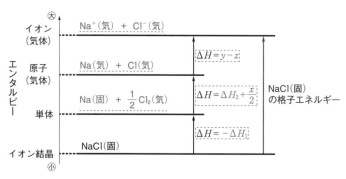

NaCl（固）の格子エネルギー　$= -\Delta H_1 + \Delta H_2 + \dfrac{x}{2} + y - z$

## 10 化学反応と光

参照 本冊 p.198

### 1 光エネルギーを吸収して起こる反応

光を吸収して起こる反応を光化学反応という。植物が行う光合成は代表的な例で，次のように表される吸熱反応である。

$$6CO_2 (気) + 6H_2O (液) \longrightarrow C_6H_{12}O_6 (固) + 6O_2 (気) \quad \Delta H = 2807 \text{ kJ}$$

### 2 光触媒

光触媒の代表例に酸化チタン（Ⅳ）（化学式は $TiO_2$）がある。

酸化チタン（Ⅳ）は光（紫外線）を吸収して電子が励起されて正電荷を帯びた部分（正孔）が生じ，強い酸化力をもつので，周辺の物質を分解する。

### 3 ルミノール反応

塩基性条件下で，$Fe^{3+}$ や $Cu^{2+}$ などの触媒を用いてルミノールを過酸化水素と反応させると，青色の発光が見られる。

## 11 反応が進む向きとギブスエネルギー

参照 本冊 p.208

化学変化や状態変化が自発的に進むかどうかは，エンタルピー $H$ とエントロピー $S$ の2つの変化から考える。一般にエンタルピーが減少する発熱反応（$\Delta H < 0$）や，エントロピーが増大する変化（$\Delta S > 0$）が自発的に進む方向である。

定圧条件下で絶対温度 $T$ のときのギブスエネルギーの変化 $\Delta G$ を

$$\Delta G = \Delta H - S \cdot \Delta T$$

とすると，

| $\Delta G$ の値 | 反応の進み方 |
|---|---|
| $\Delta G < 0$ | 自発的に進む |
| $\Delta G = 0$ | 平衡状態 |
| $\Delta G > 0$ | 自発的に進まない。むしろ逆向きの変化が自発的に進む |

# 電気化学

## ① 電池

参照 本冊 p.217

### ■ 代表的な電池とその構成

| 名称 | 負極活物質 | 正極活物質 | 電解質 | 一次電池 or 二次電池 |
|---|---|---|---|---|
| ボルタ電池 | Zn | $H^+$ | $H_2SO_4$ | 一次電池 |
| ダニエル電池 | Zn | $Cu^{2+}$ | $ZnSO_4$ $CuSO_4$ | 一次電池 |
| マンガン乾電池 | Zn | $MnO_2$ | $ZnCl_2$ $NH_4Cl$ | 一次電池 |
| アルカリマンガン乾電池 | Zn | $MnO_2$ | KOH | 一次電池 |
| 空気電池 | Zn | $O_2$（空気） | KOH | 一次電池 |
| 酸化銀電池 | Zn | $Ag_2O$ | KOH | 一次電池 |
| ニッケル水素電池 | MH（水素吸蔵合金） | NiO(OH) | KOH | 二次電池 |
| 鉛蓄電池 | Pb | $PbO_2$ | $H_2SO_4$ | 二次電池 |
| ニッケル・カドミウム電池 | Cd | NiO(OH) | KOH | 二次電池 |
| リチウム電池 | Li | $MnO_2$ | リチウム塩 | 一次電池 |
| リチウムイオン電池 | Li を含む黒鉛 | $Li_{1-x}CoO_2$ | リチウム塩 | 二次電池 |

### ② ダニエル電池

電池式では，　$(-)$ Zn｜$ZnSO_4$ aq｜$CuSO_4$ aq｜Cu $(+)$　と表す。

放電時は，次の反応が起こる。

［負極］　　　　　$Zn \longrightarrow Zn^{2+} + 2e^-$
［正極］　$Cu^{2+} + 2e^- \longrightarrow Cu$
［全体］　$Zn + Cu^{2+} \longrightarrow Zn^{2+} + Cu$

**3** **鉛蓄電池**

電池式では，  （−）Pb｜H₂SO₄ aq｜PbO₂（＋）  と表す。

放電時は，次の反応が起こる。

[負極]  Pb ＋ SO₄²⁻ ⟶ PbSO₄ ＋ 2e⁻
[正極]  PbO₂ ＋ 4H⁺ ＋ SO₄²⁻ ＋ 2e⁻ ⟶ PbSO₄ ＋ 2H₂O
[全体]  Pb ＋ PbO₂ ＋ 2H₂SO₄ ⟶ 2PbSO₄ ＋ 2H₂O

負極から正極へと電子が 2 mol 移動すると，電解液中から H₂SO₄ が 2 mol 消費され，H₂O が 2 mol 生成する。

外部の直流電源の正極に鉛蓄電池の正極を，負極に鉛蓄電池の負極をそれぞれつないで，放電時と逆向きに電流を流して充電すると，放電時と逆向きの反応が起こる。

**4** **水素・酸素型燃料電池**（リン酸型）

電池式では，  （−）H₂｜H₃PO₄ aq｜O₂（＋）  と表す。

放電時は，次の反応が起こる。

[負極]          H₂ ⟶ 2H⁺ ＋ 2e⁻
[正極]  O₂ ＋ 4H⁺ ＋ 4e⁻ ⟶ 2H₂O
[全体]      2H₂ ＋ O₂ ⟶ 2H₂O

全体としては，水素と酸素から水が生成する反応である。

まずは，電池の原理をしっかり理解しましょう。
**2**, **3**, **4**の電極反応は，サッと書けるようにしておいたほうがよいでしょう

## 2 電気分解

直流電源を用いて電気分解を行うと，電源の正極につないだ陽極では酸化，電源の負極につないだ陰極では還元が起こる。

**1** 陰極に白金，陽極に炭素を用いて，塩化銅（Ⅱ）水溶液を電気分解する。

[陽極] $2Cl^- \longrightarrow Cl_2 + 2e^-$

[陰極] $Cu^{2+} + 2e^- \longrightarrow Cu$

**2** 陰極に白金，陽極に炭素を用いて，硫酸銅（Ⅱ）水溶液を電気分解する。

[陽極] $2H_2O \longrightarrow O_2 + 4H^+ + 4e^-$

[陰極] $Cu^{2+} + 2e^- \longrightarrow Cu$

**3** 陰極に白金，陽極に銅を用いて，硫酸銅（Ⅱ）水溶液を電気分解する。

[陽極] $Cu \longrightarrow Cu^{2+} + 2e^-$

[陰極] $Cu^{2+} + 2e^- \longrightarrow Cu$

補足 電気分解が進んでも，電解液の $Cu^{2+}$ の濃度は変化しない。

**4** 両極に白金を用いて硝酸銀水溶液を電気分解する。

[陽極] $2H_2O \longrightarrow O_2 + 4H^+ + 4e^-$

[陰極] $Ag^+ + e^- \longrightarrow Ag$

**5** 両極に白金を用いて希硫酸を電気分解する。

[陽極] $2H_2O \longrightarrow O_2 + 4H^+ + 4e^-$

[陰極] $2H^+ + 2e^- \longrightarrow H_2$

補足 全体の反応式は，$2H_2O \longrightarrow O_2 + 2H_2$ となり，水の電気分解が起こっている。

**6** 両極に白金を用いて水酸化ナトリウム水溶液を電気分解する。

[陽極] $4OH^- \longrightarrow O_2 + 2H_2O + 4e^-$

[陰極] $2H_2O + 2e^- \longrightarrow H_2 + 2OH^-$

補足 全体の反応式は，$2H_2O \longrightarrow O_2 + 2H_2$ となり，水の電気分解が起こっている。

**7** 両極に白金を用いて硫酸ナトリウム水溶液を電気分解する。

[陽極] $2H_2O \longrightarrow O_2 + 4H^+ + 4e^-$

[陰極] $2H_2O + 2e^- \longrightarrow H_2 + 2OH^-$

補足 反応が進むと，電解液は陽極付近で酸性，陰極付近で塩基性を示し，両者が混ざり合うと中和が起こるため，全体の反応式は，$2H_2O \longrightarrow O_2 + 2H_2$ となり，水の電気分解が起こっている。

**8** 電極として陰極に鉄，陽極に炭素，電解液として陰極室に水酸化ナトリウム水溶液，陽極室に塩化ナトリウム水溶液を用いて，両極間を $Na^+$ のみが通過できる陽イオン交換膜で仕切って電気分解する。

[陽極]　$2Cl^- \longrightarrow Cl_2 + 2e^-$

[陰極]　$2H_2O + 2e^- \longrightarrow H_2 + 2OH^-$

補足　電気分解中は，陽極側から $Na^+$ が陽イオン交換膜を通って陰極側へと移動するので，陰極側に $e^-$ 2 mol あたり 2 mol の NaOH が生成する。

**9** 粗銅（不純物として Zn，Ni，Ag を含むとする）を陽極，純銅を陰極にして，約 0.3 V の低い電圧で硫酸酸性硫酸銅（Ⅱ）水溶液を電気分解する。

[陽極]$\begin{cases} Zn \longrightarrow Zn^{2+} + 2e^- \\ Ni \longrightarrow Ni^{2+} + 2e^- \\ Cu \longrightarrow Cu^{2+} + 2e^- \\ Ag は粗銅板の下に沈殿する。これを陽極泥という。 \end{cases}$

[陰極]　$Cu^{2+} + 2e^- \longrightarrow Cu$

**10** 融解した多量の氷晶石（$Na_3AlF_6$）にアルミナ（$Al_2O_3$）を溶かし，両極に炭素電極を用いて約 1000 ℃ で溶融塩電解（融解塩電解）を行う。

[陽極]$\begin{cases} C + O^{2-} \longrightarrow CO + 2e^- \\ C + 2O^{2-} \longrightarrow CO_2 + 4e^- \end{cases}$

[陰極]　$Al^{3+} + 3e^- \longrightarrow Al$

補足　溶融氷晶石を溶媒に用いることで，非常に融点が高い $Al_2O_3$ をより低温で電気分解している。

# 反応速度

## 1 反応速度の表し方

参照 p.310, 316

$$a\text{A}+b\text{B} \longrightarrow c\text{C} \quad (a \sim c \text{は係数})$$

上の反応で，時間 $t$ に対するAの濃度 [A] は，右図のように変化した。時間 $t_1 \sim t_2$ の間のAの平均減少速度 $\overline{v_\text{A}}$ は，次のように表せる。

$$\overline{v_\text{A}} = -\frac{[\text{A}]_2 - [\text{A}]_1}{t_2 - t_1}$$

このときのBの平均減少速度 $\overline{v_\text{B}}$，Cの平均増加速度 $\overline{v_\text{C}}$ と $\overline{v_\text{A}}$ の比は，次のようになる。

$$\overline{v_\text{A}} : \overline{v_\text{B}} : \overline{v_\text{C}} = a : b : c$$

反応全体の速度 $v$ は，ある瞬間のA，Bの減少速度 $v_\text{A}$，$v_\text{B}$，Cの増加速度 $v_\text{C}$ で表すと，

$$v = \frac{v_\text{A}}{a} = \frac{v_\text{B}}{b} = \frac{v_\text{C}}{c}$$

と定義できる。

この反応の反応速度式が [A] について $x$ 次，[B] について $y$ 次とすると，反応速度定数 $k$ を用いて，$v$ を次のように表すことができる。

$$v = k[\text{A}]^x[\text{B}]^y$$

一般に，$x$，$y$ は実験から求める。

## 2 アレニウスの式

参照 本冊 p.316

反応速度定数 $k$ は，次のような式で表せることが知られている。

$$k = A \cdot e^{-\frac{E_\text{a}}{RT}} \quad \begin{bmatrix} A：頻度因子（定数），e：自然対数の底（2.718\cdots），\\ E_\text{a}：活性化エネルギー，R：気体定数，T：絶対温度 \end{bmatrix}$$

両辺の自然対数をとると，

$$\log_e k = -\frac{E_\text{a}}{R}\left(\frac{1}{T}\right) + \log_e A$$

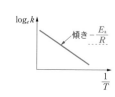

$\log_e k$ と $\dfrac{1}{T}$ は右図のような直線関係にあり，傾きは

$-\dfrac{E_\text{a}}{R}$ である。

A $\longrightarrow$ B + C の反応について，反応速度式が，

$$v = k[A] \quad (k：反応速度定数)$$

と表せるとする。

**■1** **$k$を求める**

① 温度一定でAの体積モル濃度〔mol/L〕の時間変化を調べる。

| 時間 $t$ | 0 | $t_1$ | $t_2$ |
|---|---|---|---|
| [A] | $[A]_0$ | $[A]_1$ | $[A]_2$ |

② 測定時間間隔ごとに平均速度 $\overline{v}$ と平均濃度 $\overline{[A]}$ を求める。

| 間隔 | $0 \sim t_1$ | $t_1 \sim t_2$ |
|---|---|---|
| $\overline{v}$ | $-\dfrac{[A]_1-[A]_0}{t_1-0}$ | $-\dfrac{[A]_2-[A]_1}{t_2-t_1}$ |
| $\overline{[A]}$ | $\dfrac{[A]_1+[A]_0}{2}$ | $\dfrac{[A]_2+[A]_1}{2}$ |

③ グラフを描く。

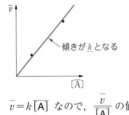

傾きが $k$ となる

$\overline{v} = k\overline{[A]}$ なので，$\dfrac{\overline{v}}{\overline{[A]}}$ の値が $k$ となる。

より正確な値を求めるには，多くの時間間隔から $\dfrac{\overline{v}}{\overline{[A]}}$ を計算し，誤差の大きなものを外して，平均値を求めます

**■2** **半減期**

A の減少速度：$-\dfrac{d[A]}{dt} = k[A]$

の微分方程式を解くと，

$$\dfrac{[A]}{[A]_0} = e^{-kt} \quad ([A]_0：t=0 \text{ の A の初期濃度})$$

という結果が得られる。

A の濃度が半分になるのに必要な時間 (半減期) を $T$ とすると，$\dfrac{1}{2} = e^{-kT}$ なので，

$$T = \dfrac{\log_e 2}{k}$$

と表せ，右のようなグラフを描くことができる。

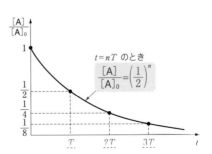

$t = nT$ のとき

$$\dfrac{[A]}{[A]_0} = \left(\dfrac{1}{2}\right)^n$$

*41*

# 化学平衡

## 1 平衡移動

参照 本冊 p.326

### ルシャトリエの原理

平衡状態にある系の濃度や温度などの条件を変化させて，平衡状態でなくなると，その影響を緩和する方向に平衡が移動する。

| 条件 | 変化 | 平衡移動の方向 |
|---|---|---|
| 濃度 | 増加 | 増やした物質の濃度が減少する方向 |
| | 減少 | 減らした物質の濃度が増加する方向 |
| 圧力 | 気体の入った体積可変容器を圧縮 (加圧) | 気体分子の総数が減少する方向 |
| | 気体の入った体積可変容器を膨張 (減圧) | 気体分子の総数が増加する方向 |
| 温度 | 高温に | 吸熱方向 (エンタルピー $\Delta H > 0$ の方向) |
| | 低温に | 発熱方向 (エンタルピー $\Delta H < 0$ の方向) |

## 2 平衡定数

参照 本冊 p.322

$$a\text{A} + b\text{B} \cdots \rightleftharpoons p\text{P} + q\text{Q} \cdots \quad (a, b, p, q \text{ は係数})$$

の可逆反応が平衡状態にあるとき，

### 化学平衡の法則 (または質量作用の法則)

(濃度) 平衡定数

$$K = \frac{[\text{P}]^p[\text{Q}]^{q\cdots}}{[\text{A}]^a[\text{B}]^{b\cdots}}$$

↑
温度が一定なら一定

平衡時の $\dfrac{[\text{生成物のモル濃度}]^{係数} \text{ の積}}{[\text{反応物のモル濃度}]^{係数} \text{ の積}}$

が成立する。

補足 ▶ 固体量や希薄な溶液の溶媒量のように，定数とみなせる項は平衡定数に含める。例えば，

$$\text{C}(固) + \text{CO}_2(気) \rightleftharpoons 2\text{CO}(気)$$

の平衡定数は，

$$K = \frac{[\text{CO}]^2}{[\text{CO}_2]}$$

とする。

**3 圧平衡定数**

$$a\mathrm{A}(気体) + b\mathrm{B}(気体) \rightleftharpoons c\mathrm{C}(気体) + d\mathrm{D}(気体) \quad (a\sim d \text{ は係数})$$

の可逆反応があるとする。

気体A〜Dの各濃度は，分圧 $P_\mathrm{A}\sim P_\mathrm{D}$ を用いて，混合気体の全体積を $V$，物質量を $n_\mathrm{A}\sim n_\mathrm{D}$，絶対温度を $T$，気体定数を $R$ として状態方程式で表すと，

$$\begin{cases} [\mathrm{A}(気)] = \dfrac{n_\mathrm{A}}{V} = \dfrac{P_\mathrm{A}}{RT} \\[2mm] [\mathrm{B}(気)] = \dfrac{n_\mathrm{B}}{V} = \dfrac{P_\mathrm{B}}{RT} \\[2mm] [\mathrm{C}(気)] = \dfrac{n_\mathrm{C}}{V} = \dfrac{P_\mathrm{C}}{RT} \\[2mm] [\mathrm{D}(気)] = \dfrac{n_\mathrm{D}}{V} = \dfrac{P_\mathrm{D}}{RT} \end{cases}$$

これを，

$$\overset{\text{(濃度)}}{\underset{\text{平衡定数}}{}}\ K = \frac{[\mathrm{C}]^c[\mathrm{D}]^d}{[\mathrm{A}]^a[\mathrm{B}]^b} \qquad \text{に代入する。}$$

$$K = \frac{\left(\dfrac{P_\mathrm{C}}{RT}\right)^c\left(\dfrac{P_\mathrm{D}}{RT}\right)^d}{\left(\dfrac{P_\mathrm{A}}{RT}\right)^a\left(\dfrac{P_\mathrm{B}}{RT}\right)^b} = \frac{P_\mathrm{C}{}^c \cdot P_\mathrm{D}{}^d}{P_\mathrm{A}{}^a \cdot P_\mathrm{B}{}^b}(RT)^{a+b-(c+d)}$$

$$\frac{P_\mathrm{C}{}^c \cdot P_\mathrm{D}{}^d}{P_\mathrm{A}{}^a \cdot P_\mathrm{B}{}^b} = K_\mathrm{P} \quad \overset{\text{圧平衡定数}}{}$$

と定義すると，$K_\mathrm{P}$ は $K$ を用いて，

$$K_\mathrm{P} = \frac{K}{(RT)^{a+b-(c+d)}}$$

と表すことができる。

化学平衡の分野は，問題演習を行わないとなかなか身につかないかも。
まずは，標準的な問題を時間をかけて丁寧に解いて，納得できるまでよく考えましょう

**④ 酸・塩基の電離平衡**

参照 本冊 p.338, 341, 346, 351

**■ 強酸または強塩基の水溶液**

**❶ $c$〔mol/L〕の塩酸の場合**

(1) $c \geqq 10^{-6}$ のとき

水の電離による $H^+$ を無視してよい。

$$[H^+] = c$$

(2) $c < 10^{-6}$ のとき

水の電離による $H^+$ が無視できない。

$$[H^+] = \frac{c + \sqrt{c^2 + 4K_w}}{2} \quad (K_w : 水のイオン積)$$

**補足** 一般に，$c \leqq 10^{-9}$ では，純水とみなし，

$$[H^+] = \sqrt{K_w}$$

としてよい。

**❷ $c$〔mol/L〕の水酸化ナトリウム水溶液の場合**

(1) $c \geqq 10^{-6}$ のとき

$$[OH^-] = c$$

(2) $c < 10^{-6}$ のとき

水の電離による $OH^-$ が無視できない。

$$[OH^-] = \frac{c + \sqrt{c^2 + 4K_w}}{2}$$

**補足** 一般に，$c \leqq 10^{-9}$ では，純水とみなし，

$$[OH^-] = \sqrt{K_w}$$

としてよい。

酸・塩基の電離平衡の計算問題は，
近似方法や使う式が決まっている
ので，すばやく解けるように，
覚えてしまうまで，くり返し練習
してください

## 2 弱酸または弱塩基の水溶液

水の電離による $H^+$ や $OH^-$ は無視できるほど少ないとする。

### ❶ $c$〔mol/L〕の酢酸の場合

酢酸の電離定数を $K_a$ とする。

**(1) 電離度 $\alpha$ が 1 より十分に小さいとき**

$$[H^+] = c\alpha = \sqrt{cK_a}$$

$\alpha = \sqrt{\dfrac{K_a}{c}}$ と近似 〔補足〕

〔補足〕
$$CH_3COOH \rightleftharpoons CH_3COO^- + H^+$$

平衡時 $\boxed{c(1-\alpha) \qquad c\alpha \qquad c\alpha}$

$$K_a = \frac{[CH_3COO^-][H^+]}{[CH_3COOH]} = \frac{c\alpha \cdot c\alpha}{c(1-\alpha)} = \frac{c\alpha^2}{1-\alpha}$$

$\alpha \ll 1$ なら，$K_a = c\alpha^2$

よって，$\alpha = \sqrt{\dfrac{K_a}{c}}$

**(2) 電離度 $\alpha$ が大きいとき**

$$[H^+] = c\alpha = \frac{-K_a + \sqrt{K_a{}^2 + 4cK_a}}{2}$$

$K_a = \dfrac{c\alpha^2}{1-\alpha}$ より，二次方程式の解の公式から $\alpha > 0$ なので，

$\alpha = \dfrac{-K_a + \sqrt{K_a{}^2 + 4cK_a}}{2c}$

### ❷ $c$〔mol/L〕のアンモニア水の場合

アンモニアの電離定数を $K_b$ とする。

**(1) 電離度 $\alpha$ が 1 より十分に小さいとき**

$$[OH^-] = c\alpha = \sqrt{cK_b}$$

〔補足〕 $K_b = \dfrac{[NH_4^+][OH^-]}{[NH_3]} = \dfrac{c\alpha^2}{1-\alpha}$

$\alpha \ll 1$ なら，$K_b = c\alpha^2$

よって，$\alpha = \sqrt{\dfrac{K_b}{c}}$

**(2) 電離度 $\alpha$ が大きいとき**

$$[OH^-] = \frac{-K_b + \sqrt{K_b{}^2 + 4cK_b}}{2}$$

## ③ 加水分解する塩の水溶液

塩は水溶液中で完全に電離しているとし，加水分解する割合は非常に小さいとする。

**❶** $c \, \text{[mol/L]}$ の $CH_3COONa$ 水溶液の場合

$$[OH^-] = \sqrt{c \cdot \frac{K_w}{K_a}} \quad (K_a：酢酸の電離定数, K_w：水のイオン積)$$

$$\Downarrow$$

$$[H^+] = \frac{K_w}{[OH^-]} = \sqrt{\frac{K_a K_w}{c}}$$

**補足** $CH_3COO^- + H_2O \rightleftharpoons CH_3COOH + OH^-$
の平衡定数の表し方に注意。

**❷** $c \, \text{[mol/L]}$ の $NH_4Cl$ 水溶液の場合

$$[H^+] = \sqrt{c \cdot \frac{K_w}{K_b}} \quad (K_b：NH_3 の電離定数)$$

## ④ 緩衝液

<u>弱酸とその弱酸の塩</u>，または<u>弱塩基とその弱塩基の塩</u>の水溶液に，少量の酸または塩基を加えても，pH はあまり変化しない。これを<u>緩衝作用</u>といい，このような性質をもつ溶液を<u>緩衝液</u>という。

**❶** $\left. \begin{matrix} c_1 \, \text{[mol/L]} \, CH_3COOH \\ c_2 \, \text{[mol/L]} \, CH_3COONa \end{matrix} \right\}$ **の水溶液の場合**

$$[H^+] = \frac{[CH_3COOH]}{[CH_3COO^-]} \cdot K_a$$

$$\fallingdotseq \frac{c_1}{c_2} K_a$$

$$= \left( \frac{CH_3COOH}{CH_3COONa} \text{ の物質量比} \right) \cdot K_a \quad (K_a：酢酸の電離定数)$$

**❷** $\left. \begin{matrix} c_1 \, \text{[mol/L]} \, NH_3 \\ c_2 \, \text{[mol/L]} \, NH_4Cl \end{matrix} \right\}$ **の水溶液の場合**

$$[OH^-] = \frac{[NH_3]}{[NH_4^+]} \cdot K_b$$

$$\fallingdotseq \frac{c_1}{c_2} K_b$$

$$= \left( \frac{NH_3}{NH_4Cl} \text{ の物質量比} \right) \cdot K_b \quad (K_b：アンモニアの電離定数)$$

**5 溶解度積**

組成式 $A_mB_n$ で表されるイオン結合性物質に水を加え，一部溶解し，溶解平衡の状態にあるとする。

$$A_mB_n（固）\rightleftharpoons mA^{a+} + nB^{b-} \quad \cdots ⊛$$

溶液中のイオンのモル濃度〔mol/L〕について，次の式が成り立つ。

温度が一定なら一定値

$$[A^{a+}]^m \cdot [B^{b-}]^n = K_{sp} \quad (K_{sp}：溶解度積)$$

ここに $A^{a+}$ または $B^{b-}$ を加えると，⊛ の平衡は左へ移動し，$A_mB_n$ の電離度や溶解度は減少する。これを共通イオン効果という。

● 溶解度積の活用方法

Case 1　溶解度を計算する。

$AgCl$ が水 1 L あたり $s$〔mol〕まで溶解し，溶解による液体の体積変化は無視できるとする。

| | $AgCl$ | $\rightleftharpoons$ | $Ag^+$ | $+$ | $Cl^-$ | |
|---|---|---|---|---|---|---|
| 溶解前 | 大量 | | 0 | | 0 | 〔mol/L〕 |
| 変化量 | $-s$ | | $+s$ | | $+s$ | 〔mol/L〕 |
| 平衡時 | 大量 | | $s$ | | $s$ | 〔mol/L〕 |

$AgCl$ の溶解度積 $[Ag^+][Cl^-] = K_{sp}$ に代入すると，

$$s^2 = K_{sp}$$

よって，$s = \sqrt{K_{sp}}$

Case 2　一方のイオンの溶解平衡時の濃度が求まると，他方の濃度も求まる。

$CuS \rightleftharpoons Cu^{2+} + S^{2-}$ の溶解平衡が成立しているとする。

$[S^{2-}] = a$〔mol/L〕，$CuS$ の溶解度積 $[Cu^{2+}][S^{2-}] = K_{sp}$ とすると，

$Cu^{2+}$ のモル濃度は，

$$[Cu^{2+}] = \frac{K_{sp}}{a}$$

$A^{a+}$ を含む溶液と $B^{b-}$ を含む溶液を混合し，$A_mB_n$ の沈殿が生じるかどうかを判定する。$A_mB_n$ の溶解度積 $[A^{a+}]^m[B^{b-}]^n$ を $K_{sp}$ とする。

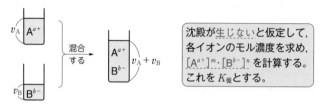

沈殿が生じないと仮定して，各イオンのモル濃度を求め，$[A^{a+}]^m \cdot [B^{b-}]^n$ を計算する。これを $K_{仮}$ とする。

$K_{仮}$ を $K_{sp}$ と比べる

**判定結果**

$\begin{cases} K_{仮} > K_{sp} \text{ のとき}：[A^{a+}]^m[B^{b-}]^n = K_{sp} \text{ となるまで } A_mB_n \text{ が沈殿する。} \\ K_{仮} = K_{sp} \text{ のとき}：ちょうど A_mB_n の飽和溶液で，沈殿は生じない。 \\ K_{仮} < K_{sp} \text{ のとき}：沈殿は生じない。 \end{cases}$

$[A^{a+}]^m$ を縦軸，$[B^{b-}]^n$ を横軸にとってグラフを描いて表すと，

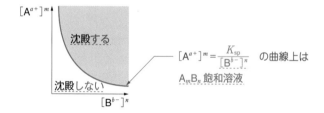

$[A^{a+}]^m = \dfrac{K_{sp}}{[B^{b-}]^n}$ の曲線上は $A_mB_n$ 飽和溶液